EUL VERLAG

Reihe: Kleine und mittlere Unternehmen · Band 23
Herausgegeben von Prof. Dr. Jörn-Axel Meyer, Berlin

Prof. Dr. Jörn-Axel Meyer

Berliner Forschungsbeiträge zu kleinen und mittleren Unternehmen

Ausgewählte Beiträge

EUL VERLAG

Bibliografische Information der Deutschen Nationalbibliothek

Die Deutsche Nationalbibliothek verzeichnet diese Publikation in der Deutschen Nationalbibliografie; detaillierte bibliografische Daten sind im Internet über <http://dnb.d-nb.de> abrufbar.

ISBN 978-3-8441-0250-5
1. Auflage Mai 2013

JOSEF EUL VERLAG GmbH
Brandsberg 6
53797 Lohmar
Tel.: 0 22 05 / 90 10 6-6
Fax: 0 22 05 / 90 10 6-88
E-Mail: info@eul-verlag.de
http://www.eul-verlag.de

Bei der Herstellung unserer Bücher möchten wir die Umwelt schonen. Dieses Buch ist daher auf säurefreiem, 100% chlorfrei gebleichtem, alterungsbeständigem Papier nach DIN 6738 gedruckt.

Vorwort

Nicht nur in der Lehre erlebt die BWL der kleinen und mittleren Unternehmen (KMU) seit einigen Jahren eine zunehmende Beachtung. Gerade in den letzten fünf Jahren wurde ein Dutzend Ausbildungs- und Studiengänge – allerdings von sehr unterschiedlichem Niveau – in Deutschland neu etabliert.

Mit der steigenden Zahl von KMU-spezifischen Bildungsangeboten geht auch eine rege Forschungsarbeit einher, die neben sehr wissenschaftlich-theoretischen Ergebnissen auch praktische Transferleistungen erbringt. Das Jahrbuch der KMU-Forschung und -Praxis dokumentiert dies nun schon seit vielen Jahren, aber auch Zeitschriften aus der Schweiz und Österreich geben diese Entwicklung wieder.

Das Deutsche Institut für kleine und mittlere Unternehmen hat in den letzten 11 Jahren mit über 100 Forschungsprojekten auch seinen Beitrag dazu geleistet. Die Ergebnisse wurden bereits zum Teil in Buchbänden und zum Teil in einer kleinen Schriftenreihe des Institutes publiziert. Letztere gibt seit 2002 durch unregelmäßig erscheinende Beiträge Aufschluss über die Vielfalt der Forschungs- und Transferleistung des Institutes. Andere Forschungsleistungen wurden allerdings noch nicht angemessen publiziert, zudem erfuhren einige größere Projekte in den letzten beiden Jahren eine theoretische wie auch empirische Aktualisierung.

Der vorliegende Band greift nun diese Projekte und Aktualisierungen auf, um sie einer größeren Leserschaft zugänglich zu machen. Da die Beiträge alle in Berlin entstanden sind, wurde dem vorliegenden Band der Titel „Berliner Forschungsbeiträge zu kleinen und mittleren Unternehmen" gegeben. Er umfasst sechs Beiträge, die sehr unterschiedliche Themen behandeln:

Es beginnt mit Problemen im Management von IT in KMU. Der zweite Beitrag widmet sich dem Thema Wirtschaftskriminalität in KMU und entwickelt auf der Basis von Fallstudien praktische Hinweise zur Gefahrenabwehr. Intrapreneurship – der dritte Beitrag – richtet sich mit seinen Befunden zwar primär an größere Unternehmen, findet seinen Erkenntnisursprung allerdings in KMU. Der vierte Beitrag blickt zurück auf den – politisch gewollten – Kreditmediator für deutsche Unternehmen und fragt, ob eine solche Hilfe grundsätzlich sinnvoll ist. Die Beiträge fünf und sechs greifen die bereits 2010 publizierten Überlegungen zu Transparenzmanagement und Vertraulichkeit in der mobilen Kommunikation von KMU auf, führen sie aber mit weiteren theoretischen Erkenntnisse fort.

Was dem einen vielleicht negativ als „Gemischtwarenladen“ entgegentritt, sind jedoch allesamt hochaktuelle Facetten der forscherischen Interessen an kleinen und mittleren Unternehmen am Standort Berlin. Das Verbindende dieser Schriften liegt in dieser Vielfalt und ihrer Herkunft, dem Deutschen Institut für kleine und mittlere Unternehmen. Die Beiträge sind zum Teil recht wissenschaftlich, besitzen jedoch wie die anderen Forschungsbeiträge des Institutes auch einen großen Transferteil zur Praxis.

Dem Josef Eul Verlag, in Persona Frau Kuhlmann und Frau Dr. Eul, sei an dieser Stelle herzlich für die immer tadellos funktionierende Kooperation und Unterstützung nicht nur für diesen Band herzlich gedankt. Den Mitarbeiter/innen des Institutes sei für die Zuarbeiten in gleicher Weise gedankt.

Jörn-Axel Meyer
Berlin, im März 2013

Anmerkung: Wird im Folgenden für jegliche Begriffe und Bezeichnungen die männliche Schreibweise gewählt, so geschieht dies alleine aus Gründen der besseren Lesbarkeit des Textes und soll keine benachteiligende Absicht oder Ausschließung der weiblichen Schreibweise darstellen.

Inhaltsverzeichnis

Abbildungsverzeichnis

Tabellenverzeichnis

Abkürzungsverzeichnis

Abb.	Abbildung
ABM	Arbeitsbeschaffungsmaßnahmen
abs.	absolut
AG	Aktiengesellschaft
Anm. d. V.	Anmerkung des Verfassers
BDSG	Bundesdatenschutzgesetz
BGM	Betriebliches Gesundheitsmanagement
bzw.	beziehungsweise
ca.	circa
CD	Compact Disk
CI	Corporate Identity
CV	Corporate Venturing
d. h.	das heißt
Diss.	Dissertation
DVD	Digital Versatile Disc
EDV	Elektronische Datenverarbeitung
et al.	und andere
etc.	et cetera
EU	Europäische Union
f.	folgende (Seite)
ff.	fortfolgende (Seiten)
ggf.	gegebenenfalls
ggü.	gegenüber
GmbH	Gesellschaft mit beschränkter Haftung
GPRS	General Packet Radio Service
GSM	Global System for Mobile Communications (vormals Groupe Spécial Mobile)
IAM	Identity- und Access-Management

i. A. a.	in Anlehnung an
i. d. R.	in der Regel
i. V. m.	in Verbindung mit
i. w. S.	im weiteren Sinne
i. e. S.	im engeren Sinne
IKS	Interne Kontrollsysteme
IKT	Informations- und Kommunikationstechnologie(n)
insb.	insbesondere
IP	Internet Protocoll
IT	Informationstechnologie(n)
k. A.	keine Angabe
Kap.	Kapitel
KTQ	Kooperation für Transparenz und Qualität im Gesundheitswesen
KMD	Kreditmediator Deutschland
KMU	Kleine und mittlere Unternehmen
KonTraG	Gesetz zur Kontrolle und Transparenz im Unternehmensbereich
LAN	Local Area Network
Mio.	Million
NGO	Non-Govermental Organisation
Nr.	Nummer
o. g.	oben genannte(r)
o. V.	ohne Verfasser
p. a.	pro anno
PDA	Personal Digital Assistant
PDF	Portable Document Format
PR	Public Relation
rel.	relativ
s. o.	siehe oben

s. u.	siehe unten
S.	Seite
s.	siehe
s. o.	siehe oben
SD	Secure Digital Memory Card
sog.	so genannte/r
Sp.	Spalte
Tab.	Tabelle
TAN	Transaktionsnummer
TDM	Tausend Deutsche Mark
TKG	Telekommunikationsgesetz
TKÜV	Telekommunikations-Überwachungsverordnung
TMG	Telemediengesetz
TQM	Total Quality Management
u. a.	und andere/unter anderem
u. E.	unseres Erachtens
u. s. w.	und so weiter
u. U.	unter Umständen
u. v. m.	und viele(s) mehr
UMTS	Universal Mobile Telecommunications System
USB	Universal Serial Bus
vgl.	vergleiche
VOIP	Voice over IP
vs.	versus
WAP	Wireless Application Protocol
WLAN	Wireless Local Area Network
www	world wide web
z. B.	zum Beispiel
z. T.	zum Teil

I Management und Informationstechnologie – Probleme und Handlungsfelder von KMU

I.1 Hintergrund und Konzept

Während noch vor 20 Jahren Informationstechnologien (IT) hauptsächlich in Großunternehmen zum Einsatz kamen, sind sie heute auch aus den meisten kleinen und mittleren Unternehmen (KMU) nicht mehr wegzudenken. Insgesamt lag der Anteil der IT nutzenden Unternehmen 2007 bei 82%. Dieser niedrig erscheinende Anteil resultiert aus der Dominanz kleiner Unternehmen in Deutschland. Denn von den Unternehmen mit weniger als zehn Beschäftigten nutzen nur 78% IT, von denen mit mehr als zehn Beschäftigten sind es 95%. Dies verdeutlicht, dass die Unternehmensgröße noch immer bestimmend für die IT-Nutzung ist (Bauer/Tenz 2008, S. 1200).

Außerdem beschäftigten 2007 nur 7% der IT nutzenden Unternehmen auch IT-Fachkräfte. Hier zeigt sich, dass große Unternehmen eher eigene IT-Experten oder sogar eigene IT-Abteilungen beschäftigen als kleine Unternehmen: In 79% der IT nutzenden Großunternehmen (>250 Beschäftigte) wurde Fachpersonal beschäftigt, jedoch nur in 9% der kleinen Unternehmen mit weniger als 20 Mitarbeitern (Bauer/Tenz 2008, S. 1206).

Daher haben KMU häufig mit Problemen an der Schnittstelle von Management und IT zu kämpfen. Das eigene Fachwissen ist begrenzt und die Anbieter im Markt bewerben ihre Produkte in einer von Schlagworten und dem technisch Möglichen geprägten Art und Weise. Zahlreiche wissenschaftliche und praxisorientierte Studien haben sich in der Vergangenheit mit einzelnen dieser Probleme auseinandergesetzt. Diese Studien sind dabei jedoch oftmals eher technik- oder trendorientiert (vgl. z. B. Capgemini 2007, 2008, 2009, techconsult 2007, 2008, 2009). Sie zeigen aber nicht, welche Verbesserungs- und Handlungsbedarfe KMU beim Einsatz kaufmännischer IT in den Betrieben sehen. Dies zu eruieren, ist daher Ziel der vorliegenden Untersuchung des Deutschen Instituts für kleine und mittlere Unternehmen.

Im Folgenden werden aktuelle Probleme mittelständischer Unternehmen beim Einsatz kaufmännischer IT aus wissenschaftlichen Publikationen, Studien sowie Presse- und Meinungsbeiträgen zusammengetragen, analysiert und bewertet. Dabei ist unter dem Begriff „Problem" kein Missstand in den Unternehmen zu verstehen. Es geht vielmehr um die Offenlegung von

Handlungsfeldern und um deren konstruktive Diskussion. Am Ende dieser Recherche steht eine Liste der aktuell in der Öffentlichkeit diskutierten Probleme und Handlungsfelder, die folgende Fragen beantwortet: Welche Probleme mit IT beschäftigen KMU aktuell? Aus welchen Anlässen resultieren diese Probleme? Es schließt sich eine Befragung von kleinen und mittleren Unternehmen aus dem gesamten Bundesgebiet an, in der Probleme sowie deren Anlässe in den befragten KMU erhoben werden und gleicht diese mit dem zuvor aufgestellten Problemkatalog ab. Anschließend werden die Erkenntnisse zusammengeführt und ein abschließendes Fazit gegeben. Dieses Fazit beinhaltet eine Rangliste der Probleme mittelständischer Unternehmen mit kaufmännischer IT sowie Vorschläge an Anbieter, Unternehmen, Verwaltungen und Verbände zu deren Lösung.

I.2 Probleme beim IT-Einsatz in KMU

Mit dem Ziel einer Aufstellung aktueller Probleme/Handlungsfelder deutscher KMU bei der Nutzung kaufmännischer IT wurden 2010 sowie ergänzend 2012 Beiträge aus publizierten Studien, Fachzeitschriften, Wirtschaftsmagazine, Aufsätze in wissenschaftlichen Fachzeitschriften, Online-Portale sowie Meinungen von Anbietern, Beratern, Politik und Verbänden ausgewertet. Die folgenden Erkenntnisse konnten primär aus aktuellen wissenschaftlichen Studien, Fachzeitschriften und Wirtschaftsmagazinen sowie über Verbände gewonnen werden. Dass insbesondere wissenschaftliche Journals keine ergiebige Quelle darstellten, lässt sich mit den zumeist sehr spezifischen oder vergangenheitsbezogenen Forschungsergebnissen der dortigen Autoren erklären. Die Auswertung der Quellen ergab fünf übergeordnete Gruppen von Problemen/Handlungsfeldern E-Government/behördliche Vorgaben, IT-Kosten, Datenzugang und -sicherheit, Wachstum und Kompatibilität und sonstige Probleme. Jede dieser Gruppen umfasst eine Reihe einzelner, konkreter Probleme. Nachfolgend werden diese Probleme bzw. ihre Ursachen beschrieben und die wichtigsten Quellen benannt.

E-Government und Vorgaben der Behörden

Das Angebot an elektronischen behördlichen Dienstleistungen (E-Government) nimmt stetig zu. Zum einen sollen diese Angebote Bürokratie für die Unternehmen vereinfachen und abbauen, zum anderen sollen Verwaltungsprozesse dadurch effizienter gestaltet werden. Gleichzeitig gibt es (Pflicht-)Vorgaben der Behörden und des Gesetzgebers zur Nutzung der verschiedenen Angebote. E-Government erleichtert damit den Unternehmen zwar verschiedene Verwaltungsvorgänge, stellt sie aber auch vor Herausforderungen.

- *Behördliche Vorgaben:* Das E-Government-Angebot gehört laut einer Studie nicht zu den IT-Schwächen bzw. -Risiken am Standort Deutschland (Graumann 2008, S. 23). Es bestehen im Gegenteil sogar bestimmte Pflichtvorgaben für Unternehmen: So müssen z. B. seit dem 01.01.2007 nach dem „Gesetz über elektronische Handelsregister und Genossenschaftsregister sowie das Unternehmensregister (EHUG)" Jahresabschlussunterlagen elektronisch beim elektronischen Bundesanzeigers eingereicht und veröffentlicht werden (BMWi 2009). Das soll zwar eine Erleichterung für die Unternehmen darstellen, bedeutet aber auch Schnittstellenbildung und Anpassung an diese Anforderungen.
- *Verbreitung und Nutzung von E-Government:* Laut BITKOM (2007a) stehen in Deutschland 74% der grundlegenden öffentlichen Dienstleistungen bereits online zur Verfügung. Damit liegt Deutschland im EU-Vergleich weit vorn. Allerdings nutzen lediglich 56% der Unternehmen dieses Angebot (BITKOM 2007b). Der BITKOM fordert daher eine stärkere Beteiligung des Mittelstands an E-Government-Projekten (BITKOM 2008).
- Zu einem ähnlichen Ergebnis kommt auch eine Umfrage des DIHK mit dem Institute of Electronic Business (IEB) und der DE-CODA GmbH: Die bestehenden E-Government-Angebote auf Bundes-, aber auch Landes- oder Kommunalebene werden kaum von den Unternehmen genutzt. Dies wird auf die unterschiedliche Qualität der Angebote zurückgeführt. Denn je unübersichtlicher die Anwendungen gestaltet sind, desto geringer sind der Mehrwert und die Erleichterung für die Unternehmen (IHK Potsdam 2011).
- *Hemmnisse:* Als Nutzungshemmnisse nennen Unternehmen in einer Studie von Globis (2007, S. 43ff.) u. a. den hohen zeitlichen Aufwand, Sicherheitsbedenken, geringe Informationen über die E-Government-Möglichkeiten, Unübersichtlichkeit und Bedienerunfreundlichkeit. Wünsche der Unternehmen an E-Government-Anwendungen waren u. a. die Vereinfachung der Verwaltungsvorgänge und (Online-) Formulare sowie weniger Fremdworte/Anglizismen. In der Studie wird festgestellt, dass das Interesse an E-Government mit der Unternehmensgröße steigt (Globis 2007, S. 39). Damit wird deutlich, dass besonders für kleine Unternehmen Schnittstellenbildung und -anpassung sowie die Erfüllung behördlicher Vorgaben ein Problem darstellen. E-Government scheint für

KMU derzeit noch nicht per se eine Erleichterung zu sein, vielmehr ist es eine Herausforderung.

Kosten für die Unternehmen

Das Kosten-Nutzen-Verhältnis und die Amortisationsdauer einer Investition spielen für kleine und mittlere Unternehmen eine wesentlich größere Rolle als für Großunternehmen. Das zeigt sich insbesondere bei Investitionen in die IT-Ausstattung des Unternehmens.

- *IT-Budgets für Anschaffung und Unterhalt:* Aufgrund der weltweiten Finanz- und Wirtschaftskrise stellen Kosten auch bei der IT ein zentrales Problemfeld für KMU dar. Das Marktforschungsunternehmen Gartner prognostiziert für 2009 einen Rückgang der weltweiten IT-Ausgaben um 3,8% (mittelstandsblog.de vom 03.04.2009). Die Budgets für Neuinvestitionen sind klein, so dass viele IT-Hersteller mit „Abwrackprämien" ködern (Freimark 2009). Die Studie „IT-Budgets 2009" der Zeitschrift InformationWeek belegt dies ebenfalls: Fast jeder Dritte IT-Verantwortliche in deutschen Unternehmen rechnet für 2009 mit einem geringeren Budget (Markt & Mittelstand vom 05.02.09). Dem widerspricht jedoch eine Studie von Steeb mit dem Ergebnis, dass 80% aller deutschen Mittelständler 2009 im Vergleich zum Vorjahr ein stabiles oder höheres IT-Budget bereitstellen. Zwei Drittel der befragten Manager gehen nämlich davon aus, durch IT-Maßnahmen ihre Wettbewerbsfähigkeit stärken zu können (Gruber 2009b). Ähnliches bestätigt auch eine Techconsult-Studie: 85% der Unternehmen halten trotz der Krise an ihrer IT-Planung für 2009 fest, nur 12% haben reduziert (VDEB 2009a). Die Ergebnisse widersprechen sich zwar, zeigen aber, dass die Unternehmen derzeit besonders stark für Kosten sensibilisiert sind. Der Nutzen einer Investition wird kritischer begutachtet, Anschaffungs- und Unterhaltskosten werden genauer geprüft.
- *Optimaler Kaufzeitpunkt und Leapfrogging:* Aufgrund der verstärkten Kostensensibilität und der allgemein knappen Ressourcen in KMU werden alte Systeme so lange wie möglich genutzt. Man versucht Investitionen aufzuschieben und den optimalen Neuanschaffungszeitpunkt abzupassen (vgl. Hoffmann 2009). Kleinere Firmen achten daher noch genauer auf die Amortisationsdauer einer IT-Investition. Außerdem teilen Mittelständler laut dem Marktforschungshaus IDC nicht immer das Vertrauen der Anbieter in neue Technologien (SAP 2009, S. 15). So warten KMU häufig eher ab und überspringen ggf. eine Entwicklungsstufe der Technologie (leapfrogging).

- *Hard- und Software-Leasing:* Anbieter wie HP bieten KMU daher ein Null-Prozent-Leasing z. B. für Netzwerk-Lösungen an, damit Projekte trotz verminderter Investitionsetats realisiert werden können (mitteltandsblog.de vom 20.04.09). Auch Mietsoftware (SaaS – Software as a Service) wird von den Anbietern als Antwort auf die verminderten Budgets derzeit verstärkt angeboten. Das Marktforschungshaus Gartner ist sogar überzeugt, dass sich Mietsoftware in den nächsten fünf bis sieben Jahren als Vertriebsmodell durchsetzen wird (SAP 2009, S. 16). Deutsche Unternehmen scheinen zur Frage „Mieten oder kaufen?“ aber noch unsicher. Im europäischen Vergleich liegt Deutschland bei der SaaS-Nutzung zurück, wie eine Studie von Gartner zeigt (ECIN 2009).
- *Energie- und Umweltverhalten:* Auch Green IT-Projekte werden von den Unternehmen primär aus ökonomischen und weniger aus ökologischen Beweggründen initiiert und auch in Krisenzeiten fortgeführt. Zu diesem Ergebnis kommt sowohl eine Studie von Gartner, als auch eine Untersuchung der Experton Group (vgl. Meyer 2009). Eine Studie der Info-Tech Research Group im Auftrag von IBM zeigt sogar, dass bei fast zwei Dritteln der weltweiten Mittelständler Green IT-Projekte laufen, für etwa die Hälfte der Befragten sind Kosten der ausschlaggebende Grund dafür (Herrmann 2009).

Datenzugang und -sicherheit

Datensicherheit, Identity Management und Datensicherung sind zentrale Schwachstellen kleiner und mittlerer Unternehmen. Das zeigte auch eine unveröffentlichte Untersuchung des DIKMU zur Wirtschaftskriminalität in KMU aus dem Jahre 2008/2009. Ebenso fehlt es in den Unternehmen an einem strukturierten IT-basierten Wissensmanagement.

- *IT-Security:* Die Verletzungen der IT-Sicherheit durch Web-Bedrohungen und andere Schwachstellen treffen Unternehmen weltweit. Doch die Unternehmen schenken dem Thema Sicherheit noch zu wenig Aufmerksamkeit. Während sich die Chief Information Officers (CIOs) als Verantwortliche für die IT-Infrastruktur ihrer Unternehmen der Risiken meist bewusst sind, beurteilt das Management das Thema noch als reine IT-Angelegenheit.“ (Graumann/Wolf 2008, S. 230). IT-Security in Unternehmen wird öffentlich stark diskutiert. Während der IT-Messe CeBIT vom 3. bis 8. März 2009 wurde daher ein spezielles Experten-Forum zum Thema abgehalten (CeBIT Security World 2009). Gemeinsam mit dem MittelstandsWiki.de wurde dazu auch ein PDF-Journal für Mittelständler veröffentlicht. Andere Internetplattformen wie mittelstanddirekt.

de oder imittelstand.de bieten Checklisten und Leitfäden für KMU zu Datensicherheit und -sicherung an.

- *Zugangsmanagement (Identity Management):* Dass viele mittelständische Unternehmen fahrlässig mit der Datensicherheit und dem Zugang zu Daten umgehen, belegt auch die Studie „Gefahrenbarometer 2010". Mehr als die Hälfte der befragten Unternehmen haben keine klaren Richtlinien zum Umgang mit sensiblen Daten und nur 39,8% nehmen eine Klassifizierung in Geheimhaltungsstufen vor (Gruber 2009a). Ähnliches belegt auch eine Studie der Arbeitsgemeinschaft für Sicherheit der Wirtschaft (ASW): 74% der Unternehmen haben schützenswertes Know-how, aber nur 32% ein Sicherheitskonzept, dass über Firewall und Anti-Viren-Software hinausgeht (Computerwoche vom 07.04.2009). Das Management von Zugangsrechten und der Schutz sensibler Daten stellen somit eindeutig ein aktuelles Handlungsfeld kleiner und mittlerer Unternehmen dar.

- *Datensicherung:* Neben dem Schutz der Daten stellt aber auch die Sicherung (Backup) von Daten ein Problem für Unternehmen dar. Unternehmen wollen z. B. Emails revisionssicher ablegen, ihnen fehlt aber der Überblick über den Markt an Archivierungslösungen (mittelstandsblog.de vom 02.04.2009). Eine aktuelle Studie von Kroll Ontrack hat zudem gezeigt, dass Mitarbeiter größtenteils sorglos mit der Datenspeicherung umgehen. So sichern 61% der Mitarbeiter Geschäftsdaten vorwiegend lokal und nicht im Netzwerk, so dass diese bei einem Crash verloren wären. Regelmäßige Backups seien daher über entsprechende Compliance-Vorgaben sicherzustellen (Computerwoche vom 02.04.09).

- *Daten-/Informationsmanagement:* Auch beim effizienten Datenmanagement z. B. zum Management von Kundenbeziehungen sind KMU nicht optimal aufgestellt. Zwar gibt es auch in KMU Archive und Datenbanken, allerdings werden diese häufig nicht strukturiert und strategisch genutzt. Umfangreiche Datenbanken kommen kaum zum Einsatz.

  Studien zufolge verwenden Mitarbeiter in KMU daher 35% ihrer Arbeitszeit für das Auffinden bereits vorhandenen Wissens im Unternehmen (vgl. Geisen/Hebestreit 2006, S. 3). Einer Studie des Bundesverbandes der Unternehmensberater zufolge verursachten regelrechte „Datenfriedhöfe" den Unternehmen oft hohe Kosten, ohne dabei dem eigentlichen Geschäft zu nutzen (mittelstanddirekt.de vom 29.04.09). Ein effizientes und strukturiertes IT-basiertes Wissensmanagement ist demnach auch aus ökonomischen Gründen ein aktueller Verbesserungsbedarf in KMU.

Wachstum und Kompatibilität der IT

Wachstum, Internationalisierung sowie Fusionen und Übernahmen (M&A, Mergers and Acquisitions) stellen z. T. hohe Anforderungen an die IT der Unternehmen. Die langfristige Bindung an ein bestimmtes System oder generell fehlende Kompatibilität führen hier zu Unflexibilität.

- *Wachstum, Internationalisierung und M&A:* Insbesondere bei Wachstum und Expansion sind Mittelständler auf die IT angewiesen, um flexibel zu bleiben (SAP 2009, S. 13). Die Deloitte-Studie „IT M&A in Deutschland" belegt zudem, dass eine strukturierte IT ein zentraler Erfolgsfaktor bei Übernahmen und Fusionen ist (Markt & Mittelstand vom 06.08.08). Selten verfügen aber gerade KMU über eine solche.

  Die Studie von Graumann (2008, S. 23) belegt, dass mangelnde Verbundfähigkeit und Konnektivität von unterschiedlichen IT-Systemen eine zu beachtende aktuelle Schwäche (23,4%) und ein zukünftiges Risiko (14,4%) am IT-Standort Deutschland sind. Auch die Arbeitsgruppe Mittelstand & IT des Brandenburger IKT-Gipfels sieht Kompatibilität als ein aktuelles Problem der KMU mit IT (Gehrmann/Keup 2007). Exportorientierung und Globalisierung zwingen jedoch auch Mittelständler zur IT-Integration mit internationalen Partnern. Fehlende Kompatibilität und Konnektivität bedeuten daher schnell einen entscheidenden Wettbewerbsnachteil.

- *Systembindung:* Ebenso stellt die Wahl der richtigen Software ein Problem für KMU dar, da diese mitunter eine Systembindung von 10 Jahren eingehen. Diese Herausforderung können KMU aufgrund mangelnder Erfahrung und des unübersichtlichen Marktes jedoch kaum allein bewältigen (Klüpfel et al. 2008, S. 1). Das gleiche Problem existiert auch beim Kauf von Hardware. Mangelnde Kompatibilität führt zu Abhängigkeit von einem Anbieter und damit u. U. zu hohen Folgekosten für die Unternehmen.

Sonstige Probleme

Aufgrund des Mangels an Fachkenntnis oder -personal in KMU stellt der IT-Einsatz häufig ein grundsätzliches Problem dar (vgl. Kapitel 1). Die Kommunikation der Anbieterunternehmen schafft hier meist nur zusätzliche Verwirrung. Unter anderem aus diesem Grund erkennen viele KMU auch nicht den Nutzen der IT für ihr Geschäft.

- *IT-/ERP-Einsatz allgemein:* Allgemein besteht beim IT- bzw. ERP-Einsatz in KMU Verbesserungsbedarf. Viele Unternehmen erkennen die Potenziale kaufmännischer IT nicht und schieben die Einführung immer wieder auf. Stattdessen behilft man sich vorwiegend mit Microsoft Office-Anwendungen. Die Unternehmen sind orientierungslos und blenden das Thema oft einfach aus (vgl. Klüpfel et al. 2008). 10% der von Hudetz und Duscha (2008, S. 42) befragten Unternehmen gaben an, in den letzten 12 Monaten 50 - 99 Mal Probleme mit der IT gehabt zu haben. Zwar sagten über 90% der Unternehmen, dass weniger als 10% der aufgetretenen IT-Probleme unternehmensbedrohend waren, jedes fünfte stuft diese aber zumindest als „ärgerlich" ein (Hudetz/Duscha 2008, S. 43).
- *Kommunikation der Anbieter:* Die Studie von Graumann (2008, S. 23) zeigt, dass Kooperationsdefizite zwischen IT-Anbietern und Anwendern aktuell und auch zukünftig ein nicht zu vernachlässigendes Problem darstellen. So fordert der BITKOM die IT-Anbieter auf, die Lösungen für den Mittelstand einfacher zu machen, verständlicher zu kommunizieren und den strategischen Nutzen deutlicher herauszustellen. Umgekehrt müssten die Mittelständler der IT einen höheren Stellenwert einräumen (BITKOM 2008). Auch auf dem Brandenburger IKT-Gipfel kam die Arbeitsgruppe Mittelstand und IT zu dem Schluss, die IT-Anbieter sollten den Nutzen des IT-Einsatzes deutlicher zum Ausdruck bringen. Es fehlt an einer eindeutigen, verständlichen Kommunikation, ohne eine Vielzahl von Anglizismen (Gehrmann/Keup 2007). Die Anbieterkommunikation scheint für KMU somit ein zentrales Problem zu sein und zu Verunsicherung zu führen.
- *Geringe Priorität bei Geschäftsführung:* Ein weiteres Problem stellt die geringe Priorität, die IT bei der Geschäftsführung besitzt, dar (BITKOM 2008). Eine Befragung unter 1.000 deutschen Managern ergab, dass weniger als ein Drittel den Erfolgsbeitrag der IT mit mehr als 20% bemessen. Dennoch schätzen sie die Unternehmens-IT: 63% bewerteten ihre IT mit der Schulnote 1 oder 2 (VDEB 2009b). Informationstechnologie muss demnach einen höheren Stellenwert innerhalb der Geschäftsführung von KMU erhalten. Dazu muss der Nutzen der IT für das operative Geschäft deutlicher herausgestellt werden. Der Erfolgseinfluss der IT muss für die KMU-Manager „sichtbar" gemacht werden.

Zusammenführung zu einem „Problem"-Katalog

Die ausgewerteten Publikationen zeigen, dass die Probleme kleiner und mittlerer Unternehmen mit kaufmännischer IT sehr breit gefächert sind. Jede der fünf Problemgruppen lässt die Ableitung mindestens drei weitere, untergeordnete Handlungsfelder erkennen.

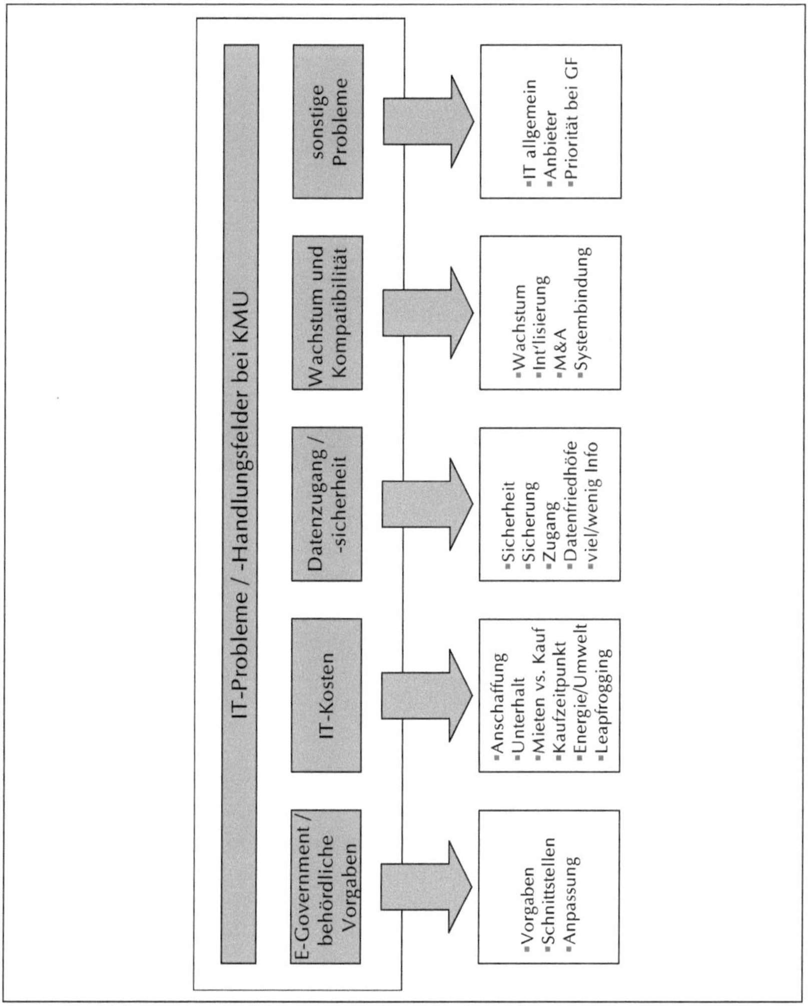

Abb. I.1: IT-Probleme in kleinen und mittleren Unternehmen

Abbildung I.1 stellte dies als Problemgruppen und Handlungsfelder dar. Es zeigt sich so, dass aufgrund der Heterogenität von KMU sowohl sehr grundsätzliche (z. B. der Einsatz von ERP-Software im Unternehmen), als auch sehr spezifische (z. B. Identity Management) Verbesserungs- und Handlungsbedarfe bei den Unternehmen bestehen (Abbildung I.1). Die Befunde aus den analysierten Studien, Publikationen und Meinungsäußerungen werden in der nachfolgenden Tabelle I.1.1/I.1.2 zusammengefasst. Diese Tabelle dient als ein erster Katalog aktueller Probleme/Handlungsfelder der KMU mit kaufmännischen Informationstechnologien.

Schlagwort	**Problem / Handlungsfeld**	**Quelle**
E-Government/ behördliche Vorgaben	Erfüllung von Vorgaben, Anpassung, Schnittstellenbildung, Unübersichtlichkeit der Anwendungen	Graumann 2008, BMWi2008, EHUG, BITKOM 2007a&b, 2008, IHK Potsdam, Globis 2007
Anschaffungskosten	IT-Budgets, Amortisation von IT-Investitionen	Gartner/mittelstandsblog.de 2008, Freimark 2009, InformationWeek/Markt & Mittelstand, Gruber 2009b, techconsult/VDEB 2009a
Laufende Kosten	IT-Budgets, kein Fachpersonal	Gartner/mittelstandsblog.de 2008, Freimark 2009, InformationWeek/Markt & Mittelstand, Gruber 2009b, techconsult/VDEB 2009a, Bauer/Tenz 2008
Mieten oder kaufen?	IT-Budgets, Amortisationsdauer	mittelstandsblog.de, SAP 2009, Gartner/ECIN 2009
Optimaler Kaufzeitpunkt	IT-Budgets, Vertrauen in neue Technologien gering	Hoffmann 2009, SAP 2009
Leapfrogging	Fehlendes Vertrauen in neue Technologien	Hoffmann 2009, SAP 2009
Energie und Umwelt	IT-Budgets, gesetzliche Vorgaben	Gartner und Experton Group/Meyer 2009, Infotech Research/Herrmann 2009

Tab. I.1.1: Problemkatalog IT in KMU (Teil 1)

Schlagwort	Problem / Handlungsfeld	Quelle
IT-Security	Computer- und Online-Kriminalität, geringe IT-Sicherheit in KMU	Graumann/Wolf 2008, DIKMU 2008/2009, mittelstanddirekt.de, MittelstandsWiki, imittelstand.de
Identity/Zugangsmanagement	Fahrlässiger Umgang mit sensiblen Daten, keine Klassifizierung sensibler Daten	Gruber 2009a, ASW/Computerwoche
Datensicherung (Backup)	Fehlender Überblick über Backup-Lösungen, mangelnde Sorgfalt der Mitarbeiter	mittelstandsblog.de, Kroll Ontrack/Computerwoche
Daten-/Informationsmanagement	Kein strukturiertes IT-basiertes Wissensmanagement, Datenfriedhöfe	Geisen/Hebestreit 2006, mittelstanddirekt.de
M&A, Wachstum, Internationalisierung und Kompatibilität	IT Erfolgsfaktor bei M&A, Flexibilität durch IT, mangelnde Konnektivität/Kompatibilität	SAP 2009, Deloitte/Markt & Mittelstand, Graumann 2008, Gehrmann/Keup 2007
Systembindung	Systembindung von bis zu 10 Jahren	Klüpfel et al. 2008
IT/ERP-Einsatz allgemein	Wenig strategischer IT-Einsatz, Office statt ERP	Klüpfel et al. 2008, Hudetz/Duscha 2008
Kommunikation der Anbieter	Nutzen undeutlich, unverständlich, Schlagworte und Anglizismen	Graumann 2008, BITKOM 2008, Gehrmann/Keup 2007
Geringe Priorität der IT bei Geschäftsführung	Beitrag der IT zum Geschäftserfolg wird nicht gesehen	VDEB 2009b, BITKOM 2008

Tab. I.1.2: Problemkatalog IT in KMU (Teil 2)

Inwiefern und vor allem wie stark diese Probleme in der unternehmerischen Praxis vorherrschen, zeigen die Ergebnisse der Unternehmensbefragung im folgenden Kapitel.

I.3 Unternehmensbefragungen

Design und Durchführung

In zwei identischen Untersuchungen des Deutschen Instituts für kleine und mittlere Unternehmen wurden in den Jahren 2010 und 2012 jeweils 500 Unternehmen telefonisch (über ein Call-Center) befragt, welche Probleme bzw. Handlungsfelder diese in ihrer kaufmännischen EDV (Informationstechnologie, IT) erkennen und welche Anlässe bzw. Entwicklungen dazu ursächlich waren (dazu im Detail: Meyer 2010, 2012). In der Befragung wurden entsprechend folgende zwei Fragen gestellt:

- In vielen Betrieben werden beim Betrieb der kaufmännischen IT immer wieder Probleme/Handlungsfelder für Verbesserungen sichtbar. Auf welchen der folgenden Felder sehen Sie für Ihr Unternehmen noch Handlungsbedarf?
- Welche Anlässe/Entwicklungen haben bei Ihnen dazu geführt, dass Sie hier Probleme/Handlungsbedarf sehen?

Darüber hinaus wurde nach Branchen-/Sektorenzugehörigkeit, Unternehmensgröße (Mitarbeiterzahl), Ansprechpartner in der Befragung (Geschäftführung", „Assistent oder sonstiges", „IT-Leiter" oder „IT-Beauftragter") und nach dem Vorhandensein einer IT-Abteilung gefragt.

Die zentralen Ergebnisse werden im Folgenden in kurzer Form dargelegt. Für eine ausführliche Darlegung sei hier auf die Berichte der beiden Jahre verwiesen (Meyer 2010, 2012).

Die befragten Unternehmen

In der ersten Untersuchung wurde darauf geachtet, dass die befragten Unternehmer gleichmäßige über fünf Größenklassen (1-49, 50-99, 100-199, 200-499, 500 und mehr Mitarbeiter, je 100 Fälle) verteilt waren. In der zweiten Untersuchung wurde exakt diese Verteilung wiederholt (Mittelwert der ersten Untersuchung: 243,2 Mitarbeiter, in der zweiten 251,9).

Gleichwohl waren die befragten Unternehmen beider Untersuchungen nicht dieselben, wobei nicht ausgeschlossen werden kann, dass manchen Unternehmen in beiden Untersuchungen befragt wurden. Mit der Auswahl der Unternehmen war den Interviewern in beiden Befragungen auch die

Branchen-/Sektorenzugehörigkeit bekannt. Diese Angaben wurden mit den für die Befragung verwendeten Adressen zur Verfügung gestellt. Nur in zweifelbehafteten Fällen wurde die Angabe hierzu bei den Befragten verifiziert.

Da die Auswahl der befragten Unternehmen nach der Größe erfolgte, war die Brachen-/Sektorenwahl in der ersten Untersuchung im Prinzip zufällig. In der zweiten Untersuchung jedoch wurde versucht, die gleiche Verteilung wie in 2010 abzubilden. Dies war möglich, da zu den angesprochenen Unternehmen bereits vorab die Branche bekannt war. Beide Untersuchungen zeigten daher eine deutliche Dominanz der Industriebetriebe im Sample (etwa 50%). Diese Dominanz nahm mit wachsender Größe der Unternehmen noch zu: In der Klasse der Unternehmen mit 500 und mehr Mitarbeitern stieg der Anteil der Industrieunternehmen auf über 80% (da Industriebetriebe typischerweise höhere Mitarbeiterzahlen aufweisen), während er in der Klasse unter 50 Mitarbeitern auf etwa 15% sank. In letzterer dominierten – erwartungsgemäß – Sektoren mit typischerweise kleinen Unternehmen wie Handwerk, Handel und Dienstleistung sowie Freiberuf. Entsprechend nahm deren Anteil in den Klassen mit höheren Mitarbeiterzahlen schnell ab, so waren Freiberufler nur in der Klasse unter 50 Mitarbeitern vertreten.

Die befragten Ansprechpartner in den Unternehmen sollten ebenso in beiden Untersuchungen etwa gleich verteilt sein. Dies gelang jedoch nicht, da die Erreichbarkeit der Ansprechpartner in den Unternehmen doch recht stark differierte und es einen unangemessenen Aufwand bedeutet hätte, jeweils die Ansprache der Unternehmen solang zu wiederholen, bis der „richtige“ gefunden war. Der für die IT zuständige Ansprechpartner war nicht immer erreichbar, da kein IT-Leiter oder IT-Beauftragter im Hause existierte, der/die vorhandene IT-Leiter(in) oder IT-Beauftragte nicht greifbar waren oder diese Personen nicht gegenüber Dritten Auskunft geben wollten oder durften. Es wurden in den Untersuchungen letztendlich fast zu 50% Geschäftsführer (46% in 2010, 51% in 2012), etwa zu 30% IT-Leiter (30% in 2010, 27% in 2012) sowie etwa zu 20% IT-Beauftragte (20% in 2010, 18% in 2012) sowie zu 4% (2010 und 2012) andere Personen erreicht. Erwartungsgemäß waren in den Gruppen kleinerer Unternehmen mehr Geschäftsführer und in den größerer Unternehmen IT-Leiter und Assistenten der Geschäftsführung, bei mittleren Größen IT-Beauftragte befragt worden.

In beiden Untersuchungen war in etwa 40% der Fälle eine IT-Abteilung vorhanden (2010: 40%, 2012: 41%), etwa in gleichem Umfang keine Abteilung (2010: 37%, 2012: 40%) und „nur“ ein beauftragte/r Mitarbeiter/in 23% (2010) bzw. 19% (2012). In beiden Untersuchungen waren IT-Abteilungen signifikant mehr in größeren Unternehmen vertreten, umgekehrt keine solche Abteilung in den kleinen Unternehmen.

Ferner wurden die Variablen „Branchen-/Sektorenzugehörigkeit“, „Ansprechpartner“ und „Vorhandensein einer IT-Abteilung“ gegenüber gestellt:

Die kreuztabellarische Gegenüberstellung der Variablen „Branchen-/Sektorenzugehörigkeit“ und „Ansprechpartner“ zeigte signifikante Abweichungen von den zu erwartenden Häufigkeiten bei proportionaler Verteilung, also bei vollständiger Unabhängigkeit der beiden Variablen. Chi-Quadrat-Tests legten zudem nahe, dass eine Interdependenz besteht (für Details siehe Meyer 2010 und 2012). Dies erscheint im Lichte der obigen Ergebnisse plausibel, da sowohl die Funktion der Befragten als auch die Branchen-/Sektorenzugehörigkeit von der Unternehmensgröße abhängig sind: Industrieunternehmen besitzen überproportional mehr IT-Abteilungen als Handwerks-, Dienstleistungs- oder Handelsbetriebe. Diese Erkenntnis bestätigt die bereits oben aufgestellten, offensichtlichen Zusammenhänge, dass größere Unternehmen eher eine IT-Abteilung besitzen und zudem Industrieunternehmen tendenziell eher größere Betriebe aufweisen. Handwerk, Freiberuf und Dienstleistung bieten eher kleine Unternehmen, in denen auch weniger IT-Abteilungen oder -Beauftragte zu finden sind, was wiederum einen nachvollziehbaren Zusammenhang mit den befragten Ansprechpartner aufweist. Ebenso offensichtlich sind die großen Abweichungen bei den Freiberuflern im Sample, die gar keine IT-Abteilung besitzen: Wo keine IT-Abteilungen existieren, sind auch keine IT-Leiter. In die beiden Erhebungen konnten bei den Freiberuflern kein ein einziger IT-Beauftragter befragt werden.

In gleicher Weise zeigten die kreuztabellarischen Gegenüberstellungen der Variablen „Branchen-/Sektorenzugehörigkeit“ und „Vorhandensein einer IT-Abteilung“ signifikante Abweichungen von den zu erwartenden Häufigkeiten bei proportionaler Verteilung (beide Untersuchungen), der Chi-Quadrat-Test legte ebenso eine Interdependenz zwischen den beiden Variablen nahe (Meyer 2010, 2012). Aber auch hier ist ein Zusammenhang der Funktion der Befragten mit der Branchen-/Sektorenzugehörigkeit nahe liegend: Bereits in den obigen Analysen zeigte sich, dass die beiden Variablen „Ansprechpartner“ und „Vorhandensein einer IT-Abteilung“ von der Unternehmensgröße dependent sind, wie auch die Branchen-/Sektorenzugehörigkeit. es bestätigte sich wiederum, dass das Handwerk, der Freiberuf und die Dienstleistung eher kleine Unternehmen im Sample aufweisen, in denen dann auch weniger IT-Abteilungen oder IT-Beauftragte zu finden waren. Ebenso nachvollziehbar sind aber auch die Abweichungen der tatsächlichen Häufigkeiten von den bei Unabhängigkeit zu erwartenden Häufigkeiten bei den Freiberuflern.

Probleme/Handlungsfelder der kaufmännischen IT

Kern der vorliegenden Untersuchung war die Frage nach den im Unternehmen erkannten Problemen/Handlungsfeldern für kaufmännische IT. Es wurden den Befragten die 5 Gruppen mit einigen Erläuterungen genannt, in denen typischerweise Probleme/Handlungsfelder erkannt werden können. Wurde von den Befragten eine Gruppe als mögliches Handlungsfeld erkannt, wurden die darin genannten einzelnen Probleme/Handlungsfelder (Items) einzeln abgefragt, d. h. hierzu erfolgte jeweils eine Bestätigung oder Ablehnung. Mehrfachnennungen waren möglich.

Insgesamt gab es 572 (2010) bzw. 623 (2012) Nennungen, also etwa 1,14 bzw. 1,25 Nennungen pro Befragten bzw. etwa 2,25 (2010) bzw. 2,15 (2012) pro derjenigen Befragten, die überhaupt etwas benannten. Denn obwohl die Interviewer angehalten waren, bei den Befragten darauf zu drängen, dass diese Problem- bzw. Handlungsfelder benennen mögen (insbesondere mit den Hinweisen, dass es sehr unwahrscheinlich ist, dass es keine Handlungsbedarfe gäbe, die Nennung auch nicht eine Schwäche des Unternehmens oder Mitarbeiters bedeuten würde und es vielmehr – im Gegenteil sogar – zeigt, dass man im Unternehmen für Verbesserungen offen sei und die Befragung absolut anonym und vertraulich sei) benannten in 2010 fast 50% (246 von 500 Befragten) und 2012 etwa 42% (201 von 500 Befragten) keine Problem- bzw. Handlungsfelder. Auch mag dieser Anteil u. E. mehr von Desinteresse und Problemunkenntnis bzw. -leugnung bestimmt sein, als von einem tatsächlichen Fehlen eines Veränderungs- oder Verbesserungsbedarfs. Mitunter mag es auch darauf beruhen, dass sich die Unternehmen mit der bestehenden IT zufrieden geben. Es sei hier der Kommentar eines Befragten zitiert: „Never change a running system."

In den Befragungen waren auch freie Antworten möglich, deren Nennungen (nur aus der ersten Untersuchung) zu zwei zusätzlichen Items führten: System-/Absturzstabilität und Nutzungsfreundlichkeit/Softwareergonomie/ Logik der Menüs. Diese beiden Items wurden in der Untersuchung von 2012 sogleich als Vorschlag übernommen.

Die folgende Abbildung I.2 zeigt die Häufigkeiten zu den Problemen/ Handlungsfeldern beider Untersuchungen. Sortiert nach der Reihenfolge der häufigsten Nennungen in der Untersuchung von 2010 ergab sich das folgende Bild:

Die Anschaffungskosten wie auch die laufenden Kosten dominieren die Antworten der Befragten, gefolgt von einer Gruppe von Problem- und Handlungsfeldern, die eine ähnlich große Zahl von Nennungen auf sich vereinigen konnte: Datenzugang und Sicherheit. Es fällt weiter auf, dass Kompatibilität und Systembindung wie auch das Mitwachsen der EDV zusammen einen erheblichen Teil der Nennungen auf sich vereinigen können. Während Kosten betriebswirtschaftlich immer eine wichtige Rolle spielen und ihre Dominanz somit wenig überrascht, zeigen die Antworten, dass primäre Probleme der Unternehmen Datensicherheit und das Datenmanagements (Daten- und Informationsfriedhöfe) sind. Dies kann, wie eingangs bereits dargelegt, auf das zumeist fehlende Fachwissen und -personal in den Unternehmen zurückgeführt werden. Dass das Mitwachsen der EDV, mangelnde Kompatibilität und Systembindung häufig genannt wurden, erklärt sich durch die Tendenz zur Auslagerung von Geschäftsbereichen, Netzwerkbildung, internationale Kooperationen und M&A als Wachstumsstrategie auch bei KMU. IT-Kompatibilität kann dabei entscheidend für den Misserfolg/Erfolg sein. In der Gruppe der sonstigen Problem- bzw. Verbesserungsfelder hebt sich besonders die unverständliche Kommunikation der IT-Anbieter heraus. Dies legt in der Konsequenz einen Handlungsbedarf für die IT-Anbieter nahe: IT muss den Unternehmen in einer klaren, verständlichen Sprachen kommuniziert werden, die den kaufmännischen Nutzen deutlich macht.

Aus dem Vergleich der Studien aus 2010 und 2012 fällt zunächst auf, dass 2012 etwas mehr Befragte die Kosten der EDV als Problem ansahen, wie auch Fragen der Sicherheit und Kompatibilität, der Umweltverträglichkeit und Nutzerfreundlichkeit. Daraus kann in erster Näherung eine steigende Sensibilisierung der Anwender ggü. Eigenschaften der EDV jenseits deren Kernleistung interpretiert werden, möglicherweise angetrieben durch gesellschaftsöffentliche Diskussionen über Transparenz und Vertraulichkeit aber auch Umweltverträglichkeit von EDV-Anlagen.

Die obigen Erkenntnisse werden nochmals deutlich sichtbar, wenn die obigen Items nach ihrer inhaltlichen Nähe in Gruppen zusammengefasst werden. Tabelle I.2 gibt die so zusammengefassten Nennungen und den Bezug zu den einzelnen Items wieder.

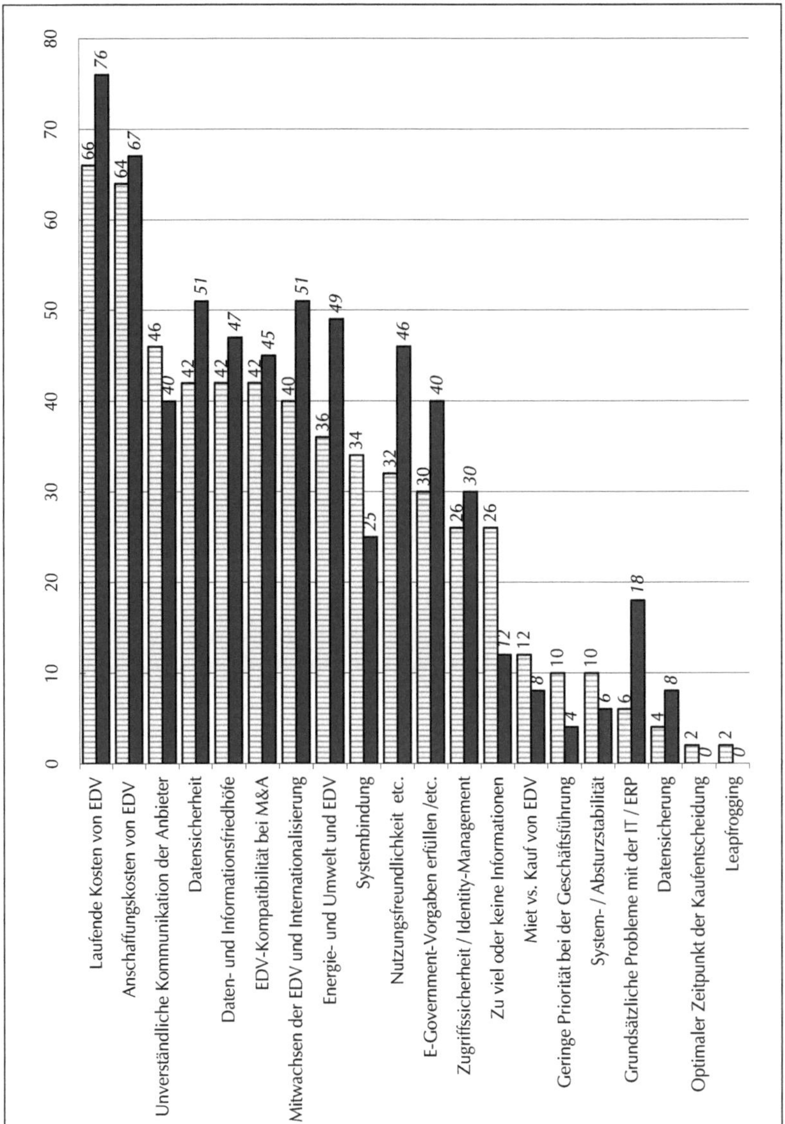

Abb. I.2: Abs. Häufigkeitsverteilung zur Frage nach Problem-/ Handlungsfeldern, differenziert nach Items in 2010 (gestrichelte Balken, n=572) und 2012 (Balken Volltonfarbe, n=623)

Problem- und Handlungsfeld (inhaltlich gruppiert)	... schließt folgende Items ein ...	Summe abs. HK (2010/2012)
IT-Kosten	• Laufende Kosten von EDV • Anschaffungskosten von EDV • Mieten oder Kauf von EDV	142/151
Wachstum und Kompatibilität	• Mitwachsen der EDV, Internationalisierung • Systembindung • EDV-Kompatibilität bei M&A	116/121
Unterstützung/Hilfe bei der Nutzung	• Nutzungsfreundlichkeit/Software-ergonomie/Logik der Menüs • Unverständliche Kommunikation der IT-Anbieter (für Nutzer und Käufer) • Geringe Priorität bei der Geschäftsführung	88/90
IT-Sicherheit	• Datensicherheit • Zugriffssicherheit/Identity-Management • System-/Absturzstabilität	78/87
Datenhandling	• Daten- und Informationsfriedhöfe • Zu viel oder keine Informationen • Datensicherung	72/67
Energie- und Umwelt	• Energie- und Umwelt	36/49
Vorgaben der Behörden	• E-Government-Vorgaben	30/40
Grundsätzliche Probleme	• Grundsätzliche Probleme mit der IT/ERP	6/18
Wiederbeschaffung	• Optimaler Zeitpunkt • Leapfrogging	4/0
Summe		572/623

Tab. I.2: Inhaltliche Zusammenfassung der Items zu Problem- und Handlungsfeldern in Gruppen und die sich daraus ergebenden abs. Häufigkeiten je Gruppe in 2010/2012

Aus den Untersuchungen konnten folgende Erkenntnisse gezogen werden:

- 42% (2012) bzw. sogar 50% (2010) der Befragten erkennen keine Probleme oder Handlungsfelder ihrer kaufmännischen IT. Werden Probleme und Handlungsbedarfe erkannt, so dominieren kostenbezogenen Probleme und Verbesserungspotentiale.

- Danach folgenden in der Reihenfolge Ihrer Nennungen:
  - Kaum weniger bedeutend ist das Feld der Anpassung der IT an wachstums- oder kooperationsbedingte Veränderungen im Unternehmen und die Forderung nach Kompatibilität und Systemfreiheit. Unterstützung/Hilfe bei der Nutzung, worunter sich die Nutzungsfreundlichkeit/Softwareergonomie/Logik der Menüs, unverständliche Kommunikation der Anbieter (für Nutzer und Käufer) und eine geringe Priorität bei der Geschäftsführung subsumiert.
  - IT-Datensicherheit (Datensicherheit, Zugriffssicherheit/Identity-Management, System-/Absturzstabilität).
  - Datenhandling (Daten- und Informationsfriedhöfe, zu viel oder keine Informationen (insbesondere bei der Informationssuche im Internet, und bei Aufbereitung dieser und anderer großer Informationsmengen) sowie bei der Datensicherung).
- Die Problemfelder Energie- und Umwelt sowie Vorgaben der Behörden scheinen nur eine geringe Problempräsenz bei den Befragten zu besitzen. Möglicherweise sind den Unternehmen die Folgekosten und -pflichten nicht ausreichend bewusst.
- Damit wird die Rangfolge der Problem- und Handlungsfelder primär durch „operativ spürbare" Probleme der Unternehmen dominiert. Eher strategische bzw. sich nicht direkt auf den Geschäftsbetrieb auswirkende Handlungsfelder werden von den kleinen Unternehmen als weniger kritisch bewertet. Dies bestätigt die verbreitete These, dass in kleinen und mittleren Unternehmen das operative Geschäft der strategischen Planung vorgeht.

Die nachfolgenden Abbildungen I.3a/b geben die Daten noch einmal graphisch wieder, so sind die obigen Erkenntnisse auch visuell nachvollziehbar. Allerdings zeigen die geringen Differenzen in den relativen Häufigkeiten zwischen den beiden Untersuchungen von 2010 und 2012: die obige Interpretation auf der Basis der absoluten Nennungen, dass sich hier eine Sensibilisierung in den Unternehmen in Richtung Umwelt und Sicherheit bemerkbar macht, wird aus dieser Sicht auf die Daten nicht weiter gestützt, allerdings wird diese These auch nicht widerlegt.

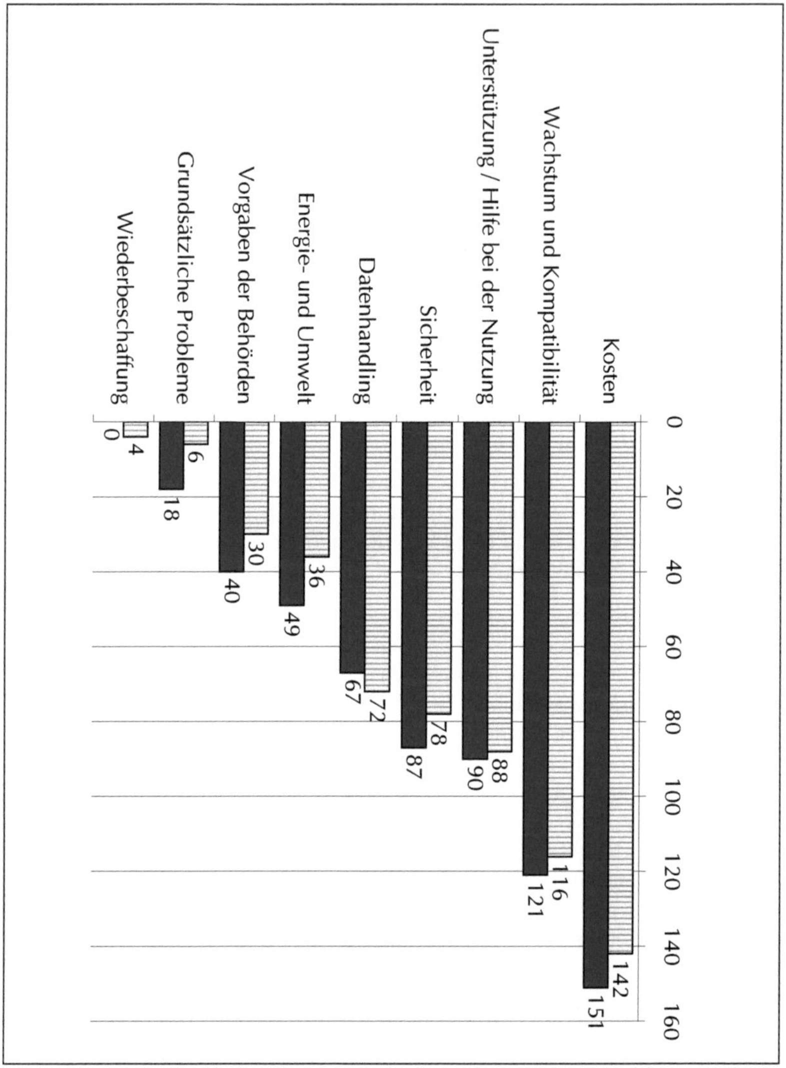

Abb. I.3a: Inhaltliche Zusammenfassung der Items zu Problem- und Handlungsfeldern in Gruppen und die sich daraus ergebenden abs. und rel. Häufigkeiten je Gruppe (im Balkendiagramm gestrichelte Linien: Untersuchung 2010 (n=572), Volltonfarbe: Untersuchung 2012 (n=623))

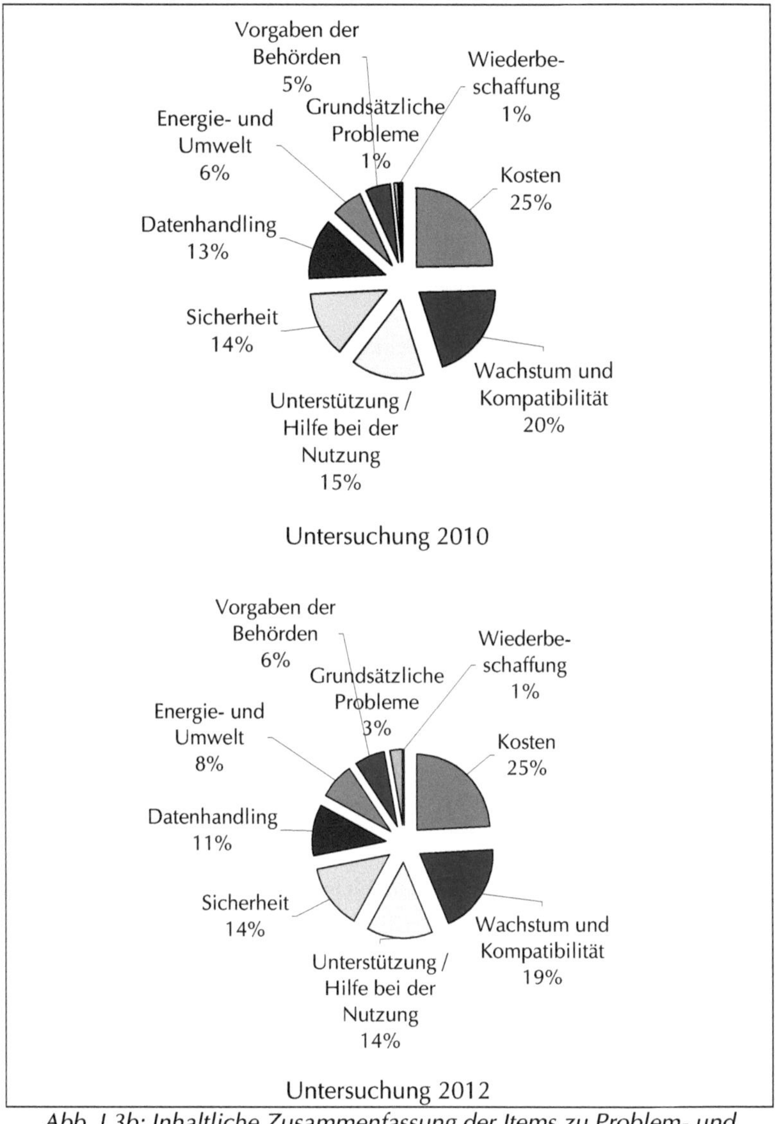

Abb. I.3b: Inhaltliche Zusammenfassung der Items zu Problem- und Handlungsfeldern in Gruppen und die sich daraus ergebenden abs. und rel. Häufigkeiten je Gruppe (im Balkendiagramm gestrichelte Linien: Untersuchung 2010 (n=572), Volltonfarbe: Untersuchung 2012 (n=623))

Ergänzende Analysen – Einflüsse auf die Nennung von Problemen/Handlungsfeldern

Ergänzend zu den monovariaten Analysen zu den Problemen/Handlungsfeldern wurde untersucht, ob und wenn ja welchen Einfluss die Variablen „Unternehmensgröße“, „Branchen-/Sektorenzugehörigkeit“, „Ansprechpartner“ und „Vorhandensein einer IT-Abteilung“ auf die Antworten der Befragten hatten. Dazu wurden Kreuzvergleiche und Chi-Quadrat-Tests vorgenommen, die Variable „Probleme /Handlungsfelder“ wurde den o. g. Variablen in Kreuztabellen gegenübergestellt.

Es wurden allerdings nicht die einzelnen Items zu den Problemen/Handlungsfelder herangezogen, sondern die zuvor gebildeten, inhaltlich verbundenen Gruppen (Kosten, Wachstum und Kompatibilität, Unterstützung/Hilfe bei der Nutzung, IT-Sicherheit, Datenhandling, Energie- und Umwelt, Vorgaben der Behörden, Grundsätzliche Probleme, Wiederbeschaffung).

Zum einen ergaben sich so mehr Fälle je Ausprägung. Eine kleinteiligere Aufgliederung hätte aufgrund der geringen Zahl der Fälle je Ausprägung kaum reliable und signifikante Ergebnisse erbringen können. Zum anderen konnten die genannten Gruppen besser interpretiert werden, als die große Zahl nebeneinander stehender und sich zum Teil inhaltlich überschneidender Items.

Mit den Chi-Quadrat-Tests wurde die Frage geprüft, ob sich statistisch eine Interdependenz zwischen den Variablen zeigt. Um eine Richtung/Dependenz der Einflüsse zu erkennen, wurden die Kreutztabellen im Detail analysiert („per Hand“), indem je Kombination der Ausprägungen der Variablen die tatsächlichen Häufigkeiten mit denjenigen Häufigkeiten verglichen wurden, die sich bei vollständiger Unabhängigkeit der Variablen ergeben würden.

So konnten Über- und Untergewichtungen für einzelne Kombinationen von Ausprägungen ermittelt und als Trends erkannt werden. Die vielen Variablen brachten eine große Zahl von Kreuzvergleichen und damit Tabellen hervor, die sich zudem durch die zwei Untersuchungen in ihrer Zahl noch verdoppelten. Daher wird hier aus Gründen der Übersichtlichkeit darauf verzichtet, diese abzubilden (für Details siehe Meyer 2010 und 2012). Vielmehr wurden hier nur die offensichtlichen Ergebnisse zusammengestellt, die sich zudem zwischen den beiden Untersuchungen nicht signifikant unterschieden:

- Einfluss der Unternehmensgröße auf das Antwortverhalten zu den Problemen/Handlungsfeldern: Es gab einen grundsätzlichen Zusammenhang mit der Unternehmensgröße, der Chi-Quadrat-Test zeigte eine Interdependenz zwischen beiden Variablen. Ferner nennen größere Unternehmen häufiger Wachstum und Kompatibilität sowie IT-Sicherheit und Energie- und Umwelt, weniger hingegen die Kosten und Unterstützung/ Hilfe bei der Nutzung als Probleme/ Handlungsfelder. Kleinere Unternehmen verhielten sich entsprechend umgekehrt, wobei auch Datenhandling und Vorgaben von Behörden tendenziell mehr genannt werden, als bei den großen Unternehmen.
- Einfluss der Zugehörigkeit zu einer Branche/einem Sektor auf das Antwortverhalten zu den Problemen/Handlungsfeldern: Es gab einen grundsätzlichen Zusammenhang mit der Branchen-/Sektorenzugehörigkeit: Der Chi-Quadrat-Test bestätigte eine Interdependenz. Ferner nannten Industriebetriebe häufiger Wachstum und Kompatibilität sowie IT-Sicherheit und Energie- und Umwelt, weniger hingegen die Kosten und Unterstützung/Hilfe bei der Nutzung als Probleme/Handlungsfelder.

  Handwerksbetriebe, aber auch – wenn auch weniger deutlich – Handels- und Dienstleistungsbetriebe verhielten sich entsprechend umgekehrt, wobei auch Vorgaben von Behörden tendenziell mehr genannt werden, als bei den großen Unternehmen. Bei den Freiberuflern fiel – allerdings bei insgesamt geringer Fallzahl – auf, dass IT-Sicherheit und Datenhandling überproportional häufig genannt wurden.
- Einfluss des Ansprechpartners auf das Antwortverhalten zu den Problemen/Handlungsfeldern: Es konnte nicht abschließend festgestellt werden, ob ein Zusammenhang mit der Person des Ansprechpartners besteht. So konnte auch nur eine leicht überproportionale Häufigkeit zur IT-Sicherheit bei IT-Beauftragten und IT-Leitern sowie zu Energie und Umwelt bei den IT-Leitern festgestellt werden.
- Einfluss des Vorhandenseins einer IT-Abteilung auf das Antwortverhalten zu den Problem-/Handlungsfeldern: Es gab einen grundsätzlichen Zusammenhang mit dem Vorhandensein einer IT-Abteilung: Der Chi-Quadrat-Test bestätigte eine Interdependenz der beiden Variablen. Unternehmen mit IT-Abteilung zeigen leicht überproportionale Häufigkeiten bei Wachstum und Kompatibilität sowie bei IT-Sicherheit. Unternehmen ohne IT-Abteilung zeigen leicht überproportionale Häufigkeiten bei den IT-Kosten, beim Datenhandling und der Unterstützung/Hilfe bei der Nutzung.

Die obigen Ergebnisse stützen die Erwartung, dass Dependenzen zwischen der Variablen „Unternehmensgröße“ und den Variablen „Branchen-/Sektorenzugehörigkeit“, „Ansprechpartner“ und „Vorhandensein einer IT-Abteilung“ bestehen: So korrespondierten größere Unternehmen im Sample mit Industriebetrieben und dem Vorhandensein einer IT-Abteilung. Unter den kleinen Betrieben fanden sich mehr Handwerksbetriebe, wie auch Betriebe aus Handel und Dienstleistung (und Freiberufler), weshalb hier entsprechend auch weniger IT-Abteilungen zu finden waren und sich somit auch die Ansprechpartner eher aus der Geschäftsführung rekrutierten.

Problem- und Handlungsfelder	**dazu finden sich überproportional mehr ...**	
Wachstum und Kompatibilität	• größere Unternehmen • in der Industrie • wenn eine IT-Abteilung oder ein IT-Beauftragter vorhanden sind	Probleme der „Großen“
IT-Sicherheit	• größere Unternehmen • in der Industrie, aber auch bei Freiberuflern • wenn eine IT-Abteilung oder ein IT-Beauftragter vorhanden sind	
Energie- und Umwelt	• bei größeren Unternehmen • in der Industrie • bei IT-Leitern	
Vorgaben der Behörden	• bei kleinen Unternehmen • im Handwerk	
Datenhandling	• kleinere Unternehmen • im Handwerk, Handel, Dienstleistung • auch bei Freiberuflern • wenn keine IT-Abteilung vorhanden ist	Probleme der „Kleinen“
Unterstützung / Hilfe bei der Nutzung	• kleinere Unternehmen • im Handwerk, Handel, Dienstleistung • wenn keine IT-Abteilung vorhanden ist	
Kosten	• kleinere Unternehmen • im Handwerk, Handel, Dienstleistung • wenn keine IT-Abteilung vorhanden ist	
Grundsätzliche Probleme	• keine sinnvolle Aussage möglich	
Wiederbeschaffung	• keine sinnvolle Aussage möglich	

Tab. I.3: Welche Problem- und Handlungsfelder wurden überproportional von welchen Unternehmen benannt?

Daher verwundert es auch nicht, dass die Ergebnisse an dieser Stelle mit den monovariat ermittelten korrespondierten. So können hier – wie in der Tabelle I.3 aufgeführt – folgende Tendenzen zusammengefasst werden: Es wird deutlich erkennbar, dass Wachstum und Kompatibilität sowie IT-Sicherheit und Energie und Umwelt eher die vorherrschenden Probleme der großen Unternehmen mit IT-Abteilungen sind, während Datenhandling, Vorgaben von Behörden, Unterstützung/Hilfe und Kosten eher bei kleineren Unternehmen (ohne eigene IT-Abteilung) zu finden sind.

Es wurde noch eine weitere Analyse durchgeführt, in der (Inter-)Dependenzen der obigen Variablen auf die Variable „Anzahl der Nennungen je Befragten" (die aus der Erhebung gewonnen werden konnte, s. o.) untersucht wurde. Sie erbrachte jedoch keine signifikanten Zusammenhänge.

Anlässe für die einzelnen Probleme/Handlungsfelder

Nachdem die Befragten Ihre Antworten zu den o. g. Items der Probleme/Handlungsfelder zur kaufmännischen IT abgegeben hatten, wurden sie ergänzend gefragt, welche Gründe, Anlässe, Trends, Entwicklungen dazu geführt haben, dass sie die o. g. Probleme/Handlungsfelder benannten.

Die Befragten konnten natürlich nur dort einen Anlass nennen, wo sie zuvor bereits Probleme/Handlungsbedarf benannt hatten. Die Befragten mussten frei antworten, die Interviewer hatten sodann die Antwort dem folgenden Katalog von alternativen Begriffen zuzuordnen:

1. Steigender Wettbewerberdruck.
2. Steigender Kundendruck und -klagen.
3. Druck durch Behörden.
4. Kostendruck.
5. Wachstum (des Unternehmens).
6. Kooperation (mit Partnern).
7. Internationalisierung (als Entwicklungsrichtung des Unternehmens).
8. Druck aus dem Umfeld/durch Gesetze/in der Gesellschaft.

Hatte ein Befragter eine Antwort für alle oder mehrere Items genannt, so wurde dies vom Interviewer für jedes betroffene Item dort vermerkt. Ebenso konnten auch je Item mehrere Anlässe/Entwicklungen genannt werden. Konnten Antworten nicht den o. g. Begriffen untergeordnet werden, so wurde dies vom Interviewer mit einem zusätzlichem, aussagefähigem Stichwort festgehalten. Alle in der Erhebung genannten Stichworte wurden nach Abschluss der Befragung unter wenigen inhaltlich passenden Begriffen bzw. Argumenten subsumiert. Dabei konnten die Antworten auf vier zentrale Argumente zusammengeführt werden:

9. Steigernder Anspruch an die Zuverlässigkeit des Betriebsablaufs und der Servicequalität.
10. Gestiegenes generelles Sicherheitsbedürfnis im Unternehmen.
11. Steigernder Anspruch an Sicherheit des IT-Betriebs.
12. Klagen (inhaltlich, nicht juristisch) der Mitarbeiter beim Umgang mit kaufmännischer IT.

Ferner konnte in der Untersuchung aus dem Jahre 2012 das erste Argument, „Steigernder Wettbewerbsdruck", um den Zusatz („auch internationaler") ergänzt werden, da dies explizit von 23 Befragten erwähnt wurde. In einem Fall, dem des Items „Geringe Priorität bei der Geschäftsführung", wurde von keinem Befragten ein Anlass/eine Entwicklung genannt. Grund: Die Aussage dieses Items ist auch gleichzeitig der Anlass für den Handlungsbedarf. In der zweiten Untersuchung 2012 wurde daher erst gar nicht auf dieses Item referiert.

Da je Item mehrere Gründe genannt werden konnten, entstanden die beachtlichen Summen von 917 Nennungen in 2010 und 988 in 2012. Das bedeutet, dass von allen Befragten, die zur Frage der Probleme/Handlungsfelder zumindest ein Item benannt hatten, nun im Durchschnitt auch 3,6 (2010) bzw. 4,9 (2012) Anlässe/Entwicklungen nennen konnten. Aus dem kreuztabellarischem Vergleich von Problemen/Handlungsfeldern mit den Anlässen/Entwicklungen konnten aus beiden Studien (2010/2012) nahezu gleiche Erkenntnisse gezogen werden:

- Erwartungsgemäß ändert sich zwischen den Studien die Rangfolge den absoluten Häufigkeiten der Nennungen zu den Gruppen bei der Frage zu den Problemen/Handlungsfeldern und bei der Frage nach den Anlässen/Entwicklungen kaum.
- Zu denjenigen Problem-/Handlungsfeldern, die am häufigsten genannt wurden, wurden in beiden Studien auch die meisten Gründe genannt.
- Lediglich zur Gruppe der Probleme/Handlungsfelder „Unterstützung/Hilfe bei der Nutzung" wurden unterproportional viele Anlässen/Entwicklungen genannt. Diese entfielen im Wesentlichen auf zwei Argumente:

Steigender Anspruch an den Betriebsablauf und den Service sowie Klagen von Mitarbeitern. In der Gruppe „IT-Sicherheit“ wird deutlich, dass neben einem generell gestiegenen Sicherheitsbedürfnis im Unternehmen, primär steigender Kundendruck und -klagen als Anlass genannt werden.

- Damit einher geht auch ein steigender Anspruch an die Betriebsabläufe und den Service im Unternehmen. IT-Sicherheit wird demnach nicht allein durch externe Bedrohungen und das Schutzbedürfnis der Unternehmen bedingt. Externer Druck und Klagen von Kunden scheinen ebenso ein wichtiger Anlass zu sein.
- Auch in der Gruppe „Wachstum und Kompatibilität“ zeigte sich, dass neben den zu erwartenden Anlässen Wachstum, Kooperation und Internationalisierung primär Kostendruck sowie steigender Kundendruck und Klagen als auch Klagen der Mitarbeiter ins Gewicht fallen. Dies verdeutlicht einmal mehr den Einfluss der IT-Kompatibilität auf Erfolg oder Misserfolg von Wachstum, Kooperation und Internationalisierung von Unternehmen.
- In der Gruppe „Datenhandling“ dominierte der Anlass „Klagen der Mitarbeiter“, wohingegen Kostendruck fast gar nicht ins Gewicht fiel. Dies ist insofern überraschend, als dass mangelndes Datenhandling und damit einhergehende ineffiziente Betriebsabläufe Folgekosten erzeugen. Die Unternehmen scheinen sich dessen kaum bewusst zu sein.

Ergänzend zu den monovariaten Analysen zu den Anlässen/Entwicklungen wurde untersucht, ob und wenn ja welchen Einfluss die Variablen „Unternehmensgröße“, „Branchen-/Sektorenzugehörigkeit“, „Ansprechpartner und Vorhandensein einer IT-Abteilung“ auf Nennungen der Befragten zeigten.

Dazu wurden Kreuzvergleiche und Chi-Quadrat-Tests vorgenommen: die Variable „Probleme /Handlungsfelder“ wurde den o. g. Variablen in Kreuztabellen gegenübergestellt. Mit den Chi-Quadrat-Tests wurde auf Interdependenz geprüft. Um eine Richtung/Dependenz der Einflüsse zu erkennen, wurden die Kreutztabellen im Detail analysiert („per Hand“), indem je Kombination der Ausprägungen der Variablen die tatsächlichen Häufigkeiten mit denjenigen Häufigkeiten verglichen wurden, die sich bei vollständiger Unabhängigkeit der Variablen ergeben würden. So konnten Über- und Untergewichtungen für einzelne Kombinationen von Ausprägungen ermittelt und als Trends erkannt werden. Die vielen Variablen erbrachten eine große Zahl von Kreuzvergleichen und damit Tabellen. Daher wird auch hier aus Gründen der Übersichtlichkeit darauf verzichtet, diese abzubilden.

Vielmehr werden hier nur die offensichtlichen Ergebnisse zusammengestellt (für Details siehe Meyer 2010 und 2012): Die kreuztabellarischen Analysen ergaben folgende signifikante Ergebnisse zwischen den das Sample beschreibenden Variablen und der Variablen „Anlässe/Entwicklungen", die mittels Chi-Quadrat-Test geprüft wurden:

- Es wurde offensichtlich, dass der Anlass „Kostendruck" mit dem Problem/Handlungsfeld „IT-Kosten" korrespondiert und somit Kostendruck vermehrt von kleinen Unternehmen und aus dem Handwerk heraus genannt wurde, weniger hingegen von größeren Unternehmen und aus der Industrie.
- Ebenso erwartungsgemäß bestätigten Chi-Quadrat-Tests in beiden Untersuchungen, dass zwischen Unternehmensgröße, Vorhandensein einer IT-Abteilung sowie Branchen-/Sektorenzugehörigkeit auf der einen und Anlässe/Entwicklungen auf der anderen Seite Interdependenzen bestehen.
- Eine vermutete Interdependenz zwischen Ansprechpartner und Anlässe/Entwicklungen konnte allerdings über den Chi-Quadrat-Test nicht bestätigt werden.

Doch obwohl Interdependenzen festgestellt wurden, konnten nur wenige eindeutige Richtungen/Dependenzen aus den Kreuztabellen herausgelesen werden:

- Größere Unternehmen und Industrieunternehmen sowie Unternehmen mit IT-Abteilungen nannten häufiger Wachstum, Kooperation und Internationalisierung sowie gestiegenes Sicherheitsbewusstsein, weniger hingegen steigenden Kostendruck und Wettbewerberdruck.
- Kleinere Unternehmen und Handwerksbetriebe sowie Unternehmen ohne IT-Abteilung oder IT-Beauftragten verhielten sich entsprechend umgekehrt.
- Zudem fanden sich bei kleineren Unternehmen und im Handwerk überproportional mehr Nennungen zu Klagen der Mitarbeiter und zu Behördendruck.

Weitere Einflüsse, die zu erwarten waren, konnten nicht als signifikant bzw. mit eindeutiger Dependenz erkannt werden. Ein Grund hierfür besteht in der hohen Zahl von 12 Ausprägungen der Variable Anlässe/Entwicklungen, was zu geringen Fallzahlen für die einzelnen Kombinationen bei einem hohen Freiheitsgrad führte. Die Kreuztabellen und Chi-Quadrat-Tests konnten daher nur wenige reliable Ergebnisse erbringen. Dies mag auch ein

Grund dafür sein, dass beide Untersuchungen für sich keine signifikanten Abweichungen voneinander erbrachten. Es muss somit bei den in der nebenstehenden Tabelle I.4 zusammengestellten, ergänzenden Befunden bleiben.

<table>
<tr><th>Anlässe/Entwicklungen</th><th>Befunde zu den Nennungen</th></tr>
<tr><td>Kostendruck</td><td rowspan="2">überproportional mehr kleine Unternehmen, aus dem Handwerk, Betriebe ohne IT- Abteilung</td></tr>
<tr><td>Steigender Wettbewerberdruck</td></tr>
<tr><td>Druck durch Behörden</td><td rowspan="2">überproportional mehr kleine Unternehmen, aus dem Handwerk</td></tr>
<tr><td>Klagen der Mitarbeiter</td></tr>
<tr><td>Wachstum (des Unternehmens)</td><td rowspan="4">überproportional mehr größere Unternehmen, aus der Industrie, Betriebe mit IT-Abteilung</td></tr>
<tr><td>Kooperation (mit Partnern)</td></tr>
<tr><td>Internationalisierung</td></tr>
<tr><td>Gestiegenes generelles Sicherheitsbedürfnis</td></tr>
<tr><td>Steigender Kundendruck und –klagen</td><td rowspan="4">keine signifikanten Befunde</td></tr>
<tr><td>Druck aus dem Umfeld/Gesetze/Gesell.</td></tr>
<tr><td>Steigender Anspruch an Betrieb/Service</td></tr>
<tr><td>Steigender Anspruch an IT-Sicherheit</td></tr>
</table>

Tab. I.4: Ergänzenden Befunde zur Variable Anlässe/Entwicklungen

I.4 Abschließende Empfehlungen

Die obigen Ergebnisse zeigen, dass sich zwei dominante Gruppen ähnlicher Probleme und Handlungsfelder herausgebildet haben:

- Kleine Unternehmen, primär aus Handwerk, Dienstleistung und Handel sehen IT-Kosten als zentrales Problem ihrer kaufmännischen IT an, sei es bei der Anschaffung, beim Unterhalt wie auch in der Frage ob Kauf oder Miete mehr Sinn machen. Anlass hier ist Konkurrenz- und damit Kostendruck.
- Große mittelständische Unternehmen, im Sample mehrheitlich aus der Industrie, sehen eher im Wachstum und in der Anpassung der IT an Kooperationen und Internationalisierung Handlungsfelder mit entsprechenden Anlässen.

Will man sich nun vertieft mit den IT-Problemen größerer Unternehmen befassen, ist letzteres das Themenfeld auf dem das größte Potential für Veränderungen zu finden ist. Dem folgt in diesem Sinne das Feld „IT-Sicherheit". Will man sich eher den Problemen der kleinen Unternehmen zuwenden, sind die IT-Kosten die erste Wahl für Problemlösungen, aber auch Nutzungsfreundlichkeit/Hilfe bei der Benutzung sowie Datenhandling bieten Handlungsbedarf.

Energie und Umwelt sowie Schnittstellen bzw. Vorgaben von Behörden sind zwei Problemfelder, die bei allen Unternehmen noch nicht die Beachtung in der IT gefunden haben, die sie eigentlich haben sollten. Allerdings findet sich hier ggf. ein Zugang über die IT-Kosten:

Zwischen den um etwa 2 Jahre zeitlich versetzen Untersuchungen von 2010 und 2012 hatten zwar nur wenige signifikante Veränderungen gezeigt. Allerdings mag sich das in der Zukunft ändern, denn die Studie von 2012 zeigte eine fortschreitende Sensibilisierung in den Unternehmen für Sicherheit (Datensicherheit, -sicherung etc.) und Umwelt, was auch den Energieverbrauch der IT-Anlagen einschließt. Darauf haben nicht nur die Unternehmen, sondern auch die Anbieter von Hardware für gewerbliche Kunden in der Zukunft besonders zu achten.

I.5 Literatur zum Kapitel Management und Informationstechnologie

- Bauer, O., Tenz, B. (2008): Informations- und Kommunikationstechnologie in Unternehmen – Ergebnisse für das Jahr 2007. In: Destatis, D. (2008): Wirtschaft und Statistik 12/2007. Wiesbaden: Statistisches Bundesamt, S. 1198 - 1207.
- BITKOM (2007a): IKT-Anwendungen – E-Government Angebot. Online: http://bitkom. de/de/markt_statistik/46259_38538.aspx (Zugriff 23.04.09).
- BITKOM (2007b): IKT-Anwendungen – E-Government Nachfrage. Online: http://bitkom. de/de/markt_statistik/46259_38537.aspx (Zugriff am 12.05.2011).
- BITKOM (2008): Nationaler IT-Gipfel – Arbeitsgruppe „ITK im Mittelstand". Online: http://bitkom.de/de/mittelstand/49542.aspx (Zugriff am 12.05.2011).

- BMWi (2009): Einfacher und schneller Unternehmensabschlüsse veröffentlichen- Elektronische Offenlegung verpflichtend. Online: http://bmwi.de/BMWi/Navigation/ mittelstand,did=226482.html (Zugriff am 01.05. 2011).
- Capgemini (2007): Studie IT-Trends 2007 – IT ermöglicht neue Freiheitsgrade. Berlin et al.: Capgemini Deutschland.
- Capgemini (2008): Studie IT-Trends 2008 – IT-Leiter im Spagat zwischen Dienstleister und Business Partner. Berlin et al.: Capgemini Deutschland.
- Capgemini (2009): Studie IT-Trends 2009 – Zukunft sichern in der Krise. Berlin et al.: Capgemini Deutschland.
- ECIN (2009): SaaS-Vormarsch: Deutschland noch nicht im Tritt (01.04.09). Online: http://www.ecin.de/news/2009/04/01/13022/ (Zugriff am 01.05. 2011).
- Freimark, A. (2009): IT-Hersteller ködern mit „Abwrackprämien". In: Computerwoche vom 06.04.09. Online: http://www.computerwoche.de/1892188 (Zugriff am 15.05.2011).
- Gehrmann, M., Keup, T. (2007): Brandenburger IKT-Gipfel – Zwischenstand „Mittelstand & IT – Vertrauen und IT". Online: http://www.we-make-it.de/uploads/media/ Ergebnisse_AG4_Mittelstand_und_IT.pdf (Zugriff am 01.05.2011).
- Geisen, B., Hebestreit, R. (2006): e-facts – Informationen zum E-Business: Wissensmanagement. Aktualisierte Ausgabe Nr. 10 Februar 2006. Berlin: BMWi.
- Globis (2007): Strukturelle Innovation in kleinen und mittleren Unternehmen durch den Einsatz von Informations- und Kommunikationstechnologien sowie E-Government. Potsdam: IHK Brandenburg.
- Graumann, S. (2008): 4. ePerformance Report 2008 – Sonderbericht zum Dritten Nationalen IT-Gipfel. Berlin und München: BMWi/TNS Infratest.
- Graumann, S., Wolf, M. (2008): Innovationspolitik, Informationsgesellschaft, Telekommunikation – 11. Faktenbericht 2008. Berlin und München: BMWi/TNS Infratest.
- Gruber, P. (2009a): Fahrlässiger Datenschutz in deutschen Unternehmen. In: Computerwoche vom 08.04.09. Online: http://www.computerwoche.de/knowledge_center/mittelstands_it/1892497/ (Zugriff am 12.05. 2011).

- Gruber, P. (2009b): Mit IT aus der Krise – Mehr Budget für IT-Projekte. In: Computerwoche vom 08.04.09. Online: http://www.computerwoche .de /knowledge_center/mittelstands_it/1892452/ (Zugriff am 12.05.2011).
- Herrmann, W. (2009): Der Mittelstand will mit Green IT Kosten senken. In: Computerwoche vom 04.03.09. Online: http://www.computerwoche. de/1889123 (Zugriff 12.05.2011).
- Hoffmann, D. (2009): Altsysteme ablösen – So modernisieren Sie Ihr ERP. In: Computerwoche vom 21.04.09. Online: http://www.computer-woche.de/knowledge_center/mittelstands_it/1893457/ (Zugriff am 01.05. 2011).
- Hudetz, K., Duscha, A. (2008): Informationssicherheit in Unternehmen 2008. Köln: E-Commerce Center Handel. Online: http://www.ec-net.de/EC-Net/Redaktion/Pdf/081017-studie-informationssicherheit-in-unternehmen-2008,property=pdf,bereich=ec_net,sprache=de,rwb=true.pdf (Zugriff am 01.05. 2011).
- IHK Potsdam (2011): Behördengänge schnell virtuell erledigen. Online: http://www.potsdam.ihk24.de/produktmarken/innovation_und_umwelt/ ecommerce_und_internet/E-Government/index.jsp (Zugriff am 01.05. 2011).
- Klüpfel, S., Brügel, G., Hofmann, J., Bolesta, W. (2008): Betriebswirtschaftliche Softwarelösungen für kleine und mittlere Unternehmen. Würzburg: Universität Würzburg. Online: http://www.vdeb.de/ download/2009/markstudie_erp.pdf (Zugriff am 01.05. 2011).
- Meyer, J.-B. (2009): Unternehmen halten an Green IT fest. In: Computerwoche vom 20.04.09. Online: http://www.computerwoche.de/know ledge_center/green-it/1893079/ (Zugriff am 01.05. 2011).
- Meyer, J.-A. (2010): Probleme und Handlungsfelder mittelständischer Unternehmen – Eine empirische Untersuchung an der Schnittstelle von Management und Informationstechnologie, Forschungsprojektbericht Deutsches Institut für kleine und mittlere Unternehmen, Schriftenreihe 7/2010, Berlin.
- Meyer, J.-A. (2012): Probleme und Handlungsfelder mittelständischer Unternehmen im Zeitvergleich – Empirische Untersuchungen an der Schnittstelle von Management und Informationstechnologie, Forschungsprojektbericht Deutsches Institut für kleine und mittlere Unternehmen, Schriftenreihe 8/2012, Berlin.

- MR&S (2004): Studie „IT-Sicherheit – Eine Herausforderung für den Mittelstand und das Handwerk. Online: http://www.dlr.de/pt/Portaldata/45/Resources/dokumente/mm/Ergebnisse_IT-Sicherheit_NEG.pdf (Zugriff am 14.09.2011).
- Rademacher, R. (2008): Unreife SOA stellt den Mittelstand vor Probleme. In: Computerzeitung vom 30.06.08. Online: http://microsite. computerzeitung.de/article.html?art=/articles/2008028/31567693_ha_CZ.html&page=1010&ms=/service-oriented-architecture/index.html&pos=5&tpid=ee54f3c7-0de1-40f5-bb23-2cfdf022aee5&pid=ee54f3c7-0de1-40f5-bb23-2cfdf022aee5 (Zugriff 23.04.09).
- SAP (2009): SAP Spectrum – Best Practices für Unternehmen (März 2009). Walldorf: SAP AG.
- techconsult (2006): Internet- und E-Business-Einsatz im bundesdeutschen Mittelstand 2006. Kassel: techconsult GmbH.
- techconsult (2007): IT und E-Business im Mittelstand 2007. Kassel: techconsult GmbH.
- techconsult (2008): IT und E-Business im Mittelstand 2008. Kassel: techconsult GmbH.
- VDEB (2009a): IT-Markt Nr. 01-02. Aachen: VDEB Verband IT-Mittelstand e.V.
- VDEB (2009b): IT-Markt Nr. 05-06. Aachen: VDEB Verband IT-Mittelstand e.V.

II Wirtschaftskriminalität in KMU – Fallstudien zu Gefahren und praktischer Gefahrenabwehr

II.1 Wirtschaftskriminalität – Eine Bedrohung auch für KMU

Eine Bedrohung auch für kleine und mittlere Unternehmen

Die Weitergabe von Betriebs- und Geschäftsgeheimnissen, der Diebstahl von Waren und Geld, die Spionage und die Computer- und Internetkriminalität und gehören zur täglichen Unternehmenspraxis. Die Gefahren, die durch wirtschaftskriminelle Handlungen entstehen, sind dabei vielfältig, besonders in Zeiten zunehmender internationaler Verflechtungen und Einsatz von elektronischen Kommunikationsmedien. Dies trifft auch kleine und mittlere Unternehmen (KMU). Gerade für sie stellen wirtschaftskriminelle Handlungen eine große Herausforderung dar. Zum einen weil sie über geringe personale Kapazitäten und auch Kenntnisse zur Vermeidung der Gefahren verfügen. Zum anderen können selbst geringe wirtschaftskriminelle Taten die Existenz des Unternehmens bedrohen. Daher dürfen die Gefahren aus der Wirtschaftskriminalität in diesen Unternehmen nicht verdrängt werden, dürfen nicht erst dann zu Reaktionen führen, wenn es zum Schadensfall gekommen ist.

Viele Studien und Ratgeber – primär von Wirtschaftsprüfungsgesellschaften und Unternehmensberatungen – haben in den vergangenen 10 Jahren nicht nur einen guten Überblick über den Umfang von Wirtschaftskriminalität vermittelt, sondern auch zeigen können, wie wenig bislang gerade kleine und mittlere Unternehmen mit der Materien vertraut sind und welche wenigen präventiven Maßnahmen ergriffen wurden. Die Gründe hierfür mögen im geringen Kenntnisstand bestehen, wie auch in einer verbreiteten Fehleinschätzung über die eigene Gefährdung und in der Befürchtung, dass präventive Maßnahmen die Ressourcen des Unternehmens überfordern würden.

Das Ziel dieses Beitrages ist es daher, den KMU aufzuzeigen, dass Prävention und Bekämpfung von Wirtschaftskriminalität keine aufwändigen Tätigkeiten und Ressourcen erfordern, die neben dem operativen Tagesgeschäft keinen Raum finden. Sie sollen motiviert werden, mit einem auf das Wesentliche beschränkten, aber vorausschauendem, systematischem und aufmerksamem Vorgehen eine Gefahrenabwehr zu betreiben, die auch von kleinen Unternehmen bewältigt werden kann.

Im Gegensatz zu den später noch benannten, sehr umfassenden empirischen, aber primär deskriptiven Studien soll hier ein anderer Weg beschritten werden, um gerade für kleine und mittlere Unternehmen geeignete Maßnahmen gegen Wirtschaftskriminalität zusammenzutragen: Durch die Illustration und Analyse von praktischen Fallstudien sowie die Befragung von direkt von wirtschaftskriminellen Handlungen betroffenen Akteuren in und für Unternehmen sollen entlang an der betrieblichen Realität – im Sinne eines „bottom up“ – diejenigen Situationen und adäquaten Reaktionen für die Unternehmen aufgezeigt werden, denen ein Unternehmer als ersten Schritt zu einer aktiven Gefahrenabwehr besondere Aufmerksamkeit schenken sollte. Diese explorativ-qualitativ gewonnenen Erkenntnisse sollen sodann auch in praktische Hinweise umgesetzt werden. Die kurzen Fallberichte sollen zudem dazu führen, dass sich Praktiker darin wieder erkennen und in ihrer Bereitschaft zu aktivem Handeln weiter angeregt werden.

Vorab: Zu Formen und Verbreitung von Wirtschaftskriminalität

Das Bundeskriminalamt (BKA 2011b) definiert „als Wirtschaftskriminalität (Summenschlüssel 8930)...“ „...1. Die Gesamtheit der in § 74c Abs. 1 Nr. 1 - 6b GVG aufgeführten Straftaten - jedoch ohne Computerbetrug, [...]. 2. Delikte, die im Rahmen tatsächlicher oder vorgetäuschter wirtschaftlicher Betätigung begangen werden und über eine Schädigung von Einzelnen hinaus das Wirtschaftsleben beeinträchtigen oder die Allgemeinheit schädigen können und/oder deren Aufklärung besondere kaufmännische Kenntnisse erfordert.“ In den letzten Jahren hat zudem der englischsprachige Begriff „Fraud“ (Betrug, betrügerische, kriminelle, dolose Handlung) für Wirtschaftskriminalität in die deutschsprachige Literatur Einzug gehalten.

Unternehmensinterne Personen können das Unternehmen durch Betrug, Unterschlagung, Untreue, Diebstahl oder die Verletzung von Betriebs- und Geschäftsgeheimnissen (z. B. Weitergabe von Produktideen an Unternehmensexterne) schädigen. Zu dolosen Handlungen (absichtlich zum Schaden des Unternehmens durchgeführte Handlungen) durch unternehmensexterne Personen gehören z. B. die Verletzung von Schutz- und Urheberrechten (z. B. Patentverstoß), Computer- und Internetkriminalität (z. B. Ausspionieren von Computern) und Korruption (z. B. Zahlung einer bestimmten Summe an den Mitarbeiter persönlich für den Erhalt eines Auftrags).

Dass Wirtschaftskriminalität ein aktuelles und für jedes Unternehmen bedeutendes Problem ist, zeigt sich an der Vielzahl der bisherigen Untersuchungen und deren Befunde zur Verbreitung:

- Einige Wirtschaftsprüfungsgesellschaften lieferten in kurzer Folge in den letzten Jahren zahlreiche Studien und Befunde (u. a. PriceWaterhouseCoopers 2007, 2009a,b,c, 2011a,b, KPMG 2006a, 2010, 2012, Result Group 2006, Euler Hermes 2008, Ernst & Young 2003, 2007, 2009a,b). Sie geben Antworten auf Fragen, wie viele Unternehmen von Wirtschaftskriminalität (in Deutschland) betroffen sind, welche Art von Wirtschaftskriminalität aufgedeckt wurde (z. B. Betrug, Untreue), welcher Schaden entstanden ist und ob die Unternehmen gegen Wirtschaftskriminalität versichert sind.
- Andere, personalwirtschaftliche bzw. arbeitsrechtliche Studien stellen dar, wie mit Mitarbeitern umgegangen werden muss, um Wirtschaftskriminalität zu verhindern (u. a. Braeck/Weber 2007, Maulshagen/Höner 2007, Ernst & Young 2007). Sie stellen die dolose Handlung in einen Zusammenhang mit Gelegenheit, Motivation und Rechtsempfinden. Überdies werden darin Wege zum Umgang mit Mitarbeitern aufgezeigt, die wirtschaftskriminelle Handlungen begangen haben.
- Eine dritte Gruppe von Studien mit kriminologischem Fokus befasst sich mit dem Verständnis von Wirtschaftskriminalität aus rein strafrechtlicher Sicht (u. a. Samson 2007, Bundeskriminalamt 2011a). Sie versuchen formalanalytisch herauszuarbeiten, ab wann eine Handlung im Unternehmen zur Straftat wird und strafbar ist. Allerdings sind derartige Überlegungen nur von mittelbarer Hilfe für die betroffenen Unternehmen.

Die nebenstehende Tabelle stellt einige zentrale Studien zur Wirtschaftskriminalität aus den letzten Jahren zusammen. Einige Befunde hieraus seien hier besonders erwähnt:

- Nahezu die Hälfte der Unternehmen in Deutschland (49%) ist gemäß einer aktuellen Untersuchung von PriceWaterhouseCoopers schon einmal durch Wirtschaftskriminalität geschädigt worden (PWC 2007).
- Im Mittelstand sind wirtschaftskriminelle Handlungen sogar für 86% der Unternehmen ein ernsthaftes Problem (Euler Hermes 2008).
- Dabei beträgt der jährliche Gesamtschaden der aufgedeckten wirtschaftskriminellen Handlungen sechs Milliarden Euro (PriceWaterhouseCoopers 2007). Hinzuzurechnen sind ferner die Kosten für die unentdeckten Straftaten.

Studie	Zentrale Aussagen
Braeck, Weber 2007	• Entwicklung eines unternehmensinternen personalpolitischen Kontrollsystems
Bundeskriminalamt, jährlich, zuletzt 2011a	• Lagebericht Wirtschaftskriminalität: Ausmaß und Entwicklung von Wirtschaftskriminalität auf Grundlage der polizeilichen Kriminalstatistik nach Deliktuntergruppen • Erläuterung gesetzlicher und polizeilicher Maßnahmen
Ernst & Young 2003, 2007, 2009a/b	• Erforschung der Wirksamkeit ergriffener Maßnahmen über die Wahrnehmung dieser durch die Mitarbeiter • Aussagen über die Funktionalität der Maßnahmen aus Sicht der Belegschaft
Euler Hermes 2008	• Aussagen über Häufigkeit von Schadensfällen, Formen wirtschaftskrimineller Handlungen, Präventionsmaßnahmen und Ursachen insbesondere in mittelständischen Unternehmen
KPMG 2006a, 2010, 2012	• Aussagen über Häufigkeit von Schadensfällen, Formen wirtschaftskrimineller Handlungen, besonders betroffenen Unternehmensbereichen sowie Schadenshöhe und Präventionsmaßnahmen
Maulshagen, Höner 2007	• Aufklärung über notwendige Maßnahmen des Arbeitgebers im Schadenfall
Meyer 2011	• Expertenbefragungen und Fallstudien • aus der Praxis heraus gewonnenen Gefahren und deren Rahmenbedingungen
PriceWaterhouseCoopers 2003, 2007, 2009a/b/c, 2011a/b	• Aussagen über Häufigkeit von Schadensfällen, Formen wirtschaftskrimineller Handlungen, Täterprofil, Prävention, Kontrollmaßnahmen im Unternehmen und Verfolgung der Straftaten durch das Unternehmen • Internationaler Vergleich, europäische Studie
Result Group 2006	• Fokus auf Wirtschaftskriminalität durch Informationsabflüsse • Aussagen über Betroffenheit, Schadenshöhe, Kontrollstrukturen, Täterprofil und Präventionsmaßnahmen
Samson 2007	• Erläuterung von Motivation zu wirtschaftskriminellen Handlungen • Aufzeigen strafrechtlicher Risiken von wirtschaftskriminellen Handlungen • Es besteht eine Diskrepanz zwischen Wirtschaftsstrafrecht und Rechtsempfinden
Ziegleder 2010	• empirische Untersuchung formeller und informeller Handlungsstrategien in Unternehmen

Tab. II.1: Überblick über aktuelle Studien zur Wirtschaftskriminalität

- Laut der Untersuchung von Euler Hermes (2008) waren in drei Viertel der Schadensfälle, die Mittelständler durch Wirtschaftskriminalität erlitten, die eigenen Mitarbeiter beteiligt.

- Besonders in KMU sind nur wenige Maßnahmen zur Abwehr bzw. Verminderung von wirtschaftskriminellen Gefahren getroffen worden, wie zwei Expertenbefragungen des Deutschen Institut für kleine und mittlere Unternehmen aus den Jahren 2009 und 2011 ergaben (Meyer 2011).
- Laut Euler Hermes (2008) hat jedoch die Hälfte der deutschen Unternehmen mindestens sechs Einzelmaßnahmen ergriffen.
- Viele Unternehmen (77 %) sehen aber trotz der offensichtlichen Gefahren keinen Handlungsbedarf und halten die bisher eingesetzten Präventionsmaßnahmen insgesamt für ausreichend (KPMG 2006a). Es finden in KMU geringe oder keine Investitionen in eine Wirtschaftskriminalitätsprävention statt, ein Risikomanagement zur Wirtschaftskriminalität besteht in der Regel nicht. Fehlende Kontrollstrukturen verhindern ein systematisches Aufdecken von kriminellen Handlungen im Unternehmen.
- Überdies besitzt nur ein Teil aller, auch großer Unternehmen in Deutschland Ethik-Richtlinien (61 %), nur wenige Unternehmen verfügen über ein Compliance-Programm (37 %) (PriceWaterhouseCoopers 2007). Die Gründe liegen laut dieser Studie in mangelnden Ressourcen und fehlendem Know-how in den Unternehmen.
- So stufen nur 18 % der Unternehmen die eigenen Kenntnisse wirtschaftskrimineller Handlungsmuster als gut ein (KPMG 2006a). 58 % der von Wirtschaftskriminalität betroffenen Unternehmen gehen jedoch davon aus, dass mit einer erhöhten Sensibilisierung der Mitarbeiter eine Verhinderung möglich gewesen wäre (KPMG 2006a).
- Auch die Mitarbeiter selbst meinen mehrheitlich (68%), dass ein entsprechender Verhaltenskodex im Unternehmen die Prävention und Aufdeckung von Wirtschaftskriminalität unterstützt (Ernst & Young 2007).

Aus den Studien und Ihren Befunden heraus können weiterhin einige grundsätzliche Formen der Wirtschaftskriminalität gegen das Unternehmen zusammengefasst werden, differenziert nach dem jeweiligen Verursacher (interner, externer) (Abbildung II.1).

Jenseits der erwähnten Studien sind übersichtliche Leitfäden – speziell für kleine und mittlere Unternehmen – rar. Einen Schritt in diese Richtung gehen Hofmann (2008) und der 2006 erschienene Leitfaden von KMPG (KPMG 2006b). Diese „Best Practices“ zur Wirtschaftskriminalitätsprävention dienen Unternehmen als Hilfestellung zur Vermeidung, Entdeckung und Reaktion auf kriminelle Handlungen im Unternehmen, indem sie unternehmenskulturelle, strukturelle, personelle und auf den Unternehmenszweck bezogene Risiken und forensische Untersuchungstechniken aufzeigen. Allerdings gehen die Leitfäden nicht auf die Besonderheiten von kleinen und mittleren Unternehmen ein und sind darüber hinaus u. E. sehr komplex und unübersichtlich.

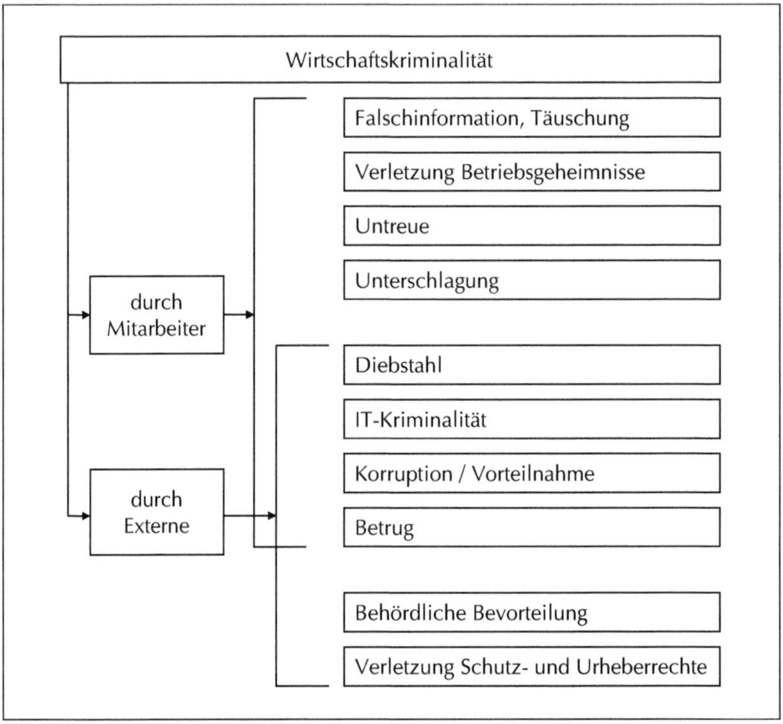

Abb. II.1: Formen von Wirtschaftskriminalität nach Verursacher

Dies war der Anlass, einen einfacheren und für Unternehmen gut verständlichen und leicht adaptierbaren Katalog von Regeln zu erarbeiten. In einem Projekt des Deutschen Instituts für kleine und mittlere Unternehmen wurden dazu im Jahre 2009 Unternehmen in kurzen Fallstudien analysiert, die betriebstypische Situationen und Bedingungen der Wirtschaftskriminalität aufzeigen. Daraus wurden jeweils auch (nicht nur) für kleine und mittlere Unternehmen verständliche Hinweise und praktikable Handlungsanweisungen entwickelt. Sie orientieren sich an den Formen der Wirtschaftskriminalität, wie sie in Abbildung II.1 zusammengestellt wurden.

II.2 Fallstudien – Identifikation von Gefahren und Ableitung von praktischen Handlungsempfehlungen

II.2.1 Zu Methodik und Erkenntnissen

Im Jahre 2009 wurden durch Mitarbeiter der Deloitte & Touch Wirtschaftsprüfung 18 kleine und mittlere Unternehmen (KMU) unterschiedlicher Branchen in Fallstudien erfasst (Deloitte & Touch 2009). Grundlage der Fallstudien waren intensive Interviews von mindestens 45 Minuten Dauer mit den Geschäftführern der jeweiligen Einheiten. Die Interviews wurden entlang eines vom Deutschen Institut für kleine und mittlere Unternehmen entwickelten Leitfadens durchgeführt.

Er entstand auf der Basis von 20 Experteninterviews aus dem gleichen Jahr. Befragt wurden Vertreter von Unternehmen (5), Gewerkschaften (2), Wirtschaftsprüfungen und Unternehmensberatern (10) sowie aus dem kriminalpolizeilichen Dienst (3). Alle diese Personen hatten direkt mit wirtschaftskriminellen Handlungen zu tun und konnten so aus der Praxis berichten. In den telefonischen Gesprächen wurden die Experten nach ihrem Kenntnisstand über Wirtschaftskriminalität in kleinen und mittlern Unternehmen, deren Anlässe, Formen und Umfang sowie mögliche Schäden und Maßnahmen der Abwehr und des Umgangs mit den Vorfällen befragt.

Die qualitativen, exploratorischen Befunde flossen in den Interviewleitfaden ein, wie auch in Vorgaben, welche Unternehmen mit typischen Fällen von Wirtschaftskriminalität seitens des Projektpartners Deloitte & Touch als Fälle auszuwählen sind. So sollten die Unternehmen bereits Opfer von Wirtschaftskriminalität gewesen sein und so von diesen Fällen sowie von den daraus folgenden Reaktionen berichten können.

Im Interview wurde nach fördernden und behindernden Bedingungen für/gegen Wirtschaftskriminalität im Unternehmen, vorhandene Präventionsmaßnahmen, typische betroffene Unternehmensbereiche, typische Zeitpunkte im Unternehmenslebenszyklus, Formen der Wirtschaftskriminalität, „Täter" (intern/extern), Gründe für das deliktische Handeln, Schadenshöhe und -art und Konsequenzen im Unternehmen gefragt. In wenigen Fällen waren im Unternehmen bereits Fraud-Gefährdungsanalysen (Analyse risikobehafteter Unternehmensbereich und -prozesse sowie Überprüfung interner Kontrollen zur Prävention von und Reaktion auf dolose Handlungen),

Risikoanalysen, ein Identity- und Access Management (IAM) (Management von IT-Benutzer-Identitäten und damit verbundenen Zugangsberechtigungen) und Whistle-Blowing-Systeme (organisatorische Systeme, die Hinweise zu potentiellen Gefährdungen aufnimmt und auswertet bei gleichzeitigem Schutz des Whistle-Blowers sowie der Verdächtigen) durch- bzw. eingeführt worden. Auch fanden sich Ethik-Richtlinien (Vorgaben der Unternehmensführung zu moralischem Handeln der Mitarbeiter im Geschäftsbetrieb) und einzelne Compliance-Maßnahmen zur Sicherstellung regelkonformen Verhaltens der Organisationsmitglieder.

Neben den Fällen von Wirtschaftskriminalität, über die zu berichten war, sollten die Befragten in den Unternehmen (i. d. R. Mitglieder der Geschäftsführung) ihre Einschätzung und Kenntnisse zu in der jeweiligen Branche typischen bzw. häufig anzutreffenden Formen der Wirtschaftskriminalität ausführen. Auf diese Weise konnte zudem ein Überblick über die branchen- und betriebspezifischen Anlässe, Formen und Rahmenbedingungen für wirtschaftskriminelle Handlungen aus der Kenntnis der Betriebsprozesse und der Besonderheiten der jeweiligen Branche entstehen. Aus den Protokollen hierzu wurden Fallberichte erstellt. Erste, nahe liegende Erkenntnisse zur Vermeidung von kriminellen Handlungen wurden aus den einzelnen Fällen herausgezogen und in kompakter Form dokumentiert. Alle Fallstudien wurden 2009 zusammen mit einigen „Hab-Acht"-Regeln in einem Berichtsband für Praktiker illustriert (Deloitte & Touch 2009).

In 2011 wurden die Fallstudien nochmals aufgegriffen und – qualitativ – zusammenfassend nach typischen Anlässen und Formen der Kriminalität, nach gemeinsamen Zusammenhängen der kriminellen Handlungen mit Rahmenbedingungen sowie mit den beteiligten Akteuren und deren Handeln vor und nach dem Fall hin ausgewertet.

Dabei wurden in einem erneuten Durchgang die Fallstudien noch einmal auf Redundanzen untereinander und auf Ergiebigkeit für Befunde geprüft. Einige Fallstudien zeigten sich zwar die o. g. Illustration tauglich und sinnvoll, lieferten jedoch keine neuen Befunde über die anderer Fallstudien hinaus. So blieben noch 15 der ursprünglich 18 Fälle für eine komprimierte Analyse übrig.

Die zusammengefassten Befunde aus den Fallstudien wurden ebenso in 2011 nochmals einer Gruppe von 12 Personen zur Wirtschaftskriminalität vorgelegt (Meyer 2011). Es handelte sich dabei wiederum um Unternehmer (6), Wirtschaftsprüfer (3), Gewerkschaftern (2) und Bearbeiter für Wirtschaftskriminalität im polizeilichen Dienst, die aus der Praxis Erfahrung mit Wirtschaftskriminalität besaßen. Die Befragten (telefonische Interviews von ca. 30 bis 45 Minuten) sollten die erarbeiteten Hinweise, Regeln und Maßnahmen danach bewerten, ob dies auch ihrer Meinung nach die richtigen Schritte für die jeweiligen Situationen und Formen der Wirtschaftskriminalität sind, ob sie in Aufwand und Eingriff in die betriebliche Praxis angemessen und insbesondere auch von kleinen Unternehmen leistbar sind. Weiter wurden die Experten um Ergänzungen gebeten.

Das Ergebnis dieser Schritte führte zu den im Kapitel II.3 genannten Hinweisen, Vorschlägen und Regeln. Zuvor werden hier die einzelnen Fallstudien im folgenden Kapitel gekürzt wiedergegeben. Die Namen der Unternehmen wurden anonymisiert, die Fallberichte für eine flüssige Lesbarkeit und zur besseren Illustration auch durch Nichtfachleute der Materie im Erzählstil verfasst.

II.2.2 Die Fallstudien und die Erkenntnisse daraus

Fall 1: Elektronischer Zahlungsverkehr, Diebstahl und Spione

Das Berliner Zahntechnikunternehmen besteht seit 1998 in der Form eines Einzelunternehmens. Es beschäftigt 8 Vollzeit- und 3 Teilzeitmitarbeiter. Der Jahresumsatz liegt bei 1,2 Mio. €. Bisher wurde noch keine Fraud-Gefährdungsanalyse im Unternehmen durchgeführt. Allerdings sind im Unternehmen bereits mehrere Fälle von Wirtschaftskriminalität aufgetreten. In einem Fall gelang es externen Personen, sich in den Datentransfer des Unternehmens mit der Hausbank „einzuhacken“. Mehrere gefälschte Überweisungsaufträge wurden an die Bank übermittelt. Der Leiter des Unternehmensbereichs Zahlungsabwicklung erklärte, dass es sich dabei um Beträge von 20.000 € und 37.000 € handelte.

Allerdings hatte das Unternehmen Glück, denn diese zusätzlichen Überweisungsaufträge wurden von der Bank nicht ausgeführt (bzw. konnten zurückgebucht werden). Deshalb konnte ein finanzieller Schaden für das Unternehmen vermieden werden. Nach bekannt werden des Zwischenfalls verständigte das Unternehmen die Polizei. Das Strafverfahren wurde jedoch nach ergebnislosen Ermittlungen der Staatsanwaltschaft eingestellt. Wesentlicher Grund für diesen Zwischenfall waren fehlende zeitnahe Kontrollen des tatsächlichen Zahlungsverkehrs im Unternehmen. Denn generell gilt, dass die Nutzung des elektronischen Zahlungsverkehrs bei großen Summen mit speziellen Sicherungs- und Verschlüsselungssysteme geschützt werden sollte. Ansonsten wird es kriminellen „Angreifern„ leicht gemacht, die einfachen Sicherheitsschutzschilde zu umgehen und Überweisungsaufträge umzulenken. Das Unternehmen hat jedoch aus dem Vorfall gelernt. Ein spezielles Überweisungsformat wurde mit der Hausbank vereinbart. Ohne dieses werden Transaktionen nicht durchgeführt. Zudem wurden zusätzliche Sicherheitsschlüssel für das Online-Banking implementiert

Neben den Problemen im Bereich der IT-Sicherheit sind noch andere Formen der Wirtschaftskriminalität im Unternehmen aufgetreten: Besonders ärgerlich war für das Zahntechnikunternehmen, dass Betriebsabläufe, der Einsatz neuer Technologien und Kundendaten ausgespäht wurden. Für die illegale Weitergabe dieser Informationen waren Außendienstmitarbeiter wohl mitverantwortlich, aber auch externe Täter, wie z. B. eine professionelle Detektei. Zwar konnte eine Schadenssumme nicht exakt beziffert werden, eines wurde jedoch offensichtlich: Gerade dieses Wissen über die Kunden schien für Wettbewerber interessant und bedurfte eines besonderen Schutzes.

Das Unternehmen hat auf diese Vorkommnisse reagiert und versucht nun durch Schulungen die eigenen Mitarbeiter zu sensibilisieren. Ferner hatten Mitarbeitern aus dem Lagerraum Vermögensgegenstände, insbesondere Zahngold entwendet. Die oder der Täter konnten allerdings nie gefasst werden. Auch konnte eine genaue Schadensumme durch das Unternehmen nicht angegeben werden. Ursache des Vorfalls waren ungenügende oder fehlende Kontrollen der Vermögensgegenstände, fehlende bzw. nicht aktuelle Bestandslisten. Das Unternehmen reagierte auf die Vorfälle wiederum mit Schulungen der Mitarbeiter.

Wenn auch die folgenden Fälle von Wirtschaftskriminalität in diesem Unternehmen nicht aufgetreten sind, so konnte die Geschäftsführung die besondere Gefahr in ihrer Branche für zwei Formen hervorheben: Betrug und Korruption. So konnte von Vorfällen berichtet werden, die in andern Unternehmen der Branche immer wieder auftreten: Ein Einkäufer des Dentallabors trifft mit einem Goldverkäufer Absprachen über Rabatte für gehandeltes Gold. Diese Preisnachlässe werden nicht dem Unternehmen gut geschrieben, sondern unter den beiden Geschäftspartnern aufgeteilt. Durch diese informelle Übereinkunft bereichern sich diese beiden Personen auf Kosten des Dentallabors.

Erkenntnisse für die Gefahrenabwehr:

- Besonders im elektronischen Zahlungsverkehr sollten Kontrollen zeitnah erfolgen, zumindest innerhalb der Stornierungs- bzw. Rückbuchungsfristen.
- An Schnittstellen nach Außen und im Umgang mit Betriebsvermögen (z. B. Materialien, Geräte) müssen effektive Ein- und Ausgangskontrollen und Bestandserfassung eingeführt werden.
- Die eigenen Mitarbeiter müssen laufend durch Schulungen für potentielle Gefahren und Konsequenzen aus eigenem möglicherweise rechtswidrigem Handeln sensibilisiert werden, wie auch für unangebrachte Gutgläubigkeit gegenüber Dritten.
- Verlangen Sie rechtsfähige Versicherungen des Zulieferers, dass keine weiteren Zahlungen oder sonstige Vergünstigungen an Mitarbeiter des Einkaufs geleistet wurden.

Fall 2: Nutzung von Insiderwissen und Spione

Das Berliner Biotechnologie-Unternehmen besteht seit 1998. Es wurde 2000 in eine AG umgewandelt und 2004 an der Börse notiert. Das Unternehmen beschäftigt 83 Mitarbeiter und zwei Auszubildende. Der Jahresumsatz lag zuletzt bei 2,3 Mio. €. Neben dem Firmensitz in Berlin beschäftigt das Unternehmen 35 Mitarbeiter in einer Forschungsniederlassung in Seattle, USA. Bisher wurde vom Unternehmen noch keine Fraud-Gefährdungsanalyse durchgeführt. Allerdings wird ein Risk Management betrieben und grundsätzlich wird im Unternehmen das Vier-Augen-Prinzip angewandt (wichtige Entscheidungen sowie Aufgaben mit vertraulichen Informationen sollten zur Vorbeugung von Missbrauch und Fehlern niemals in der Verantwortung einer einzelnen Person liegen). Obwohl im Unternehmen bisher noch keine konkreten Fälle von Wirtschaftskriminalität aufgefallen sind, konnte die Geschäftsführung auf betriebsspezifische Gefahren der Wirtschaftskriminalität hinweisen, für die auch Vorkehrungen getroffen wurden.

Dies ergibt sich auch aus der besonderen Situation eines börsennotierten Unternehmens in einer erheblich von technologischen Innovationen abhängigen Branche: Die Gefahr von Insiderhandel mit Aktien und Optionen. Da viele Mitarbeiter am Unternehmen mit Wertpapieren und Optionen beteiligt sind, ist die Versuchung groß, internes Wissen über kommende Technologien und Produkte für den eigenen (oder von Freunden oder Strohmännern) Erwerb/Verkauf von Aktien des eignen Unternehmens zu nutzen. Als Vorsichtsmaßnahme hat das Unternehmen präventiv festgelegt, dass der Handel mit diesen Wertpapieren nur in fünf festgeschriebenen Zeiträumen möglich ist. Dem Insiderhandel wird auch damit vorgebeugt, dass die Börsentransaktionen der Mitarbeiter (nur zu den Papieren des eigenen Unternehmens) beobachtet werden. Ferner wurden interne Richtlinien erlassen, die derartige Transaktionen über nicht gemeldete Konten verbietet. Ein vollständiger Schutz vor Verletzungen dieser Regelungen ist allerdings nicht möglich.

Ein weiterer typischer Fall, der in der Branche wiederholt vorkam, ist die Weitergabe des für die Existenz der Unternehmen so wichtigen technischen Wissens aus Forschung und Entwicklung an Dritte. Im Falle dieses Unternehmens kommt die räumliche Trennung von Forschungszentrum in Amerika und Firmensitz in Deutschland hinzu. Daher hat das Unternehmen früh auf diese Gefahr reagiert. Es verpflichtet Mitarbeiter zur Teilnahme an regelmäßigen Schulungen und der Unterzeichnung einer Vertraulichkeitserklärung. Außerdem wird bei Kontakten zu Außenstehenden grundsätzlich das Vier-Augen-Prinzip angewandt. Zudem werden Besucher des Unternehmens immer am Empfang abgeholt und so verhindert, dass Fremde unbeaufsichtigt auf dem Unternehmensgelände unterwegs sind. Weiterhin wurde auch von diesen Unternehmen die aufgrund der z. T. hohen Geldbeträge große Gefahr für die Zahlungsabwicklung genannt: Wie im Fall 1 zuvor, war auch hier ein Schaden bereits eingetreten.

Erkenntnisse für die Gefahrenabwehr:

- Auch ohne konkrete Schadensfälle sollten Gefahrenpotentiale identifiziert und geeignete Präventiv- und Gegenmaßnahmen ergriffen werden.
- Dies ist auch dann notwendig, wenn mit der strafbaren Handlung weitere Handlungen außerhalb des Unternehmen und dessen Kontrolle verbunden sind.
- Hier ist es Insiderwissen, dass den Mitarbeitern Börsengewinne bescheren kann. Dies kann nur zum Teil, muss aber weitestgehend durch Kontrolle des Aktienerwerbs in Verbindung mit internen Neuigkeiten unterbunden werden.
- Externe sollten nie ohne Begleitung im Unternehmen/auf dem Gelände verweilen.

Fall 3: Wissen beim Outsourcing, beim Mitarbeiterweggang und bei staatlichen Kontrollen entwendet

Das Brandenburger Medizintechnik-Unternehmen besteht seit 1997. Es wurde zwischenzeitlich als AG geführt, später dann aber wieder zur GmbH umgewandelt. Das Unternehmen beschäftigt 145 Mitarbeiter und konnte zum Erhebungszeitpunkt einen Jahresumsatz von über 20 Mio. € ausweisen. Neben dem Firmensitz in Brandenburg besteht eine Vertriebsniederlassung in München und ein angehöriges, eigenständiges Unternehmen in Salt Lake City, USA. Bisher wurde im Unternehmen keine Fraud-Gefährdungsanalyse durchgeführt, allerdings besteht ein Risk Management. Eine Prüfung durch den Mutterkonzern ist aber wahrscheinlich.

Im Unternehmen sind bereits mehrere Fälle von Wirtschaftskriminalität vorgefallen. Darunter einer im Zuge eines Outsourcings. Für die vom Unternehmen entwickelten Intraokularlinsen wurde ein ausländischer Lohnhersteller mit der Produktion beauftragt und erhielt die Produktdetailinformationen. Allerdings gab das Produktionsunternehmen diese Informationen an Dritte weiter und kurz nach Beginn der Geschäftsbeziehungen brachte ein anderes Unternehmen die gleichen Linsen auf den Markt. In dieser – mittlerweile veralteten – Form vertreibt sie das Unternehmen noch immer. Der materielle Schaden wird auf 2 - 3 Mio. € pro Jahr beziffert. Der Schadensersatzprozess wurde vor einem ausländischen Gericht geführt. Dieses entschied zugunsten des ausländischen Lohnherstellers. Das Beispiel zeigt zum einen, dass Outsourcing dann Gefahren birgt gehandelt, wenn damit auch vertrauliches Know-how herausgegeben werden muss. Zum anderen verschärft sich die Gefahr, wenn international unterschiedliche rechtliche Rahmenbedingungen oder zumindest Rechtsvorteile für Ansässige im Ausland erkennbar sind.

Ferner konnte das Unternehmen von weiteren Fälle von Wirtschaftskriminalität berichten: Darunter der Fall eines ehemaligen Vertriebsleiters, der kurz vor der Anmeldung eines neuen Patentes kündigte. Er gründete ein eigenes Unternehmen und meldete ein Patent für ein identisches Produkt an. Da dies ein Verstoß gegen das Wettbewerbsverbot sowie die Vertraulichkeitsvereinbarungen war, ging das Medizintechnik-Unternehmen gerichtlich gegen das den ehemaligen Mitarbeiter vor, jedoch ohne durchschlagenden Erfolg (z. B. ein Verbot oder die Patentrücknahme).

In einem weiteren Fall wurde der Vorstand des Unternehmens bei der Einreise in die USA zwecks Besuchs einer Messe am Zoll aufgehalten und nach dem Grund seiner Reise befragt. Er musste seinen PC hochfahren und erhielt diesen erst nach drei Stunden zurück. Nun besteht der begründete Verdacht, dass die Festplatte des Computers kopiert wurde und vertrauliche Daten missbräuchlich weitergereicht wurden.

Bei der Anbahnung einer Geschäftsbeziehung mit einem Unternehmen aus Malta wurde ein Fax abgefangen. Zwei Tage nach Versand des Fax erhielt das Unternehmen eine Vorladung vom Bundesausfuhramt. Darin waren Informationen enthalten, die eindeutig aus benanntem Fax stammten. Es besteht der Verdacht, dass das Fax abgefangen und die Informationen missbräuchlich an Dritte weitergeleitet wurden. Zwar ist ein materieller Schaden nicht zu erwarten, von einem Imageschaden ist aber auszugehen. Mangels Beweisen verzichtete das Unternehmen auf eine strafrechtliche Verfolgung. Präventiv werden seit diesem Vorfall vertrauliche Informationen nur noch postalisch oder durch verschlüsselte Emails übermittelt. Da die Geschäftsführung befürchtete, dass Besucher bei Betriebsbesichtigungen in der Produktion sensible Unternehmensinformationen ausspähen können, verdecken die Mitarbeiter des Unternehmens bei Führungen die Displays und Monitore der Maschinen. Außerdem wurden die Zugangskontrollen zum Unternehmensgelände verschärft. Zudem wird mit Richtlinien vorgeschrieben, dass die Arbeitsplätze bei Nichtnutzung leer sein und wichtige Unterlagen weggeschlossen werden müssen.

Erkenntnisse für die Gefahrenabwehr:

- Nicht nur auf Computern(netzwerken) ist ein strenges Identity- bzw. Access Management einzuführen. Vorsicht auch bei vertraulichen Fax- und Email-Sendungen.
- Zudem sollten Mitarbeiter immer nur Zugang zu unbedingt notwendigen Informationen haben, nach Möglichkeit ein Mitarbeiter nur immer einen Teil des notwendigen Gesamtwissens, so dass nur mehrere Mitarbeiter gemeinschaftlich über das gesamte Wissen verfügen können.
- Gerade im Ausland sollten sich Unternehmen bereits vor dem Eingehen von Geschäftsbeziehungen juristisch gegen etwaige Vertragsbrüche absichern und die Durchsetzbarkeit ihrer Ansprüche prüfen. Die eingehende Prüfung des kommenden Partners ist zudem selbstverständlich.
- Eindeutige Wettbewerbs- und Vertraulichkeitsbestimmungen sind für Mitarbeiter in Schlüsselpositionen unerlässlich.

Fall 4: Untreue bei Mitarbeitern

Das Brandenburger Unternehmen für Postverarbeitungssysteme besteht seit 1925, seit 2005 in einer Holdingstruktur. Die Holding wird als AG geführt. Das Unternehmen beschäftigt etwa 1.000 Mitarbeiter bei einem Jahresumsatz zum Erhebungszeitpunkt vom 145 Mio. €. Es bestehen mehrere Tochternehmen und Verkaufsbüros in Deutschland sowie Vertriebsgesellschaften im Ausland. Bisher wurde noch keine Fraud-Gefährdungsanalyse durchgeführt. Allerdings findet zwei Mal im Jahr eine Risikoanalyse zwecks Risikofrüherkennung statt. Trotz dieser Sicherheitsvorkehrungen sind bereits Fälle von Wirtschaftskriminalität im Unternehmen aufgetreten. So entwendete ein Mitarbeiter Verpackungsmaterialien aus dem Lager, um sie bei E-bay zum Verkauf anzubieten. Der materielle Schaden kann nicht beziffert werden. Dieses Vergehen wurde durch mangelnde Ein- und Ausgangskontrollen im Unternehmen gefördert. Als der Vorfall bekannt wurde, kündigte das Unternehmen dem Mitarbeiter fristlos und leitete arbeitsrechtliche Schritte ein.

Doch dieses Ereignis war nicht der einzige Fall von Untreue im Unternehmen. In einem weiterer Fall zeigte sich kriminelles Handeln sogar auf höherer Leitungsebene: In einer ausländischen Niederlassung des Unternehmens gewährte der dortige Geschäftsführer einem Vertriebsleiter einen Kredit aus Betriebsmitteln. Um die fehlenden Mittel im Jahresabschluss zu verschleiern, wurden Schecks der deutschen Unternehmenszentrale gefälscht. Die Schecks platzten kurz nach der Jahresabschlussprüfung und der Vorfall wurde durch eine Anfrage bei der deutschen Konzernmutter aufgedeckt. Umgehend wurde der Geschäftsführer der ausländischen Niederlassung entlassen und das Unternehmen leitete zivil- und strafrechtliche Schritte gegen ihn ein.

In einem weiteren Fall missbrauchte ein Mitarbeiter seine Vertrauensstellung im Controlling. Er entwendete Geld aus der Kasse, um private Schulden zu begleichen. Doch der Fehlbetrag i. H. v. 10.000 € fiel bei einer Kasseninventur auf. Das Unternehmen entließ den Mitarbeiter nach dessen Schuldanerkenntnis und ging zivilrechtlich gegen ihn vor. Als Gegenmaßnahme hat das Unternehmen ein Internes Kontrollsystem (IKS, Systematische organisatorische Maßnahmen und Kontrollen zur Einhaltung von Richtlinien und Abwehr doloser Handlungen im Unternehmen) mit Vier-Augen-Prinzip und funktionale Trennungen bei vertraulichen Aufgaben sowie ein Compliance Officer implementiert.

Erkenntnisse für die Gefahrenabwehr:

- Insbesondere Mitarbeiter in Vertrauensstellungen müssen Compliance-, Wettbewerbsausschluss- und Vertraulichkeitsvereinbarungen unterzeichnen. Deren Zugang zu vertraulichen Informationen sollte ggf. protokolliert werden.
- Ein zeitnahes IKS ist zur Kontrolle und Prävention unerlässlich, insbesondere auch im Rechnungs- und Zahlungswesen.
- Ebenso ist die zeitlich enge und zu wichtigen Vorgängen zeitnahe Kontrolle der Barmittel selbstverständlich.

Fall 5: Verstöße durch den Geschäftsführer

Das 1990 gegründete Thüringer Unternehmen der Transport- und Logistikbranche wird als GmbH geführt und beschäftigt 124 Mitarbeiter. Der Jahresumsatz lag zuletzt bei rund 6,9 Mio. €. Bisher wurde noch keine Fraud-Gefährdungsanalyse durchgeführt. Nach Abschluss der laufenden Neuorganisation wird diese allerdings von der Geschäftsführung installiert, denn im bisherigen Geschäftsbetrieb sind mehrere Fälle von Betrug und Korruption aufgetreten: In einem Fall fälschte der ehemalige Geschäftsführer der GmbH Angaben zu durchgeführten Transporten und zu Passagierzahlen. Mutmaßliches Motiv war so das Erschleichen von Fördermitteln des Landes Thüringen. Der materielle Schaden für das Land Thüringen wurde mit etwa 5.000 € beziffert. Das Unternehmen musste nicht nur den Betrag zurückerstatten, sondern erlitt auch einen schweren Imageschaden. Dem Geschäftsführer wurde gekündigt, das Verfahren der Staatsanwaltschaft lief zum Zeitpunkt der Erhebung allerdings immer noch. Der ehemalige Geschäftsführer machte sich auch noch eines weiteren Vergehens schuldig: Während seiner Tätigkeit für das Unternehmen zahlte er sich und für Bekannte private Reisen und Flüge aus der Unternehmenskasse, ein Schaden in Höhe von 2 bis 3 T€ entstand.

Ein weiterer Fall fand im Fuhrparkmanagement des Unternehmens statt. Der Kfz-Meister des Fuhrparks entnahm Dieselkraftstoff aus der betriebseigenen Tankstelle für eigene Zwecke. Insgesamt belief sich der materielle Schaden auf ca. 5.000 €. Hier wurde das illegale Verhalten durch fehlende Erfassung der Entnahmen an der Zapfsäule möglich. In der Folge schaffte das Unternehmen die Tankkarten mit Zugriffsberechtigung ab und führte stattdessen Fahrtenbücher ein. Jetzt wird die Betankung der Fahrzeuge nur noch nach dem Vier-Augen-Prinzip vorgenommen. Die Fahrtenbücher werden monatlich durch die Revision kontrolliert, auftretende Differenzen sofort verfolgt. Dem Kfz-Meister wurde gekündigt.

Erkenntnisse für die Gefahrenabwehr:

- Auch angestellte Geschäftsführer müssen einer Kontrolle z. B. durch das Rechnungswesen unterliegen, derer sich diese nicht durch ihre Weisungsbefugnis entziehen können.
- Verfügt ein einzelner Mitarbeiter über große Verantwortung und Befugnisse, sollte das Vier-Augen-Prinzip obligatorisch sein.
- Jeglicher Verbrauch von Material oder auch Personalkapazitäten muss erfasst und ggf. nach verfolgt werden können. Ggf. sind Benutzungsrechte und Gegenzeichnung durch Magazinmitarbeiter vorzuschreiben.

Fall 6: Betrug über Spesenabrechnung, Vorteilsnahme und Missbrauch vertraulicher Kundendaten

Das Nordrhein-Westfälische Immobilienunternehmen besteht seit 1990. Es wird als GmbH geführt und ist Teil einer Holding. Das Unternehmen beschäftigt insgesamt 30 Mitarbeiter. Eine Niederlassung besteht in Berlin. Der Jahresumsatz lag zuletzt bei 9 Mio. €. Bislang ist noch keine Fraud-Gefährdungsanalyse durchgeführt worden. Im Unternehmen ist ein Fall von Wirtschaftskriminalität aufgetreten, den es lohnt, genauer zu betrachten. So konnte einem Mitarbeiter strukturierter Spesenbetrug nachgewiesen werden. Der Mitarbeiter rechnete private Rechnungen mit dem Unternehmen ab. Insgesamt belief sich der materielle Schaden auf 5.000 €. Möglich wurde dieser Betrug durch fehlende Kontrollen der tatsächlichen Spesenanlässe. In der Folge kündigte das Unternehmen dem Mitarbeiter und erstattete Anzeige, das Arbeitgericht bestätigte die außerordentliche Kündigung.

Ebenso interessant sind diejenigen wirtschaftskriminellen Handlungen, die zwar im betreffenden Unternehmen bislang nicht aufgetreten, wohl aber in der Branche häufig anzutreffen sind: In Zeiten knappen Wohnraums neigen manche Mitarbeiter dazu, sich die Entscheidung für einen Mietkandidaten neben der offiziellen, gesetzlich festgelegten Vermittlungsprovision durch eine versteckte Provision zu erleichtern. Mitunter wird dies sogar durch verzweifelte Mietsuchende angeboten. Auch ist es wohl bereits vorgekommen, dass vertrauliche Bewerbungsunterlagen von Mietkandidaten an interessierte Dritte weiter gereicht wurden (z. B. an Versicherungsmakler). Dieses Verhalten verursacht zwar dem Unternehmen zunächst keinen finanziellen Schaden, wohl aber einen Imagenachteil.

Allerdings kann zu einem späteren Zeitpunkt die o. g. Vorteilsnahme vom Mieter gerichtlich wieder zurückgefordert bzw. die Weitergabe der Daten zur Anzeige gebracht werden, und so das Unternehmen damit – jenseits möglicher strafrechtlicher Konsequenzen – wieder in die Zahlungspflicht kommen. Hier helfen nur ein Vier-Augen-Prinzip und die Trennung von persönlichem Kontakt bei der Vermietung (z. B. bei Führungen) und der formalen Vergabeentscheidung sowie neutrale Bewerbungen, in dem die persönlichen Daten (Name, Adresse) von den für die Bewerbung relevanten Daten getrennt geführt und nur mit einem Schlüssel verbunden werden können.

Erkenntnisse für die Gefahrenabwehr:

- Auch Spesenabrechnungen sollten nicht nur vom Finanzamt genau kontrolliert und auf Plausibilität geprüft werden, sondern auch durch das Unternehmen. Spesenkreditkarten als Zahlungsmittel (mit Limit) verhindern zudem, dass sich Mitarbeiter ohne tatsächliche Kosten bereichern.
- Um illegale Vorteilnahme durch Machtpositionen ggü. Kunden auszuschließen, sollten Bewerberkontakt und formale Entscheidung auf der Basis der Unterlagen von zwei Mitarbeitern getrennt bearbeitet werden.
- Der Missbrauch von vertraulichen Kundendaten kann auch durch physische Trennung von Personendaten und den anderen Informationen zum Vorgang gewährleistet werden.

Fall 7: Vorsichtsmaßnahmen trotz geringer Risiken

Das Nordrhein-Westfälische Lebensmittelunternehmen wurde 1932 gegründet. Es wird als GmbH & Co. KG in Familienbesitz geführt und beschäftigt 48 Mitarbeiter. Bis auf ein Außenlager bestehen keine Niederlassungen. Der Jahresumsatz lag zuletzt bei 25 bis 35 Mio. €. Eine Fraud-Gefährdungsanalyse wurde bislang nicht durchgeführt. Konkrete Fälle von Wirtschaftskriminalität konnten bislang nicht berichtet werden.

Nach Aussage der Geschäftsführung sei der Anreiz zu Wirtschaftskriminalität im Unternehmen und der Branche gering: Denn der Fokus des Unternehmens läge nicht auf der Produktion für Endverbraucher, sondern auf industrieller Zulieferung. Weiterhin seien die hergestellten Produkte, als auch die verwendeten Verfahren nicht durch Patente geschützt. Ferner beschäftige das Unternehmen im Kerngeschäft nur wenige Mitarbeiter. Insgesamt sind dort 8,5 Mitarbeiter beschäftigt, wovon 3 Geschäftsführer sind. Auch würden sensible Unternehmensbereiche – wie zum Beispiel der Einkauf – nur durch die Geschäftsführung verantwortet. Ohnehin bestehe im Einkauf wenig Spielraum für wirtschaftskriminelle Handlungen, da die Preisunterschiede bei der Wahl bestimmter Partner marginal seien.

Trotz dieser geringen Anreize für kriminelle Handlungen setzt das Unternehmen auf eine umfassende Strategie zur Vorbeugung von Gefahrenpotentialen. Diese Strategie umfasst erstens die Durchführung von monatlichen Inventuren im Lager. Mögliche Fehlbestände sollen sofort aufgedeckt und verfolgt werden. Zweitens wurden IT-Sicherungssysteme installiert, um den elektronischen Datenverkehr zu schützen. Drittens wurden die Mitarbeiter verpflichtet, Datenschutzerklärungen zu unterzeichnen. Viertens bestehen auf der oberen Hierarchieebene Wettbewerbsklauseln in den Arbeitsverträgen. Außerdem wird das Firmengelände grundsätzlich verschlossen und angemeldeter Besuch begeleitet. Dadurch soll der Industriespionage vorgebeugt werden. Dies soll der Gefahr entgegenwirken, dass Fremde Informationen z. B. über Rezepte und besondere Zutaten erfahren.

Erkenntnisse für die Gefahrenabwehr:

- Auch wenn scheinbar nur geringe Gefahren bestehen, sollten Vorsichtsmaßnahmen gegen mögliche Wirtschaftskriminalität anlassunabhängig eingeleitet werden.

Fall 8: Absprachen von Zulieferern und Korruption

Das Nordrhein-Westfälische Wasserwirtschaftsunternehmen wurde 1930 gegründet und wird als Körperschaft des öffentlichen Rechts geführt. Zuletzt erwirtschafteten 350 Mitarbeiter einen Jahresumsatz von 85 Mio. €. Das Unternehmen betreibt Risikomanagement und verfügt über einen Gefährdungsatlas. Externe Berater haben das Unternehmen überprüft und regelmäßig werden Symposien zum Thema Korruption veranstaltet.

Allerdings sind bereits Fälle von Preisabsprachen von Zulieferern aufgetreten. Der materielle Schaden für das Unternehmen wurde auf ca. 20.000 €

geschätzt. Das Unternehmen erstatte Anzeige, die Staatsanwaltschaft leitete Ermittlungen ein. Hauptgrund für diesen Vorfall war das kollusive Zusammenwirken der Anbieter (Koordination/Abstimmung des Verhaltens zwischen Unternehmen/Personen).

Ein Fall von Korruption ereignete sich im Einkauf. Dabei schloss ein Mitarbeiter ohne Einhaltung des Vier-Augen-Prinzips vor Ort Verträge zum Grundstückskauf ab. Allerdings wären andere Anbieter günstiger gewesen. Neben dem materiellen Schaden von 5.000 € je Vertrag entstand auch ein Imageschaden. Dem Mitarbeiter wurde gekündigt. Um zukünftige Vorfälle dieser Art zu verhindern, verlangte der Leiter der Internen Revision die konsequente Einhaltung des Vier-Augen-Prinzips in allen Geschäftsbereichen. Allerdings erachtete die Geschäftsführung diese Maßnahme als zu aufwändig. In einem Kompromiss müssen nun alle Verträge immer der internen Revision vorgelegt werden.

Ein weiterer Fall liegt im Rechnungswesen/Controlling. Dort missbrauchte ein Mitarbeiter seine Verfügungsberechtigung und leitete Geld über Umwege auf das eigene Konto. Der entstandene Schaden betrug ca. 3.000 €, das Unternehmen leitete einen arbeitgerichtlichen Prozess gegen den Mitarbeiter ein. Als Reaktion auf diese Fälle hat das Unternehmen Ethik- und Verhaltensrichtlinien sowie Korruptions- und Integritätsdienstanweisungen verfasst. Außerdem wurde die Prüfsoftware IDEA/IBASE eingeführt.

Erkenntnisse für die Gefahrenabwehr:

- Preisabsprachen bei Anbietern sind schwer nachzuweisen. Ein Ausweg kann z. B. in gezielten Aufforderungen zu Angeboten regional entfernter Anbieter oder persönliche Einzelverhandlungen mit den Anbietern bestehen.
- Korruption/Vorteilsnahme kann durch die Trennung von Verhandlung und Entscheidung sowie dem Vier-Augen-Prinzip entgegen gewirkt werden.
- Auch bei Verfügungsberechtigungen und weiteren Zuweisungen von Befugnissen auf einzelne Mitarbeiter sollte das Vier-Augen-Prinzip erhalten bleiben.

Fall 9: Produktpiraterie

Der Baden-Württemberger Hersteller von Haushaltswaren wurde 1914 gegründet. Das Unternehmen wird als GmbH geführt und beschäftigte zum Erhebungszeitpunkt 250 Mitarbeiter. Eine Fraud-Gefährdungsanalyse wurde bislang nicht durchgeführt. Risiken der Wirtschaftskriminalität wurden jedoch in einigen Einzelfällen identifiziert und aufgenommen, zudem werden mit der Konzernmutter kontinuierlich Anti-Produktpiraterie-Maßnahmen eingeleitet. Außerdem verfügt das Unternehmen über eine eigene Rechtsabteilung.

Diese Maßnahmen haben auch ihren Grund, da bereits ein Fall von Wirtschaftskriminalität aufgetreten ist. So wurde während einer Vertriebsreise das Plagiat eines Haushaltsgeräts entdeckt. Ein chinesischer Hersteller hatte eine 1:1-Kopie, allerdings in schlechterer Qualität angeboten. Zwar kann dieser Fall von Produktpiraterie auch auf die leichte Kopierbarkeit des Geräts zurückgeführt werden, der chinesische Hersteller verletzte damit allerdings die Urheber- und Patentrechte des Unternehmens. Ein Strafantrag bei der Staatsanwaltschaft wurde gestellt. Insgesamt wurde der Schaden auf 150.000 € beziffert, ein Imageschaden für das Unternehmen – aufgrund der Verwechslung mit der schlechteren Produkt – kam noch hinzu.

Das war jedoch nicht die einzige Schädigung, die das Unternehmen durch Piraterie erfuhr. Abnehmer des Unternehmens meldeten, dass große Mengen von Plagiaten nach Dänemark importiert und dort zu Dumping-Preisen angeboten wurden. Der Pirat, ein chinesische Hersteller hatte sogar ein Patent angemeldet. Die deutsche Firma brachte den Vorgang zur Anzeige und wollte Unterlassung erwirken. Ein Prozess verlief in erster Instanz zwar positiv für das deutsche Unternehmen, allerdings leitete der Konkurrent Revision ein. Der Prozess erstreckt sich nun schon über mehrere Jahre. Der Schaden betrug bis zum Zeitpunkt der Erhebung etwa 100.000 €, im Wesentlichen Anwaltskosten. Das Unternehmen reagierte auf diesen Fall mit einer verstärkten Information und Sensibilisierung seiner Abnehmer, damit diese Plagiate unverzüglich melden. Gleichwohl hält die Geschäftsführung es für wahrscheinlich, dass es in Zukunft zu weiteren Fällen von Produktpiraterie kommt.

In einem weiteren Fall von interner Wirtschaftskriminalität entwendete ein Mitarbeiter der Produktion Fertigprodukte, um diese über Ebay zu verkaufen. Der materielle Schaden kann allerdings nicht mehr beziffert werden. Wie auch in anderen Unternehmen wurde hier eine Vertrauensstellung missbraucht. Es blieb jedoch bei einer Kündigung des Mitarbeiters und ersten arbeitsrechtlichen Schritten.

Erkenntnisse für die Gefahrenabwehr:

- Gegen Urheber- und Patentrechtsverletzungen kann im internationalen Wettbewerb nur schwer vorgegangen werden. Gemeinsam mit anderen Unternehmen können Interessen besser durchgesetzt werden (z. B. im Aktionskreis Deutsche Wirtschaft gegen Produkt- und Markenpiraterie e.V.).
- Je frühzeitiger Piraterie (z. B. durch Kunden) bekannt werden, desto schneller kann reagiert und zumindest der Imageschaden gering gehalten werden.
- Die Materialwirtschaft ist dann besonders anfällig für Diebstahl/Unterschlagung, wenn eine Magazinlösung oder zumindest einen exakte Ein-Ausgangskontrolle fehlt.

Fall 10: Betrug durch Abnehmer

Das Baden-Württemberger Unternehmen, 1949 gegründet, ist Hersteller von umweltfreundlichem Partybedarf. Im Unternehmen sind 130 Mitarbeiter in der Zentrale und 100 weitere in einem Tochterunternehmen beschäftigt. Das Unternehmen wird als GmbH geführt. Es bestehen zwei Beteiligungen an Unternehmen in Dachau und Waldorf. Der Jahresumsatz der Muttergesellschaft lag zuletzt bei etwa 24 Mio. €. Auch in diesem Unternehmen wurde bisher keine Fraud-Gefährdungsanalyse durchgeführt. Allerdings lies die Geschäftsführung die Unternehmensprozesse für ihre ISO 9000 Zertifizierung nochmals dahingehend analysieren, wo Wirtschaftskriminalität in den Betriebsprozessen auftreten kann.

Die Unternehmensführung schätzt die generelle Gefahr von wirtschaftskriminellen Handlungen als gering ein. Zum einen seien weder Produkte, noch Herstellungsverfahren patentrechtlich geschützt, zum anderen seien die hergestellten Produkte nur von geringem Stückwert. Außerdem herrschen im Unternehmen trotz der großen Zahl an Mitarbeitern übersichtliche Organisations- und Weisungsstrukturen. Auch die Wahl eines bestimmten Lieferanten wirke sich nur marginal auf den Preis aus, der Einkauf sei als Gefahrenquelle vernachlässigbar. Das Vier-Augen-Prinzip wird ohnehin angewandt. Dennoch schützt sich das Unternehmen mit bewerten Mitteln:

IT-Sicherungssysteme sind installiert und werden regelmäßig aktualisiert, eine automatisch einschaltende Alarmanlage sichert das Unternehmensgebäude.

Doch trotz des geringen Gefahrenpotentials und der Sicherheitsvorkehrungen wurde das Unternehmen Opfer von Wirtschaftskriminalität: Bei der Produktion des Partybedarfs entstehen große Mengen an Verschnitt des Materials Papier/Pappe. Dieser Verschnitt wird an Recyclingfirmen weiterveräußert. Allerdings wurde das Gewicht des gelieferten Materials nicht in der Firma selbst, sondern beim Käufer ermittelt. Dieser manipulierte mehrfach die Waage zu seinen Gunsten und zahlte für das Material einen zu geringen Preis. Der exakte Schaden kann nicht mehr beziffert werden. Nachdem durch einen Zufall der Betrug aufgedeckt wurde (vor Versendung wurde das Gewicht der Sendung gemessen, um ein Fahrzeug nicht zu überladen), reagierte das Unternehmen sofort. Es beendete das Lieferverhältnis und erstattete Anzeige. Seitdem wird ein zivilrechtlicher Schadensersatzprozess geführt. Der Vorfall hätte durch eine höhere Sorgfalt und Aufmerksamkeit der Mitarbeiter bereits im Vorfeld verhindert werden können. Auch hätte man Plausibilitätsrechnungen über den durchschnittlichen Verschnitt in der Produktion die Unstimmigkeiten bemerken können.

Erkenntnisse für die Gefahrenabwehr:

- Die mangelnde Sensibilisierung der eigenen Mitarbeiter für Gefahren erleichtert häufig die Schädigung des Unternehmens.
- Es ist hilfreich, den Materialverkehr, wenn er nicht oder nur mit hohen Kosten vollständig erfasst werden kann, über Rückrechnungen und Plausibilitätsanalysen abzuschätzen und mit den Abrechnungen ggü. Dritten zu vergleichen. Grundsätzlich sollten Leistungen immer auf beiden Seiten, der des Lieferanten und des Abnehmers korrekt erfasst werden

Fall 11: Transparenz als Mittel gegen Fehlhandlungen

1300 Mitarbeiter beschäftigt das Gesundheitsunternehmen aus Rheinland-Pfalz. Es wurde 1857 gegründet und wird als Körperschaft des öffentlichen Rechts geführt. Es ist an zehn Standorten vertreten und erwirtschaftete zum Erhebungszeitpunkt 70 Mio. € Jahresumsatz. Zwar wurde bisher noch keine Fraud-Gefährdungsanalyse durchgeführt, seit dem Jahre 2005 werden aber von der Geschäftsführung erhebliche Anstrengungen unternommen, ein größeres Bewusstsein für Korruption im Unternehmen zu schaffen. So wurde 2005 eine neue betriebliche Antikorruptionspolitik beschlossen und eine Kooperation mit Transparency International eingegangen. Das Vier-Augen-Prinzip wird konsequent angewandt. Weiterhin wurde durch regelmäßige Mitarbeiterrotation und Vergabehandbücher sowie mit expliziten Richtlinien und Dienstanweisungen zum Berichtswesen mehr Transparenz in allen Prozessen im Betrieb erreicht. Weiter wurde auch eine KTQ-Zertifizierung (Darlegungssystemen für Einrichtungen des deutschen Gesundheitswesens) durchgeführt und kontinuierlich umgesetzt.

Für sensible Vorgänge jeglicher Art (z. B. Sonderzahlung, Vertragsverhandlungen und -abschlüsse, neue Richtlinien und Leistungskataloge) wurde eine Genehmigungspflicht durch die Geschäftsführung beschlossen. Zudem wurden regelmäßige Mitarbeiterschulungen zu Fehlhandlungen im Arbeitsprozess verpflichtend eingeführt. Eine ab dem Jahr 2009 arbeitende interne Revision rundet das Maßnahmenpaket gegen Wirtschaftskriminalität ab.

Allerdings sind diese Maßnahmen auch eine Reaktion auf bisherige Fälle von Wirtschaftskriminalität, die es lohnt, hier näher zu betrachten: In einem Fall versuchten Verwaltungsmitarbeiter bei der Vergabe von Fördermitteln zu täuschen. Die Förderung war für Baumaßnahmen, die aber nach den Richtlinien der Förderung des Landes nicht hätten gefördert werden dürfen. Doch die Mitarbeiter gaben im Antrag falsche Angaben. Erst nach der Bereitstellung der Mittel wurde dieser Betrug intern offensichtlich. So entstand dem Unternehmen kein materieller Schaden, die Geschäftsleitung reagierte jedoch sehr schnell mit dem oben genannte Vergabehandbuch und der Genehmigungspflicht durch die Geschäftsführung. Auch in Reaktion auf diesen Fall wurde das Vier-Augen-Prinzip eingeführt.

Jedoch zeigt ein weiterer Fall, dass nicht nur die Mitarbeiter und Angestellten von den Präventionsmaßnahmen erfasst werden müssen, sondern auch die Führungsebene. So kam es beim Wechsel des Managements zu einer nicht korrekten Verwendung von Drittmitteln, die für private Zwecke umgeleitet wurden. Noch ist der Tatbestand nicht restlos aufgeklärt und die Entscheidung, rechtliche Schritte einzuleiten wurde von der Geschäftsführung noch nicht getroffen. Eines wird aber deutlich: Kontrollmechanismen sind in allen Ebenen des Unternehmens notwendig.

Erkenntnisse für die Gefahrenabwehr:

- Vergabehandbücher helfen gegen Unregelmäßigkeiten bei Einkauf und Projektvergaben.
- Jegliche Entscheidungen, die nicht regelmäßig und im laufenden Betriebsprozess durch Richtlinien und Kontrolle erfasst sind, müssen der Einzelprüfung und -genehmigung durch die Geschäftsführung, ggf. sogar durch Externe (z. B. Wirtschaftsprüfer, Beirat) unterzogen werden.
- Transparente Unternehmensprozesse, Verhaltensregeln für alle (Vorstand, Führungskräfte und Mitarbeiter) und ein gelebter Werte-Kodex sind selbstverständliche Elemente eines Wertemanagement-Konzepts und beugen Wirtschaftskriminalität vor.

Fall 12: Unterlagendiebstahl und Piraterie auf Messen und bei Produktvorführungen sowie Patente als Vorlage für Kopien

Der Baden-Württemberger Anlagenbauer besteht seit 1993 in der Rechtsform einer GmbH. Im Unternehmen werden 15 Mitarbeiter an zwei Standorten beschäftigt. Der Jahresumsatz betrug zuletzt 3 Mio. €. Eine Fraud-Gefährdungsanalyse wurde bislang nicht durchgeführt. Diese ist aufgrund der geringen Mitarbeiterzahl auch nicht unbedingt erforderlich. Die Gefahr von internen wirtschaftskriminellen Handlungen gegen das Unternehmen erscheint gering, denn mit 15 Mitarbeitern sind die Strukturen und Prozesse im Unternehmen überschaubar. Auch wird der Einkauf (als Gefahrenquelle, s. o.) von verschiedenen Mitarbeitern je nach Verantwortungsbereich wahrgenommen. Zudem enthalten alle Arbeitsverträge eine Geheimhaltungsklauseln und ein Wettbewerbsverbot. Regelmäßig werden Mitarbeiter durch Schulungen sensibilisiert und auf Messen wird versucht, die Weitergabe von Informationen auf ein Minimum zu beschränken.

Dennoch gelangten unternehmensfremde Personen an Informationen über die Produktionstechnologien und die Konstruktion einer technischen Anlage kurz vor deren Markteinführung. Diese vertraulichen Unterlagen sind entweder während einer Messe oder bei einer Präsentation bei Referenzkunden oder in beiden Fällen abhanden gekommen. Denn die Anlage wurde detailgenau kopiert und im Ausland zum Kauf angeboten. Wie in den anderen Fallbeispielen bereits dargelegt, ist die zivilrechtliche Verfolgung der Täter insbesondere im Ausland bei Verstößen gegen Patenrechte äußerst zeit- und kostenintensiv. Deshalb hat die Geschäftsleitung auf dieses Mittel verzichtet. Lediglich eine Unterlassungsaufforderung an den konkurrierenden Hersteller wurde versandt. Der Schaden für das Unternehmen wurde auf 500.000 bis 1 Mio. € geschätzt. Das Produkt wurde patentiert. Auch hierüber haben andere Hersteller die Vorlage für Kopien erhalten und sich über Patentrechte und Lizenzvorgaben hinweggesetzt.

Erkenntnisse für die Gefahrenabwehr:

- Vorsicht auf Messen und bei Präsentationen von Produkten. Vielfach bleibt es nicht bei den berüchtigten Fotos, auch andere Informationen werden über Aufbauanleitungen, Sicherheitszertifikate oder Bedienungshandbücher entwendet. Nicht auf jeder Messe sind die Sicherungen am Tag/in der Nacht ausreichend. Vertrauliche Informationen sind nicht unbeobachtet zu lassen, wie auch Geräte/Produkt unter einem Sichtschutz eingeschlossen werden sollten.
- Mit einem Patent legt man ggf. vertrauliche Produktdaten offen, die von skrupellosen Produktpiraten gerne als Vorlage auf dem silbernen Tablett genutzt werden. Trotzt in der Öffentlichkeit bekannt gewordener, spektakulärer Zwangsmaßnahmen ist es immer mühsam, diese Kopien, besonders im Ausland zu unterbinden (Hilfe z. B. beim Aktionskreis Deutsche Wirtschaft gegen Produkt- und Markenpiraterie e.V.). Gleichwohl sollte darüber nachgedacht werden, ob man überhaupt patentiert und statt dessen den eigenen technologischen Vorsprung für Neuentwicklungen in dem Zeitraum nutzt, in der die Konkurrenz erst noch die bisherige Technologie verstehen und kopieren muss.

Fall 13: Zollbegünstigung und Diebstahl

Ein weiterer Fall von Wirtschaftskriminalität zeigt, dass nicht nur im Maschinenbau gerechnet werden muss. Der Fall trug sich bei einem bayrischen Textilunternehmen zu. Dieses besteht seit 1945 und wird als GmbH geführt. Das Unternehmen beschäftigt 110 Mitarbeiter. In Deutschland existiert nur eine Handelsvertretung, die Produktionsstandorte befinden sich in Italien und Rumänien. Der Jahresumsatz der Gruppe lag zum Zeitpunkt der Erhebung bei 11 Mio. €. Es wurde zwar keine Fraud-Gefährdungsanalyse durchgeführt, allerdings konnten durch das IKS einige Risiken identifiziert werden. Dieses interne Kontrollsystem wird sowohl in der Unternehmens-IT umgesetzt als auch für kaufmännische Unternehmensprozesse. Zudem wird bei der Einstellung von neuen Mitarbeitern in sensiblen Unternehmensbereichen größtmögliche Vorsicht gewahrt. Überdies verfügt das

Unternehmen über eine Alarmanlage für die Betriebsgebäude, gängige EDV-Sicherungssysteme und einen Tresor. Es wird versucht, das Vier-Augen-Prinzip in allen Unternehmensprozessen umzusetzen. Dennoch entstand dem Unternehmen in einem Fall ein geschätzter Gesamtschaden i. H. v. eines zweistelligen Millionen-Euro-Betrags. Einem Wettbewerber des Unternehmens gelang es, seine Ware bei der Einfuhr als zollbegünstigt zu deklarieren. Die Umstände dafür blieben im Dunkeln, das eigene Unternehmen erhielt diese Begünstigung nicht. Dadurch konnte das Konkurrenzunternehmen die Ware deutlich günstiger anbieten als das bayrische Unternehmen. In der Folge verlor es das komplette Geschäftsfeld, da dieser Vorteil über Jahrzehnte zum Tragen kam. Allerdings sah die Geschäftsleitung des Unternehmens von einer Klage gegen den Wettbewerber aus Kostengründen ab.

Das Unternehmen wurde wie im Fall zuvor auch von Produktpiraterie auf Messen geschädigt: Während einer Messe im Ausland stahl ein Besucher die Muster mehrerer Bekleidungsstücke, um sie zu kopieren. Tatsächlich tauchten im ausländischen Markt diese kopierten Produkte zu deutlich günstigeren Preisen auf. Doch wie in dem Fall zuvor verzichtete das Unternehmen auch hier auf die juristische Verfolgung der Täter. Die Aussicht auf Erfolg schätzte die Geschäftsführung wiederum gering ein. Der materielle Schaden dagegen lag im Sechsstelligen (€). Ab diesem Zeitpunkt versuchte das Unternehmen, seine Mitarbeiter besonders für Gefahrensituationen auf Messen zu sensibilisieren.

Der klassische Einbruch und Diebstahl ist auch ein Fall von Wirtschaftskriminalität, der in diesem Unternehmen stattfand: Denn trotz Gebäudealarmanlagen und Wachschutz gelang es Einbrechern im italienischen Zentrallager, gleich zweimal einzubrechen. Waren im Wert von 3 bis 4 Mio. € wurden entwendet. Durch den Verlust der Ware konnte das Unternehmen zudem seine Kunden nicht rechtzeitig beliefern. Das über lange Zeit aufgebaute Vertrauensverhältnis zwischen dem Unternehmen und seinen Abnehmern wurde beschädigt. Die Diebe wurden bis heute nicht ermittelt.

Erkenntnisse für die Gefahrenabwehr:

- Gegen Begünstigung von Konkurrenten durch Behörden ist präventiv kaum etwas zu tun. Es hilft nur die Disziplinarbeschwerde, wie auch das Verlangen nach Transparenz und Gleichbehandlung, ggf. die Suche nach Öffentlichkeit und Begleitung der Presse.

- Der Schaden aus einem Einbruch besteht nicht immer „nur" im Wert der gestohlenen Waren und der Schäden am Gebäude, sondern mitunter auch im Imageschaden, wenn deswegen Kunden nicht beliefert werden können. Dies sollte man bei der Sicherung der Waren mit ins Kalkül ziehen.

Fall 14: Geringere Kontrolle über ausländische Töchter, Vorsicht bei Face-Management-Lösungen im Ausland

Das Textilunternehmen aus Baden-Württemberg wurde 1854 gegründet und wird als GmbH & Co. KG geführt. Nicht nur in Deutschland sondern auch im Ausland finden sich an sechs Standorten Produktion und Vertrieb mit insgesamt 1.600 Mitarbeitern. Der Jahresumsatz lag bei Erhebung bei 145 Mio. €. Zwar wurde eine generelle Erfassung und Klassifizierung der Fraud-Risiken vorgenommen, eine Fraud-Gefährdungsanalyse fehlt jedoch. Die Kontrolle in den ausländischen Standorten war geringer, als im Inland. So kam es dort zu Fällen und Schäden: So lud der Geschäftsführer einer ausländischen Betriebsstätte wöchentlich die Belegschaft zum Abendessen ein und rechnete dies als Spesen ab. Der materielle Schaden betrug etwa 15.000 €. Auch der „pro forma"-Geschäftsführer einer türkischen Betriebsstätte veruntreute – nach Verrentung des deutschen Face-Managers (operativ tätiger Geschäftsführer, der aber aufgrund landesspezifischer Vorgaben nicht gesetzlich vertretungsberechtigt ist, denn nach türkischem Recht ist ein inländischer Geschäftsführer erforderlich) – Gelder der deutschen Muttergesellschaft: Der türkische Geschäftsführer leitete für die Betriebsstätte ausgestellte Schecks an seine eigene Firma weiter. Die Schecks wurden mit Wechseln hinterlegt. Bei Fälligkeit der Wechsel konnte der türkische Geschäftsführer nicht zahlen. Insgesamt belief sich der Schaden auf etwa 500.000 €. Zwar wurde der Mitarbeiter entlassen, die Aussicht auf Schadenersatz ist aber im Ausland schlecht. Es wurden bereits 30.000 € für die Prüfung von Schadenersatzansprüchen aufgewendet, die Durchsetzung der Ansprüche ist in der Türkei jedoch schwierig. Das Unternehmen hat sich daher entschieden, die fälligen Wechsel sofort einzuklagen.

Das war nicht der einzige Betrugsfall in der türkischen Betriebsstätte. Dort kam es auch zu Differenzen zwischen dem Kassenbestand und der Finanzbuchhaltung. Um dies zu verschleiern, wurden Gehaltszahlungen fingiert. Vor einer Prüfung der internen Revision vertraute sich der Geschäftsführer dem deutschen Management an. Zwar kann es in der Türkei manchmal notwendig sein, bei der Geschäftsabwicklung Zahlungen ohne Beleg zu leisten, hierfür sollte jedoch ein Eigenbeleg ausgestellt werden sollten. Der Schaden blieb allerdings mit etwa 2.500 € gering. Doch dieses Beispiel zeigt, dass besonders im Ausland präventive Maßnahmen ergriffen werden, die an der möglichen Quelle der kriminellen Handlung ansetzen müssen. Das deutsche Mutterunternehmen führte das Vier-Augen-Prinzip und zeitlich enge, regelmäßige Kontrollen ein.

Selbst beim Geschäftsführer der Schweizer Betriebsstätte kam es zu einem Fall: Er veranlasste Bonuszahlungen an die Betriebsmanagerin der französischen Betriebsstätte, mit der er eine private Liaison unterhielt. Die Boni waren aufgrund des negativen Betriebsergebnisses und nicht erreichter Ziele nicht gerechtfertigt. Der Schaden betrug im letzten Jahr der Tat 10.000 € sowie in unbekannter Höhe für die vorangegangenen Jahre. Es erfolgte allerdings lediglich eine Aussprache mit dem Schweizer Betriebsmanager und eine umfassende interne Revision. Die französische Betriebsmanagerin war aufgrund ihres Alters (55 Jahre) jedoch nicht bzw. nur mit hohem finanziellem Aufwand kündbar. Seither müssen die Geschäftsführer einen Compliance-Codex unterzeichnen und die Regionalleiter werden nur noch direkt von der deutschen Muttergesellschaft besetzt. Außerdem wird versucht, das Vier-Augen-Prinzip im gesamten Unternehmen durchzusetzen.

Erkenntnisse für die Gefahrenabwehr:

- Besonders im Ausland muss die Kontrolle auch unter den dort gegebenen rechtlichen und kulturellen Bedingungen durchgesetzt werden.
- Besondere Gefahren ergeben sich beim Face-Management, auch wenn der juristisch korrekte Geschäftsführer vor Ort nur pro forma tätig ist.
- Vergütungen und sonstige Boni nur direkt durch die inländische Geschäftsführung vergeben und zahlen.

Fall 15: Auch ein Sicherheitsunternehmen ist nicht gefeit!

Das Hamburger Sicherheitsdienstleistungsunternehmen besteht seit 1955 als GmbH und ist familiengeführt. Mit rund 1.100 Mitarbeitern wurden in Hamburg und an acht weiteren deutschen Standorten zuletzt 40 Mio. € Jahresumsatz erwirtschaftet. Eine Auslandsniederlassung besteht in Athen. In einzelnen Bereichen des Unternehmens wurden bereits Gefährdungsanalysen durchgeführt. Eine unternehmensweite Fraud-Gefährdungsanalyse gab es bislang aber nicht. Aufgrund seines Geschäftsfeldes stellt das Unternehmen aber grundsätzlich hohe Ansprüche an die Integrität und Kompetenz der Mitarbeiter. Überdies werden die Mitarbeiter sensibilisiert und durch ehemalige Polizeidozenten geschult. Eigene Kontrollen und Tests der Mitarbeiter geben zusätzliche Sicherheit und ziehen bei Verstößen harte Konsequenzen wie Abmahnung oder Kündigung nach sich.

Dass auch ein Sicherheitsunternehmen nicht gegen Wirtschaftskriminalität gefeit ist, zeigt der Fall eines diebischen Mitarbeiters. Dieser nutzte seine Vertrauensstellung im Rechnungswesen aus und erleichterte die Kasse um einige hundert Euro. Das Unternehmen entließ den Mitarbeiter und wirkte auf die Rückführung des entwendeten Geldes hin. Der direkte Schaden wurde damit ausgeglichen. Mittelbar entstanden dem Unternehmen jedoch weitere Kosten für den Ersatz des Mitarbeiters. In einem anderen Fall wurden durch Mitarbeiter der Firma in den Räumlichkeiten eines Auftraggebers Dienstkleidung gestohlen. Die Täter nutzen diese Kleidung, um in die Räume eines Kunden zu gelangen und Waren zu entwenden. Die Täter konnten ermittelt und der Schaden mit dem Kunden reguliert werden. Die besondere Gefahr bei derlei Vorfällen liegt besonders in dem Image- und Vertrauensschaden für das Sicherheitsunternehmen.

Die Geschäftsführung nannte zudem Fälle von „Klein-„Korruption, die zwar bislang im eigenen Unternehmen nicht aufgetreten sind, wohl aber in der Branche häufig zu finden sind: So ist es bei einigen Wettbewerbern wohl gängige Praxis, dass Gästen bei Großveranstaltungen gegen Zahlung eines Geldbetrages bevorzugte Parkplätze reserviert und Einlass in den VIP-Bereich gewährt wird.

Erkenntnisse für die Gefahrenabwehr:

- Besonders große Gefahren bestehen durch Mitarbeiter, die in anderen Unternehmen ohne ausreichende Kontrolle tätig sind (z. B. „Nachtwächter"). Hier hilft z. B. gegen Diebstahl nur das Vier-Augen-Prinzip, ansonsten lückenlose Dokumentation der Sicherungsgänge, ggf. auch per Video- und Ton-Überwachung in Räumen und „am Mann".
- Desgleichen ist es notwendig, aber auch recht einfach umsetzbar, Kontrolle über die Mitarbeiter bei Einlasskontrollen etc. zu erlangen, z. B. durch Testpersonen und Gruppenleiter.

II.3 Zusammenfassende Auswertung der Fallstudien

Was kann aus den vorherigen Fallstudien zusammenfassend für die Gefahrenabwehr in KMU gezogen werden? Sie zeigen, dass potentiell jedes Unternehmen von Wirtschaftskriminalität betroffen ist. KMU werden primär im normalen Geschäftsbetrieb Opfer wirtschaftskrimineller Handlungen, weniger in außergewöhnlichen Situationen, wie bei dem Gang ins Ausland oder in Folge von Kooperationen. Die Täter sind häufig die eigenen Mitarbeiter. Welche Formen von krimineller Handlung von wem und bei welcher Gelegenheit entstehen können, zeigt vereinfacht die folgende Abbildung II.2:

Gefahrenabwehr gegenüber innerbetrieblichen dolosen Handlungen

Grundsätzlich fördern deliktischen Handlungen interner Täter fehlende, nicht zeitnahe oder ineffektive, also leicht zu umgehende Kontrollen, ein fehlendes Risikobewusstsein der Geschäftsleitung und ein generell mangelndes Unrechtsbewusstsein in der Mitarbeiterschaft.

Zur Abschätzung der Risiken im Unternehmen eignet sich daher die Erweiterung möglicherweise schon vorhandener Risikoanalysen auf Kriminalitätsrisiken. Zwar gibt eine Risikoanalyse grundsätzlich Auskunft über die Eintrittswahrscheinlichkeit und Schadenshöhe jeglicher Risiken. Im Speziellen dient aber die Fraud-Gefährdungsanalyse dazu, sich drohender Risiken von Betrug, Unterschlagung, mangelnder Datensicherheit und Vermögensverlust bewusst zu werden und diesen vorzubeugen.

Bei einer Fraud-Gefährdungsanalyse werden risikobehaftete Unternehmensbereiche und -prozesse auf ihre Anfälligkeit für betrügerische Handlungen und Sicherheitslücken überprüft. Auf Grundlage dieser Analyse können effektive interne Kontrollen zur Prävention und geeignete Gegenmaßnahmen entwickelt werden.

Auch wenn dies für einige, gerade kleine Unternehmen zu aufwändig erscheinen mag, jedes KMU sollte – zumindest in ersten Schritten – interne Kontrollsysteme (IKS) implementieren. Dies bedeutet als konkrete Aufgaben:

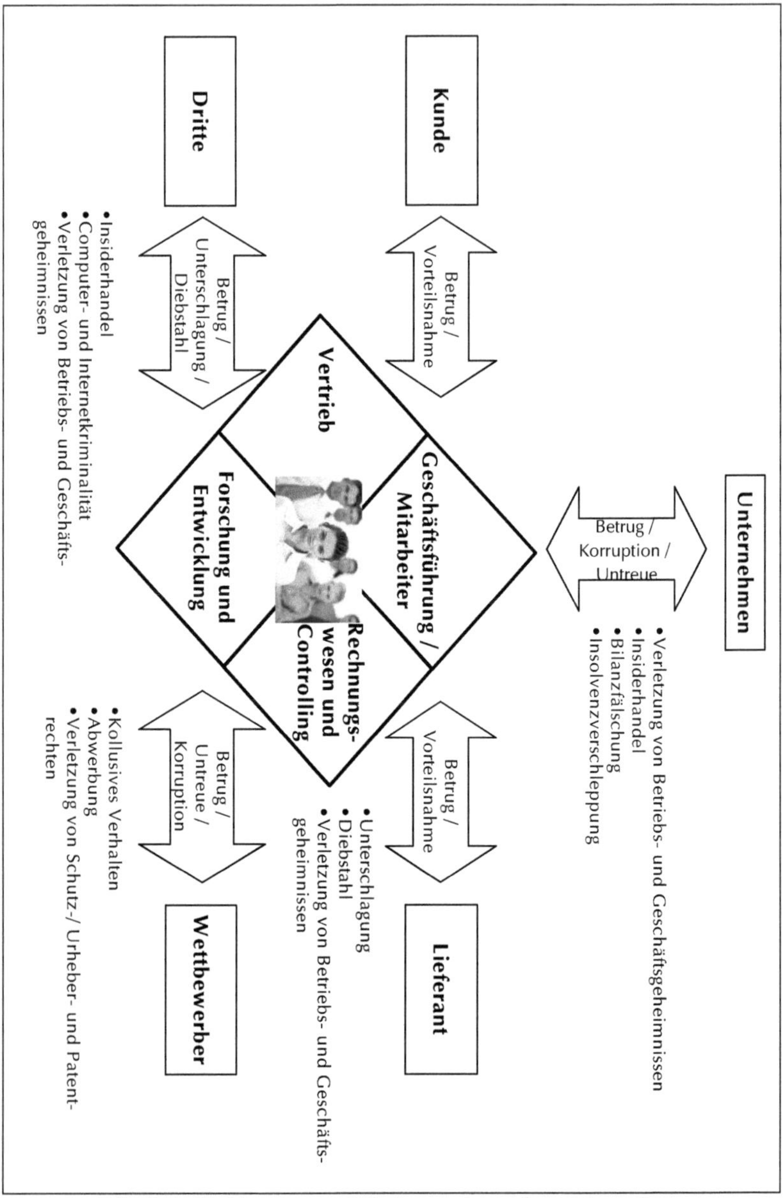

Abb. II.2: Gefahrenpotentiale im und um das Unternehmen

- Die konsequente Umsetzung des Vier-Augen-Prinzips, so dass gegenseitige Kontrolle erfolgt und niemals ein einzelner Mitarbeiter die alleinige Verantwortung und Befugnis besitzt.
- Ein strenges Identity- bzw. Access Management, so dass Mitarbeiter nur Zugang zu Informationen und Daten haben, die sie unbedingt für ihre Arbeit benötigen.
- Die transparente Gestaltung aller Unternehmensprozesse, so dass die Compliance der Mitarbeiter ohne weiteres durch einen Externen erfasst und beurteilt werden kann.
- Die funktionale Trennung von operativem Geschäft und Controlling im Unternehmen gemäß dem Prinzip der Gewaltenteilung. Auch die Geschäftsführung muss sich trotz ihrer Weisungsbefugnis internen Kontrollen unterziehen müssen.
- Mit der gleichen Logik sollten Verhandlung und Entscheidung mit Externen entweder Personell getrennt oder, wenn in einer Person vereinigt, mit nach transparenter Berichterstattung zugelassen werden.
- Weiter gedacht, kann auch das so genannte „Patenprinzip" angewendet werden: Außer bei einem vertrauenswürdigen, leitenden Mitarbeiter sollten die Mitarbeiter immer nur einen Teil des Wissens für Prozesse und zentrale Entscheidungen im Unternehmen besitzen, nur gemeinschaftlich ergibt sich dann das vollständige Wissen z. B. in der Forschung und Entwicklung.
- Zeitnahe Kontrolle z. B. im Zahlungsverkehr, aber auch in der Materialwirtschaft reduzieren die Gefahr von Missbräuchen, wie auch beim Verbrauch von Betriebsmaterialien, bei Spesen oder Leistungen Dritter für das Unternehmen. Ist der Ressourcenverbrauch (z. B. Material, Betriebsstoffe) nicht oder nur mit unangemessenem Aufwand ermittelbar, sollten zumindest Plausibilitäts- und Rückrechnungen durchgeführt werden. Weiter gehören in der Material- und Warenwirtschaft Magazinlösungen und Ein-Ausgangskontrollen zu den zentralen Sicherungen nicht nur ggü. internen, sondern auch externen Tätern.

Außerdem sollten die Anreize zu einem deliktischen Verhalten gezielt vermindert, das Unrechtsbewusstsein geschärft und die Identifikation mit dem Unternehmen (employer loyality) gefördert werden. Dazu eignen sich:

- Compliance-Leitlinien, Wettbewerbs- und Vertraulichkeitsregelungen in Verträgen jeglicher Art.

- Schaffung eines Mehrwerts für Mitarbeiter, der die Bindung an und das Comittment für das Untenehmen fördert, z. B. mittels betriebliches Gesundheitsmanagement (BGM), flexible Arbeitszeitmodelle, materielle Mitarbeiterbeteiligung oder leistungsgerechte, überdurchschnittliche Vergütung.
- Schaffung von Transparenz über die Handlungen jedes Mitarbeiters, auch der Geschäftsführung, sofern dies nicht betriebliche Geheimnisse tangiert.
- Schaffung eines kollegialen Betriebsklimas, dennoch ggf. auch Einführung eines Whistle-Blowing-Systems (organisatorische Systeme, die Hinweise zu potentiellen Gefährdungen aufnimmt und auswertet, bei gleichzeitigem Schutz des Whistle-Blowers sowie der Verdächtigen).

Gefahrenabwehr gegenüber außerbetrieblich initiierten Handlungen

Wirtschaftskriminelle Handlungen externer Täter werden häufig durch eine mangelnde Sensibilisierung im Unternehmen für externe Gefahrenpotentiale oder das schlichte Hinwegsetzen über Gesetze ermöglicht. Gegen letzteres kann nur juristisch vorgegangen werden. Als Präventivmaßnahmen bieten sich jedoch an:

- Die Implementierung hoher Standards in der IT-Security. Dies beinhaltet weit über die Installation einer Firewall hinausgehende Maßnahmen, wie das oben erwähnte Identity- bzw. Access Management, aber auch die Trennung von betrieblichen und privat genutzten elektronischen Geräten (Handy, Laptop, Pad). Siehe dazu auch die Ausführungen zu Vertraulichkeit in der mobilen Kommunikation im vorliegenden Buch.
- Die Sicherung des Betriebsgeländes durch einen professionellen Wachschutz sowie Video- und Ton-Überwachung. Besucher sind immer unter Beobachtung zu halten.
- Desgleichen sind vertrauliche Informationen oder auch Geräte/Produkte auf Messen und bei Produktpräsentationen nicht außer Beobachtung zu lassen, ggf. über Nacht mit Sichtschutz zu sichern.
- Ferner ist für Schutz der eigenen Produkte durch Sicherheitstechnologien (z. B. Farbcodes, Kopierschutz etc.) zu sorgen. Die Material- und Warenwirtschaft Magazinlösungen und Ein-Ausgangskontrollen wurden bereits oben erwähnt und gehören auch zu den zentralen Sicherungen gegenüber externen Tätern.

- Wiederum ist grundsätzlich darüber nachzudenken, ob es statt – offen legender – Patente besser ist, diese nicht anzustreben und stattdessen den Zeitraum bis zu ersten Kopien durch Konkurrenten für die Entwicklung neuer Technologien zu nutzen. Dies ist insbesondere in Märkten sinnvoll, in denen Patentrechte ignoriert werden.
- Grundsätzlich sollten Vorgaben zur restriktiven Herausgabe von Informationen erlassen werden.
- Weiterhin muss eine Sicherheitsüberprüfung neuer Mitarbeiter aber auch von Geschäftspartnern in sensiblen Unternehmensbereichen erfolgen.
- Bei Auslandaktivitäten müssen vorab die rechtlichen Bedingungen und der juristische Schutz des Unternehmens, wie auch Kulturbesonderheiten, die deliktische Handlungen betreffen, im Details studiert und ins Kalkül der Zusammenarbeit einbezogen werden. So z. B. der verbreitete, „legere“ Umgang in China mit Urheberrechten und Produktkopien.
- Um Preisabsprachen von Lieferanten einzudämmen, helfen zumeist nur die Angebotsaufforderungen an nicht in den Kartellen befindlichen Anbietern oder der Vergleich mit der Eigenherstellung.
- Behördliche Willkür und Bevorteilung von Konkurrenten kann nur durch Disziplinarbeschwerden oder Öffentlichmachung der Missstände beigekommen werden.

Die Fallbeispiele zeigen weiterhin, dass es „die kritische Situation“, in der Wirtschaftskriminalität auftritt, nicht gibt. Vielmehr entsteht die Mehrheit der aufgetretenen Fälle im „normalen Geschäftsbetrieb“.

Gleichwohl finden sich einige nichtalltägliche Situationen in Unternehmen, die besondere Aufmerksamkeit auf mögliche dolose Handlungen verlangen: Internationalisierung, Anbahnung von Kooperation, Personalwechseln (besonders in der Führungsebene) und die Neuentwicklung/-einführung von Produkten/Messen. Innerhalb eines Unternehmens sind einige Bereiche besonders für Kriminalität anfällig, so das Rechnungswesen/das Controlling, die Forschung und Entwicklung, der Einkauf und der Vertrieb.

Vorsicht auch bei Fremdmanagement und besonders beim Face-Management. In der Geschäftsleitung kommt es auch zu deliktischen Handlungen bis hin zu Fälschung von Bilanz und Jahresabschluss, wenn kontinuierliche zeitnahe Kontrollen bei der Geschäftsführung fehlen und die Vertrauens- und Machtstellung unkontrolliert ausgenutzt werden kann.

Erste Schritte zu einem Anti-Fraud-Management

- Stellen Sie eine „Landkarte" sensibler Bereiche und Situationen im Unternehmen auf!
- Sind Ihre Mitarbeiter ausreichend geschult und sensibilisiert?
- Was haben Sie aus evtl. aufgetretenen Fällen gelernt?
- Haben Sie Präventivmaßnahmen implementiert? Gibt es Ethik- und Compliance-Richtlinien im Unternehmen? Haben Sie ein IKS oder Risk-Management installiert? Wurde bereits eine Fraud-Gefährdungsanalyse durchgeführt?
- Entwickeln Sie eine Anti-Wirtschaftskriminalitätsstrategie!
- Implementieren Sie konsequent ein internes Kontrollsystem!
- Prüfen Sie, welche Unterstützung und Hilfe Sie bekommen können!
- Greifen Sie auf bewährte Konzepte und Experten zurück!
- Testen Sie die einzelnen Maßnahmen zunächst in Teilen des Unternehmens und weiten diese bei Erfolg aus!
- Führen Sie regelmäßig Sensibilisierungs-Workshops mit Ihren Mitarbeitern durch und erarbeiten Sie gemeinsam Ethik- und Compliance-Richtlinien!
- Vermeiden Sie, einzelnen Mitarbeitern alleinige Verantwortungen und Befugnisse zu übertragen!
- Vermeiden Sie, Mitarbeitern Zugang zu allen Informationen und Unternehmensbereichen zu gewähren, bzw. mehr, als für ihre Tätigkeit unbedingt notwendig ist!
- Vermeiden Sie intransparente Unternehmensprozesse, die deliktische Handlungen erleichtern!
- Vermeiden Sie, Mitarbeiter gleichzeitig mit der Ausführung und Kontrolle einzelner Projekte zu betrauen!
- Geben Sie Unternehmensinformation an externe Personen nur in sehr beschränkter und allgemeiner Form weiter!
- Überprüfen Sie potentielle Geschäftspartner immer vor Anbahnung von Kooperationen!
- Bedienen Sie sich im Ausland immer eines dritten neutralen Beraters, der Ihr volles Vertrauen genießt! Geschäftsgebaren und -abläufe können häufig nur von Einheimischen richtig beurteilt werden! Ebenso Gefahren!

II.4 Literatur zum Kapitel Wirtschaftskriminalität

- Baeck, C./Weber, M. (2007): Vertrauen ist gut, Kontrolle ist besser, in: Personalmagazin 2007, Nr. 10.
- Behringer, S. (2010): Compliance: Modeerscheinung oder Prüfstein für gute Unternehmensführung? In: Beheringer, S. (Hrsg.): Compliance kompakt, S. 25-43, Berlin.
- Bundeskriminalamt (2011a): Bundeslagebild Wirtschaftskriminalität 2006, Wiesbaden.
- Bundeskriminalamt (2011b): Polizeiliche Kriminalstatistik – Berichtsjahr 2011, Wiesbaden.
- Euler Hermes (2008): Wirtschaftskriminalität – Die versteckte Gefahr. Wirtschaft Konkret Nr. 303, Hamburg.
- Deloitte & Touch (2009): Fallstudien zur Wirtschaftskriminalität in KMU – Gefahrenpotentiale, Kenntnisstand und Abwehrmöglichkeiten, Berlin.
- Ernst & Young (2003): Wirtschaftskriminalität in Deutschland, Hamburg u. a.
- Ernst & Young (2007): Wirtschaftskriminalität in Österreichs Unternehmen. Studie von Ernst und Young, Wien.
- Ernst & Young (2009a): Korruption - 10th Global Fraud Survey - Korruption – das Risiko haben die Anderen, Eschborn u. a.
- Ernst & Young (2009b): European fraud survey. Is integrity a casualty of the downturn? Zürich u. a.
- Hofmann, S. (2008): Handbuch Anti-Fraud-Management: Bilanzbetrug erkennen – vorbeugen – bekämpfen, Berlin.
- KPMG (2006a): KPMG-Studie 2006 zur Wirtschaftskriminalität in Deutschland, Köln.
- KPMG (2006b): Anti Fraud Management – Best Practice der Prävention gegen Wirtschaftskriminalität.
- KPMG (2010): Wirtschaftskriminalität in Deutschland 2010 – Fokus Mittelstand, Köln.
- KPMG (2012): Wirtschaftskriminalität in Deutschland 2012 – Eine empirische Studie zur Wirtschaftskriminalität im Mittelstand und in den 100 größten Unternehmen, Köln und München.

- Maulshagen, A., Höner, M. (2007): Wirtschaftsstraftaten im eigenen Unternehmen begegnen, in: Arbeit und Arbeitsrecht 2007, Nr. 2, S. 82-85.
- Meyer, J.-A. (2011): Wirtschaftskriminalität – Erfahrungen von Experten und Erkenntnisse aus Fallstudien zu praktischen Gegenmaßnahmen, Forschungsprojektbericht Deutsches Institut für kleine und mittlere Unternehmen, Schriftenreihe 5/2011, Berlin.
- Odenthal, R. (2009): Korruption und Mitarbeiterkriminalität: Wirtschaftskriminalität vorbeugen, erkennen und aufdecken, Wiesbaden.
- PriceWaterhouseCoopers (2007): Wirtschaftskriminalität 2007 – Sicherheitslage der deutschen Wirtschaft, Düsseldorf und Halle.
- PriceWaterhouseCoopers PWC (2009a): Wirtschaftskriminalität 2009 – Sicherheitslage der deutschen Großunternehmen, Düsseldorf und Halle.
- PriceWaterhouseCoopers PWC (2009b): Wirtschaftskriminalität – Eine Analyse der Motivstrukturen, Düsseldorf und Pforzheim.
- PriceWaterhouseCoopers PWC (2009c): „Global Economic Crime Survey: Economic Crime in a Downturn", London.
- PriceWaterhouseCoopers PWC (2011a): Wirtschaftskriminalität 2011: Kommissar Zufall deckt am meisten auf. Düsseldorf und Halle.
- PriceWaterhouseCoopers PWC (2011b): Global Economic Crime Survey: Cybercrime: protecting against the growing threat, London.
- Result Group (2006): Studie Wirtschaftskriminalität durch Informationsabflüsse, München/Grünwald.
- Samson, E. (2007): Bekämpfung von Wirtschaftskriminalität im und durch Unternehmen, in: Der Betrieb 2007, Nr. 31, S. 1684-1689.
- Wieland, J., Steinmeyer, R., Grüninger, S. (Hrsg.) (2010): Handbuch Compliance-Management: Konzeptionelle Grundlagen, praktische Erfolgsfaktoren, globale Herausforderungen, Berlin.
- Ziegleder, D. (2010): Wirtschaftskriminalität im Geschäftsleben: eine empirische Untersuchung formeller und informeller Handlungsstrategien von Unternehmen am Beispiel Deutschlands. Baden-Baden.

III Zu Sinn und Unsinn von Kreditmediatoren für kleine und mittlere Unternehmen

III.1 Hintergrund und Konzept der Untersuchungen

Die Finanz- und Bankenkrise der Jahre 2008 bis 2010 hat auch den deutschen Mittelstand nicht verschont. Viel wurde in jenen Tagen von einer Kreditklemme im Mittelstand gesprochen. Vielfältige Forderungen wurden in Wirtschaft und Politik laut, darunter auch die nach einem Kreditmediator. Dieser wurde seitens des Bundeswirtschaftsministers Rainer Brüderle im Frühjahr 2010 als „Kreditmediator Deutschland (KMD)“ unter der Leitung von Hans-Joachim Metternich mit einem in der Presse geschätzten Budget von 5 Mio. € p. a. eingerichtet.

Im Sommer 2010 wurde zudem der Bundesverband Kreditmediatoren gegründet, dem sich bis heute fast 20 selbständige Kreditmediatoren als Mitglieder angeschlossen haben. Rückblickend aus 2012 ist es nach herrschender Meinung in Presse und Wirtschaftsvertretungen nicht zu der befürchteten Kreditklemme gekommen, lediglich erschwerte Kreditbeschaffung und verschlechterte Kreditkonditionen seien zu beobachten gewesen. Und so wurde der Kreditmediator Deutschland bereits noch während seiner Tätigkeit immer wieder als uneffektiv kritisiert und diese – von der Wirtschaftsöffentlichkeit nahezu unbemerkt – zum Ende des Jahres 2011 eingestellt. Der Bundesverband besteht allerdings weiterhin und ist aktiv.

Gleichwohl stellt sich die Frage, welchen Sinn Kreditmediatoren damals und in Zukunft für die deutsche Wirtschaft, insbesondere den Mittelstand abgeben, ob neuere Entwicklungen das Problem der Kreditklemme wieder aufleben lassen können und ob Kreditmediatoren hier eine sinnvolle Hilfe darstellen können. Zwei empirische Studien des Deutschen Instituts für kleine und mittlere Unternehmen aus den Jahren 2010 und 2012 geben der folgenden Diskussion eine Grundlage.

III.2 Gab und gibt es eine Kreditklemme?

Der Begriff „Kreditklemme“ ist nicht allgemein gültig und akzeptiert definiert. Daher kommt es gerade in der öffentlichen Diskussion häufig zu Missverständnissen. Dabei ist die Definition der KfW eindeutig: Kreditklemme wird als außergewöhnliche angebotsseitige Kreditverknappung verstanden (KfW 2010). Diese muss u. E. nicht zwangsläufig darin bestehen, dass Kredite nicht grundsätzlich vergeben werden, sondern die Konditionen (Zins, Voraussetzungen, Sicherheiten) so verschärft werden, dass die Kredite für de Unternehmen Bedingungen mit sich bringen, die die Unternehmen nicht leisten oder sogar in ihrer Existenz gefährden können.

So zeigten Befragungen von Europäischer Zentralbank und Bundesbank (EZB 2010), dass die Kreditinstitute seit dem Beginn der Finanzmarktkrise im Spätsommer 2007 die Vergaberichtlinien für Kredite kontinuierlich verschärft hatten. Damit verschlechterte sich die Finanzierungsbedingungen der deutschen Unternehmen: so zeigen Studien aus dem Jahre 2010, dass etwa 40 % der Unternehmen verschlechterte Bedingungen für die Beschaffung von Krediten meldeten, höhere Zinsen beklagten und das Gesamtvolumen der Kreditvergabe in Deutschland gesunken war (KfW-Blitzbefragung 2010). In der Folge griffen Unternehmen entweder vermehrt auf Eigenmittel zur Investitionsfinanzierung zurück oder verzichten ganz auf Investitionen (KfW-Mittelstandspanel 2009).

Andererseits sinkt in Krisenzeiten grundsätzlich auch die Kreditnachfrage. Viele Unternehmen verschieben Investitionen in neue Produkte oder Betriebsmittel. Daher wurde zum Beispiel von Seiten der Sparkassen aber auch seitens des Deutschen Instituts für kleine und mittlere Unternehmen in der Öffentlichkeit hervorgehoben, dass es 2010 keine Kreditklemme gäbe (Wirtschaftswoche 2010). Vielmehr fehle es an solventen Schuldnern. Auch nehmen mit jedem konjunkturellen Abschwung die Kreditausfallrisiken zu, womit die Risikoaversion der Kreditinstitute steigt. Die Banken sind in wirtschaftlich schweren Zeiten vorsichtiger bei der Kreditvergabe. Folglich bewerten sie die Unternehmen kritischer und federn das gestiegen Risiko des Kreditausfalls mit erhöhten Zinsen ab. Ohnehin sind die Unternehmen in schweren Zeiten schlechtere Schuldner, erhalten schlechtere Ratings als zuvor und können nur schlechtere Konditionen aushandeln (Bankenverband 2009).

Dies aber als eine Kreditklemme zu bezeichnen, die sich aus der finanzwirtschaftlichen Seite der damaligen Krise heraus ergeben würde, erscheint rückblickend nicht angemessen. Vielmehr muss vermutet werden, dass bei vielen Klagen Kreditnehmern nicht die Stimmung bei den Banken, die Finanzkrise oder die Politik und damit eine generelle Kreditklemme für eine nicht erfolgte Kreditvergabe verantwortlich zu machen ist, sondern letztere den individuellen Bedingungen des einzelnen Falls, der Vorsicht, der formalen Restriktion bei der Bank und den (finanz-)wirtschaftlichen Bedingungen beim Kreditnehmer geschuldet ist.

Gleichwohl führte die damalige Finanzkrise zu einer außergewöhnlichen Eigenkapitalbelastung bei den Banken. In der Folge kam es sehr wohl zu einer angebotsseitigen Kreditverknappung. Grund für die Belastung des Eigenkapitals waren die hohen Abschreibungen auf strukturierte Kredite sowie die erschwerte Refinanzierung am Geld- und Kapitalmarkt. Zusätzlich wirkten die damals noch recht neuen Regelungen zu „Basel II“ wie ein Katalysator für eine restriktivere Kreditvergabe. Durch die Regelungen wurden und werden die Banken gezwungen, einen – von der Bonität des Schuldners abhängigen – Teil des Kredits mit Eigenkapital zu hinterlegen und dadurch abzusichern.

In Folge der Finanzkrise jedoch ist das Eigenkapital der Banken gesunken und somit auch das maximal zu vergebende Kreditvolumen. Hinzu kam, dass die zu hinterlegende Eigenkapitalquote vom Rating des Kreditnehmers abhängt – je weniger solvent desto höher. Das Rating der Kreditnehmer ist in wirtschaftlich schlechten Zeiten aber schlechter als bei einer positiven wirtschaftlichen Entwicklung, damit tendenziell auch die zu hinterlegende Eigenkapitalsicherung bei den Banken größer.

Doch auch diese Faktoren konnten rückblickend nicht zu einer Kreditklemme in den (Folge-)Jahren der Finanzkrise in Deutschland führen. Dies mag auch in der sehr schnellen wirtschaftlichen Erholung Deutschlands in 2010 und den Folgejahren insbesondere in der Exportwirtschaft geschuldet sein, wenn auch diese Erholung wiederum eine schnell steigende Kreditnachfrage mit sich brachte.

Dabei hatten die Banken bereits in den letzten beiden Quartalen 2010 wieder erhebliche Gewinne erzielt, die zu einer, zumindest kleinen Verbesserung des Eigenkapitals führten (Handelsblatt 2010) und was das vergebaren Kreditvolumen erhöhte. Zudem hatten sich mit der wirtschaftlichen Erholung auch die Ratings der Kredit suchenden Unternehmen verbessert, was wiederum die – nach Basel II – notwendige zu hinterlegenden Eigenkapitalquote bei den Banken senkte und damit ebenso das mögliche Kreditvolumen steigen ließ. Weder heute (Stand Ende 2012) noch in naher Zukunft eine Kreditklemme ist in der Deutschen Wirtschaft zu erwarten.

Gleichwohl bedeutet dies nicht, dass in der Zukunft Umstände eintreten, die die Kreditbeschaffung für deutsche Unternehmen erschweren könnten:

- Die internationale Schuldenkrise ist bis zum heutigen Tage nicht überwunden. Weder die europäischen Länder Griechenland, Italien, Portugal, ggf. auch Frankreich, Irland und osteuropäische Staaten haben signifikant an Bonität gewonnen, noch die USA zeigt einen angemessenen Schuldenstand und auch die Europäische Union/Zentralbank kann noch in umfangreiche Haftung gelangen. Die aktuelle Diskussion über einen möglichen Default Zyperns zeigt zudem die große Nervosität im Finanzwesen und der Politik. Alles dies strahlt auch auf die Kredit gebenden Banken aus, die in einer Situation der Unsicherheit ihre Kreditvergaben begrenzen, zumal – im Fall einer Wiederholung kritischer Situation der Banken – Rettungsschirme für sie nicht wie in den vorherigen Jahren unwidersprochen zu erwarten sind.

  Bei einem Staatsbankrott z. B. Griechenlands oder einer Umschuldung müssten die Banken zumindest einen Teil dieser Summe abschreiben. Insgesamt würde dies die bereits geringe Eigenkapitalquote der Banken weiter belasten und folglich die Kreditvergaberichtlinien der Banken verschärfen. So mussten die Banken und andere private Gläubiger bereits im Frühjahr 2012 einen Schuldenschnitt Griechenlands hinnehmen, was diese weiter antrieb, (nicht nur) die griechischen Papiere abzugeben. Es bleibt allerdings abzuwarten, ob sich in 2013 die Schuldenkrise wieder verschärft und ob sich dies derart auf die Banken auswirkt, dass diese sich mit der Kreditvergabe vermehrt zurückhalten.

- Weiter stellt die Bankenabgabe für den eigenen Sicherungsfonds eine Belastung für die Rückgewinnung von Eigenkapital dar, wie auch die – allerdings Ende 2012 zeitlich gestreckten – neuen Regelungen zu Basel III die Banken zugunsten ihrer Solidität diese zunächst auch etwas in der Freiheit der Kreditvergabe einschränken. Bislang haben die Regelungen noch keine Auswirkung auf die Kreditvergabe an Unternehmen gezeigt.

- Auch ein Wirtschaftsaufschwung nach einer Krise – so wie oben für die letzten Jahren beschrieben – kann grundsätzlich die Nachfrage nach Krediten erhöhen und u. U. einen Kreditvergabeengpass bewirken. Denn um laufende Kosten zu sparen, haben viele Unternehmen während der Krise ihre Lagerbestände reduziert, Mitarbeiter in Kurzarbeit gehalten oder sogar abgebaut. Kommt es dann schnell zu einer Erholung, muss der Unternehmer für die Aufträge zunächst in Vorleistung gehen, um Zulieferer zu befriedigen und ggf. auch neue Mitarbeiter zu rekrutieren und einzuarbeiten, was sehr schnell zusätzliche Mittel und damit Kredite nötig macht. Gleichwohl haben die letzten Jahre gezeigt, dass es in Deutschland nicht dazu kam.

III.3 Kreditmediatoren – Notwendigkeit und Entstehung in Deutschland

Gerade für mittelständische Unternehmen kann eine Verschärfung der Kreditvergabe der Banken grundsätzlich zu weit reichenden Problemen führen. Die Finanzierung weiterer Vorhaben und Kreditanträge kann erheblich erschwert werden, wenn nur ein Kredit durch eine Bank verweigert wird – ein Problem, dass gerade Unternehmen in investitionsintensiven Branchen belastet. Wenn Kredite verwert werden, die zur vorleistenden Erfüllung von Aufträge notwendig sind, kann es zum Verlust der Aufträge kommen. Besonders bei kleinen, innovativen Unternehmen mit hohem Forschungsaufwand kann das Versagen der Finanzierung der Forschung und Entwicklung Innovationen verhindern und damit der Erhalt oder Ausbau der Wettbewerbsposition gefährdet werden.

Besonders bei KMU mit einer geringen Eigenkapitalquote und unzureichenden Sicherheiten können Probleme auf ganz anderen betrieblichen Gebieten, wie z.B. eine ungeklärte Unternehmensnachfolge zur Verweigerung des Bankkredits mit allen oben genannten Folgen führen. Alternativen stehen kleinen Unternehmen dann nur begrenzt zur Verfügung: Hilfen durch öffentliche Förderprogramme sind vielfach mit großem bürokratischem Aufwand verbunden. Besonders kleine Unternehmen können aus Ressourcenmangel diese Hilfen nur unter Einsatz – wiederum zu finanzierender – zusätzlicher Mittel beantragen und nutzen. Dieser Weg als Alternative zu Krediten fällt daher nicht nur aus inhaltlichen Gründen aus. Bei schlechter Auftragslage zudem werden Unternehmen in eine andere Risikoklasse eingestuft, ihre Kreditwürdigkeit sinkt und damit auch das Interesse alternativer Geldgeber jenseits der Banken, die ebenso ihre Konditionen verschärfen werden.

Es wird offensichtlich, dass nicht allein der mit dem Kredit zu finanzierende Sachverhalt für dessen Vergabe verantwortlich ist, sondern gesamtwirtschaftliche und bankenspezifische Rahmenbedingungen auf der Seite der Kreditgeber und nicht nur formale finanzwirtschaftliche Bedingungen auf der Seite des Unternehmens. Dies kann dazu führen, dass Unternehmen Kredit versagt bleiben oder zumindest die Bedingungen zu ungünstig sind, um ein ansonsten erfolgswahrscheinliches Vorhaben zu realisieren, in manchen Fällen sogar um ein Unternehmen die Existenz zu erhalten. So entstehen immer wieder unbefriedigende Fälle beim Versuch der Kreditvergabe, die zu Konflikten zwischen Kreditgeber und -nehmer führen. Da es gerade kleinen Unternehmen an der notwendigen Kompetenz und auch Machtposition fehlt, sich gegenüber einer Bank zu behaupten, bieten sich Kreditmediatoren als Mittler zwischen den beiden Parteien an.

Sie sollen prüfen, ob es in den Verhandlungen zur Kreditvergabe zu einem fairen Austausch und Bewertung des zu finanzierenden Vorhabens kommt, ob der Kreditnehmer zu Unrecht abgelehnt oder ihm schlechte Konditionen geboten werden oder ob die Klagen des Kreditnehmers unberechtigt sind (z. B. weil dessen Bonität oder Vorhaben tatsächlich negativ zu bewerten sind, s. o.) und dem Kreditnehmer beistehen bzw. im Konflikt vermitteln.

Reaktion der Politik 2010 – Der Kreditmediator Deutschland

Als Reaktion auf die in der Öffentlichkeit 2010 immer wieder aufgeworfenen Probleme bei der Kreditvergabe für KMU hat die Bundesregierung die Institution des „Kreditmediators Deutschland“ geschaffen. Dieser sollte als bank-unabhängige und neutrale Instanz zwischen Banken und Unternehmen vermitteln.

Die Bundesregierung hatte dafür Hans-Joachim Metternich ausgewählt, der im März 2010 mit seiner Arbeit begann. Dabei stützte sich die Bundesregierung auf drei vergleichbare Modelle:

- Kreditmeditoren im Ausland: Kreditmediatoren wurden auch in anderen Ländern, wie zum Beispiel Frankreich eingerichtet. Seit November 2008 schlichtet dort ein Kreditmediator zwischen Unternehmen und Banken. Nach eigener Aussage wurden im ersten Jahr des Bestehens über 13.000 Vorgänge behandelt. Kreditangelegenheiten von mehr als 8.500 Unternehmen konnten so bearbeitet werden (Handelsblatt 2009).
- Bankinterne Kreditmediatoren: Auch die deutschen Banken bieten eigene Kreditmediatoren an. Beispielsweise die Commerzbank. Stellt ein Bankmitarbeiter ein hohes Risiko für die Kreditvergabe fest, kann er das Kreditverfahren an einen hausinternen Kreditmediator weitergeben. Dieser kann den Fall noch einmal prüfen und bestenfalls den Kredit trotz anfänglicher Zweifel genehmigen.
- Freie Kreditmediatoren: Gleichwertige Mediationsleistungen können sich Unternehmen auf dem Beratermarkt einkaufen. Diese freien Kreditmediatoren sind auf Verhandlungen zwischen Unternehmen und Banken spezialisiert. Nachteil der freien Kreditmediatoren ist, dass sie, anders als der staatliche Kreditmediator, zusätzliche Kosten für die Unternehmen

verursachen. Vorteil dieser Kreditmediatoren ist, dass sie über mehr Erfahrung im Mediationsverfahren verfügen, als der erst kürzlich einberufene staatliche Kreditmediator.

Anders als diese Vorbilder war der staatliche Kreditmediator allerdings ausschließlich für mittelständische Finanzierungsprobleme zuständig, d.h. für Unternehmen mit einem maximalen Umsatz von 500 Mio. €. Zudem sollte das Kreditvolumen mindestens 25.000 € betragen. Weiterhin muss der Antrag auf Mediation innerhalb von drei Monaten nach Ablehnung des Kredits durch das Unternehmen gestellt werden.

Der Kreditmediator Deutschland startete im März 2010. Im Vergleich zu Kreditmediatoren in anderen europäischen Ländern war die Personalausstattung des deutschen Kreditmediators gering. So umfasste der Mitarbeiterstab des deutschen Kreditmediators nur sieben Mitarbeiter, während dem Kreditmediator in Frankreich über 250 Mitarbeiter zur Verfügung stehen. Damit konnte der deutsche Kreditmediator nur wenige Fälle zur gleichen Zeit behandeln.

Auch eine geringe Bekanntheit des Kreditmediators in den KMU führte zu einer geringeren Inanspruchnahme. Zudem waren die Kompetenzen des Kreditmediators beschränkt. Anders als zum Beispiel in Frankreich konnte er keine eigenen Kredite vergeben. Er konnte lediglich auf andere öffentliche Förderprogramme und die Unterstützung der Kammern hinweisen. Zudem schien die formelle und zeitintensive Antragsstellung insbesondere für kleine Unternehmen mit geringen Personal- und Zeitressourcen abzuschreckend.

Alles dies führte zu einer doch recht übersichtlichen Zahl von Fällen, die bearbeitet und die zu Erfolgen, also der Vermittlung von Krediten geführt haben. Nur etwa 1300 Fälle wurde an den Kreditmediator herangetragen, im Lichte von weit über 3 Mio. Unternehmen in Deutschland, die potentiell alle einen Kredit suchen, eine recht kleine Zahl. Laut der Institution hätte man in 75% der Fälle zu einer positiven Kreditentscheidung verholfen, wobei unklar bleibt, wie das jeweilige Verfahren auch ohne die Hilfe des Kreditmediators letztendlich ausgegangen wäre (Bender 2011). Belastbarer hingegen ist die vom Kreditmediator selbst benannte Zahl von 90 Fällen, in denen ein abschlägiger Kreditbescheid noch in einen positiven gewandelt werden konnte. Im Lichte einer geschätzten Zahl von 1 Mio. neuen Kreditverträgen p. a. in der Deutschen Wirtschaft (etwa 7 Mio. Konsumentenkrediten p. a., Schufa 2012) ein dies eine verschwindend geringe Zahl.

Zum Ende 2011 wurde die Institution aufgelöst. Die Information über die Auflösung erfuhr allerdings nicht die öffentliche Beachtung, wie deren Einrichtung 20 Monate zuvor.

Heute existieren – jenseits derartiger Funktionen innerhalb von Branchen und Sparkassen – noch eine zweistellige Zahl von sich so nennenden Kreditmediatoren, von denen einige im Bundesverband der Kreditmediatoren e. V. als Mitglieder engagiert sind. Der derzeitige Vorstandsvorsitzende firmiert darüber hinaus unter einem so genannten Deutschen Institut für Kreditmediation, allerdings ohne Angabe einer Rechtsform für das Institut. Jenseits derjenigen, die explizit als Kreditmediatoren auftreten, sind an dieser Stelle darüber hinaus auch diejenigen zu nennen, die unter dem Gesamtbegriff Wirtschaftsmediation tätig und ggf. in Ausübung ihrer sehr unterschiedlich fundierten Profession mit Kreditfragen befasst sind, was mitunter auch Gespräche mit Banken einschließt. Ihre Zahl kann mangels belastbarer Erhebungen nur auf 2000 bis 5000 geschätzt werden.

III.4 Empirische Untersuchungen

Zum Themenkreis Kreditmediatoren hat das Deutsche Institut für kleine und mittlere Unternehmen in den Jahren 2010 und 2012 zwei empirische Untersuchungen durchgeführt. Während die erste Untersuchung im Juni/Juli 2010 durch die Einrichtung des Kreditmediators Deutschland motiviert war und dessen Bekanntheit sowie Bedarf, erste Erfahrungen und Alternativen durch andere Kreditmediatoren betrachtete, wurde im Mai 2012 rückblickend danach gefragt, wie der Kreditmediator Deutschland wahrgenommen wurde sowie welchen Sinnen und Bedarf für Kreditmediatoren allgemein und besonders in kleinen und mittleren Unternehmen in Deutschland erkannt wird und mit welchen (An)Forderungen. Auch wenn die erste Untersuchung mit Erlöschen des Kreditmediators Deutschland zunächst obsolet erscheint, so ist eine Wiedergabe an dieser Stelle sinnvoll und von Interesse, um rückblicken zu erkennen, ob er überhaupt notwendig und für die Bedürfnisse der Unternehmen interessant war, man dessen Einrichtung vielleicht sogar hätte abbrechen sollen oder andere Wege der Umsetzung einer vom Staat getragenen Kreditmediation hätte einschlagen sollen, und welche Anregungen für die Zukunft hieraus zu ziehen sind. Im Folgenden werden neben einigen Angaben zur Methodik die Ergebnisse in kurzer Form zusammengefasst und interpretiert (für ausführliche Darstellung der Studien sei auf Meyer 2010 und 2012 verweisen).

III.4.1 Untersuchung im Jahre 2010

Im Juni/Juli 2010 – also etwa ein Vierteljahr nach Tätigkeitsbeginn des Kreditmediators Deutschland hat das Deutsche Institut für kleine und mittlere Unternehmen (DIKMU) eine Umfrage unter mittelständischen Unternehmen durchgeführt, um die Bekanntheit, Nutzung und den Erfolg dessen zu erfassen. In telefonischen Befragungen wurden den Geschäftsführern oder den Leitern der Finanzabteilung vier Fragen nach der Kenntnis zum Kreditmediator (Haben Sie bereits von dem Kreditmediatoren der Bundesregierung gehört bzw. ist Ihnen dieser bekannt?), zum Bedarf für diesen (Brauchen Sie einen Kreditmediator, nutzen Sie ihn bzw. werden Sie einen nutzen?), zu ersten Erfahrungen (Wenn „Ja", haben Sie gute Erfahrungen gemacht?) und zu Alternativen zu diesem (Welche Herkunft hatte der Kreditmediator (Banken oder freier Berater)?) gestellt.

Die befragten Unternehmen

Für die Befragung wurden 409 Unternehmen im Zufallsverfahren aus einer Adressdatenbank für deutsche kleine und mittlere Unternehmen ausgewählt. Unter diesen befanden sich 18 Unternehmen (4,4%) mit bis zu 10 Mitarbeitern. 84 (20%) der befragten Unternehmen beschäftigten 11 bis 50 Mitarbeiter. 168 (41%) Unternehmen hatten mehr als 50 und weniger als 101 Beschäftigte (Modalwert), während 97 (24%) Unternehmen 101 bis 200 Mitarbeiter aufwiesen. 201 bis 500 Mitarbeiter waren bei 36 (9%) der befragten Unternehmen beschäftigt und 500 bis 1000 Beschäftigte waren lediglich in 6 (1,5%) der Unternehmen aus dem Sample zu finden. Im Mittel beschäftigten die befragten Unternehmen 110 Mitarbeiter.

Kenntnis der Unternehmen zum Kreditmediator Deutschland

Die Befragung zeigte, dass nur 39% (159) der Unternehmen der staatliche Kreditmediator bekannt war. 62% (250) der Unternehmen, gaben an den staatlichen Kreditmediator nicht zu kennen. Möglicherweise hatte die Öffentlichkeitsarbeit des Bundeswirtschaftsministeriums noch nicht die gewünschte Wirkung im Mittelstand entfaltet. Zudem kann aus der Erfahrung heraus angenommen werden, dass sich viele Unternehmen erst dann informieren, wenn sie Probleme bei der Beschaffung von Krediten bekommen.

Ein Einfluss der Unternehmensgröße auf den Kenntnisstand wird in der folgenden Tabelle III.1 offensichtlich. So war der Kreditmediator in Unternehmen mit 11 bis 50 und 51 bis 100 Beschäftigten weniger bekannt, als bei Gleichverteilung zu erwarten war. 74% (62) der Unternehmen mit 11 bis 50 Mitarbeitern kannten den staatlichen Kreditmediator nicht. In der Gruppe der Unternehmen mit 51 bis 100 Mitarbeitern waren 70% (117) in Unkenntnis über das Angebot.

		Beschäftigtenklasse						
		0-10	**11-50**	**51-100**	**101-200**	**201-500**	**501-1000**	**Summen**
Kenntnis	**Ja**	8 (7,0)	22 (32,7)	51 (65,3)	56 (37,7)	16 (14,0)	6 (2,3)	159
	Nein	10 (11,0)	62 (51,3)	117 (102,7)	41 (59,3)	20 (22,0)	0 (3,7)	250
	Summen	18	84	168	97	36	6	409
Chi-Quadrat 35,47		F.G. 5		Kontingenzkoeffizient 0,28				

Tab. III.1: Kreuztabelle: Beschäftigtenklasse und Kenntnis 2010 (abs. Häufigkeiten, erwartete Häufigkeiten, n=409, F.G. = Freiheitsgrade, $\chi 2$-Quantil = 11,07 bei 5%)

Dagegen war der Kreditmediator bei größeren Unternehmen mit einer Beschäftigtenzahl von 101 bis 200 und 201 bis 500 bekannter, als es bei Gleichverteilung zu erwarten war. 58% (56) der Unternehmen mit 101 bis 202 Mitarbeitern und 44% (16) Unternehmen mit 201 bis 500 Mitarbeitern kennen den staatlichen Kreditmediator. Alle 6 befragten Unternehmen mit einer Mitarbeiterzahl von 501 bis 1000 gaben an, dass sie den staatlichen Kreditmediator kennen. Bei den 18 befragten Unternehmen mit weniger als 11 Mitarbeitern gaben 10 Unternehmen (55%) an, den staatlichen Kreditmediator nicht zu kennen. Es blieb also auffällig, dass der staatliche Kreditmediator in Unternehmen mit 101 bis 200, 201 bis 500 und mit 501 bis 1000 Beschäftigten bekannter war als erwartet (Tabelle III.1).

Bedarf für einen Kreditmediator in den KMU

Aus der Befragung ging zudem hervor, dass die Unternehmen grundsätzlich einen Kreditmediator nicht benötigen, sei es von staatlicher oder privatwirtschaftlicher Seite (vgl. Tabelle III.2): 334 (82%) der befragten Unternehmen gaben an, dass sie die Vermittlungsleistung eines Kreditmediators nicht benötigen. Nur 41 Unternehmen (10%) gaben an, dass sie grundsätzlich einen Bedarf für einen Kreditmediator besitzen. Allerdings hatten sie bisher noch keinen Kreditmediator in Anspruch genommen. 34 Mittelständler

(8%) hatten ein solches Instrument zur Schlichtung von Streitigkeiten bei der Kreditvergabe zwischen Bank und Unternehmen bereits genutzt. Darunter war jedoch keiner, der den staatlichen genutzt hatte. Es verbleibt also als Erkenntnis: Trotz der damaligen Befürchtungen einer Kreditklemme, wurde in den KMU kaum Bedarf für einen Kreditmediator erkannt.

Bedarf	**absolute Häufigkeit**	**Relative Häufigkeit**
Kein Bedarf	334	81,7%
Bedarf, aber ungenutzt	41	10,0%
Bereits genutzt	34	8,3%

Tab. III.2: Bedarf für einen Kreditmediator 2010 (n=409)

		Beschäftigtenklasse						
		0-10	**11-50**	**51-100**	**101-200**	**201-500**	**501-1000**	**Summen**
Bedarf	**kein Bedarf**	12 (14,7)	75 (68,7)	141 (137,2)	77 (79,2)	26 (29,4)	3 (4,9)	334
	Bedarf, aber ungenutzt	3 (1,8)	6 (8,4)	21 (16,8)	10 (9,7)	1 (3,6)	0 (0,6)	41
	Bereits genutzt	3 (1,5)	3 (7,0)	6 (14,0)	10 (8,1)	9 (3,0)	3 (0,5)	34
	Summen	18	84	168	97	36	6	409
Chi-Quadrat 40,79	F.G. 10		Kontingenzkoeffizient 0,30					

Tab. III.3: Kreuztabelle: Beschäftigtenklasse und Bedarf 2010 (abs. Häufigkeiten, erwartete Häufigkeiten, n=409, F.G. = Freiheitsgrade, $\chi2$-Quantil = 18,31 bei 5%)

Die Gegenüberstellung der Antworten zum Bedarf mit der Größe der befragten Unternehmen zeigte, dass 33% (6) Unternehmen mit bis zu 10 Beschäftigten einen Kreditmediator bereits genutzt haben oder einen Bedarf nach diesem angeben. Ähnlich verhält es sich bei den Unternehmen mit 101 bis 200 Beschäftigten. Auf 21% (20) der Unternehmen in dieser Beschäftigtenklasse trifft dies zu.

Die Unternehmen in den zwei Klassen mit 11 bis 50 und 51 bis 100 Beschäftigten gaben dagegen an, überwiegend keinen Kreditmediator zu benötigen. 89% (75) der Unternehmen mit 11 bis 50 Mitarbeiter bzw. 84% (141) der Unternehmen mit 51 bis 100 Mitarbeitern fallen in diese Kategorie. Von den 6 befragten Unternehmen mit 500 bis 1000 Angestellten gaben je 3 Unternehmen an, keinen Kreditmediator zu brauchen oder bereits in Anspruch genommen zu haben (Tabelle III.3).

Kenntnis und Bedarf

Zusätzlich war es von Interesse, ob sich der Bedarf für einen Kreditmediator auf den Kenntnisstand der Unternehmer über den staatlichen Kreditmediator positiv auswirkt (vgl. Tabelle III.4). Es konnte ein starker positiver Zusammenhang vermutet werden, denn Unternehmen, die einen Bedarf nach einem Kreditmediator erkannt haben, war es nach einer kurzen Recherche z. B. im Internet oder die zuständige Handelskammer schnell möglich, Informationen über den staatlichen Kreditmediator zu erhalten. Erwartungsgemäß war der staatliche Kreditmediator bei der Mehrheit der Unternehmen bekannt, die einer Kreditmediation bedürfen oder diese bereits genutzt haben. Ebenso kannten 33 der 34 Unternehmen (97%), die bereits an einem Kreditmediationsverfahren teilgenommen hatten und 23 von 41 Unternehmen (56%), die einen Bedarf für Kreditmediation nannten, den staatlichen Kreditmediator. Und 231 der 334 Unternehmen (69%), die eine Kreditmediation nicht für nötig erachten, ist der staatliche Kreditmediator nicht bekannt.

<table>
<tr><th colspan="2" rowspan="2"></th><th colspan="4">Bedarf</th></tr>
<tr><th>kein Bedarf</th><th>Bedarf, aber ungenutzt</th><th>Bereits genutzt</th><th>Summen</th></tr>
<tr><th rowspan="3">Kenntnis</th><th>Ja</th><td>103
(129,8)</td><td>23
(15,9)</td><td>33
(13,2)</td><td>159</td></tr>
<tr><th>Nein</th><td>231
(204,2)</td><td>18
(25,1)</td><td>1
(20,8)</td><td>250</td></tr>
<tr><th>Summen</th><td>334</td><td>41</td><td>34</td><td>409</td></tr>
<tr><td colspan="2">Chi-Quadrat 62,63</td><td>F.G. 2</td><td colspan="3">Kontingenzkoeffizient 0,36</td></tr>
</table>

Tab. III.4: Kreuztabelle: Bedarf und Kenntnis 2010 (abs. Häufigkeiten, erwart. Häufigkeiten, n=409, F.G.=Freiheitsgrade, $\chi2$-Quantil=5,99 bei 5%)

Erfahrungen mit einem Kreditmediator

Die Befragung gab auch Aufschluss über die Erfahrung der Unternehmen mit einem bankinternen oder freien Kreditmediator. Nur die 34 Unternehmen, die bereits einen Kreditmediator genutzt hatten, konnten auf diese Frage antworten. Zwei Befunde konnten aus dieser Befragung gewonnen werden: 18 der befragten Unternehmen (53%) gaben an, dass sie mit der Kreditmediation nicht zufrieden waren. 16 Unternehmen (47%) konnten von guten Erfahrungen mit Kreditmediatoren berichten. Es gab ferner keine Weigerung, die Frage zu beantworten (Tabelle III.5).

Bewertung	absolute Häufigkeit	relative Häufigkeit
Gut	16	47 %
Schlecht	18	53 %
Summe	34	100 %

Tab. III.5: Erfahrung mit einem Kreditmediator 2010 (n=34)

Die Erfahrungen der befragten Unternehmen mit den Kreditmediatoren erscheinen hier zwiespältig. Leider konnte die Befragung keine erläuternden Gründe für die negative Erfahrungen der Unternehmen mit einem Kreditmediator hervorbringen. Mögliche Gründe für eine negative Erfahrung können hier nur vermutet werden, so z. B. eine lange Dauer des Mediationsverfahrens, eine aufwendige Antragsstellung oder eine abschließende Verweigerung des Kredits an das Unternehmen – so zumindest äußerten sich einige Befragte im Interview jenseits des Fragenleitfadens. Diese Aussagen werden in der späteren Diskussion zur Untersuchung 2012 noch weiter hinterfragt.

Aber es konnte bei einem Kontingenztest ein Zusammenhang zwischen Unternehmensgröße und Erfahrung (Koeffizient = 0,51) beobachtet werden: Je größer das Unternehmen, desto schlechter die Erfahrung: 60% (6) der Unternehmen mit 101 bis 200 Mitarbeitern, 56% (5) der Unternehmen mit 201 bis 500 Mitarbeitern und 100% (3) der Unternehmen mit 501 bis 1000 Mitarbeitern hatten schlechte Erfahrungen mit Kreditmediatoren gemacht. 100% (3) der Unternehmen mit 11 bis 50 und 83% (5) der Unternehmen mit 51 bis 100 Beschäftigten waren dagegen mehrheitlich mit der Leistung des Kreditmediators zufrieden. Die 3 Kleinstunternehmen mit bis zu 10 Beschäftigten berichteten negative Erfahrungen mit dem Kreditmediator, was allerdings in Anbetracht der geringen Fallzahl auch als Ausreißer angesehen werden kann. Ohnehin sind diese Befunde im Lichte der insgesamt geringen Fallzahl nur begrenzt aussagefähig.

Gleichwohl mag ein Grund dafür, dass größere Unternehmen offensichtlich eher negative Erfahrungen berichten müssen, darin begründet liegen, dass sich dort Mediationsverfahren in diesem Unternehmen aufwändiger und langwieriger sind. Das Kreditvolumen dürfte hier zudem größer sein und somit auch die Verhandlungen wie auch die Bewertung der Unternehmenssituation komplexer. Dadurch steigt die Wahrscheinlichkeit des Scheiterns der Kreditmediation. Größere Unternehmen dürften darüber hinaus gegenüber dem Mediator selbstbewusster, fordernder und auch kritischer auftreten.

Herkunft des Kreditmediators

In der Befragung wurde ferner auch die „Herkunft" der genutzten Kreditmediatoren gefragt. In 16 (47%) von 34 Fällen wurde ein freier Kreditmediator genutzt, in den restlichen 18 Fällen (53%) wurde ein bankinterner Kreditmediator in Anspruch genommen (unter den Unternehmen war zudem keines, das den staatlichen Kreditmediator genutzt hatte, s. o.). Die wiederum auch hier geringe Fallzahl lässt keinen sicheren Schluss darüber zu, welche Kreditmediatoren tatsächlich häufiger genutzt werden. Die Kreditmediatoren der Banken, als auch die freien Kreditmediatoren werden in den 34 beobachteten Fällen zu etwa gleichen Anteilen genutzt. Und dies, obwohl die Banken direkt nach der Ablehnung eines Kredits auf den hausinternen Mediator verweisen können.

		Beschäftigtenklasse						
		0-10	**11-50**	**51-100**	**101-200**	**201-500**	**501-1000**	**Summen**
Herkunft	**freier Mediator**	0 (1,4)	3 (1,4)	6 (2,8)	4 (4,7)	0 (4,2)	3 (1,4)	16
	Bank	3 (1,6)	0 (1,6)	0 (3,2)	6 (5,3)	9 (4,8)	0 (1,6)	18
	Summen	3	3	6	10	9	3	34
Chi-Quadrat 24,37		F.G. 5		Kontingenzkoeffizient 0,64				

Tab. III.6: Kreuztabelle: Beschäftigtenklasse und Herkunft (abs. Häufigkeiten, erwartete Häufigkeiten, n=34, F.G. = Freiheitsgrade, $\chi 2$-Quantil = 11,07 bei 5%)

In Tabelle III.6 ist der Zusammenhang zwischen der Anzahl der Beschäftigten des Unternehmens und der Herkunft des Kreditmediators gezeigt: Auffällig ist, dass alle Unternehmen mit 11 bis 50 und 51 bis 100 Beschäftigten freie Kreditmediatoren in Anspruch genommen haben. Unternehmen in den Klassen mit 101 bis 200 und 201 bis 500 Beschäftigten wendeten sich für eine Kreditmediation in der Mehrheit an die Bank. 60% (6) der Unternehmen mit 101 bis 200 Mitarbeitern und 100% (9) der Unternehmen mit

201 bis 500 Mitarbeitern nutzten den bankinternen Kreditmediator. Alle 3 Unternehmen mit bis zu 10 Mitarbeitern nutzten einen bankinternen Kreditberater, während alle 3 Unternehmen mit 501 bis 1000 Beschäftigten einen freien Kreditmediator in Anspruch nahmen.

Die Befragung gab weiterhin auch Aufschluss über die Zufriedenheit der Unternehmen mit den verschiedenen Kreditmediatoren: 7 von 18 Unternehmen (39%) waren mit der Leistung der bankinternen Kreditmediatoren zufrieden, die Leistung der freiberuflichen Kreditmediatoren fanden dagegen 9 von 16 Unternehmen (56%) zufrieden stellend. Unternehmen, die einen bankinternen Kreditmediator genutzt haben, waren also weniger zufrieden mit der erbrachten Leistung, als Unternehmen, die einen freien Kreditmediator nutzten.

III.4.2 Ergänzende Untersuchung im Jahre 2012

Im März 2012 wurde vom Deutschen Institut für kleine und mittlere Unternehmen die telefonische Befragung zu Kreditmediatoren wiederholt. Diese hatte jedoch einen gegenüber der Untersuchung in 2010 etwas veränderten Schwerpunkt. Denn in der Zwischenzeit hatte die deutsche Wirtschaft und auch deren Mittelstand eine sehr positive wirtschaftliche Entwicklung vollzogen, was den Kreditbedarf, insbesondere aber auch die Rahmenbedingungen für Kreditvergaben erheblich verändert hatte:

Die Banken hatten wieder an Eigenkapital gewonnen und zudem ihr Interesse an dem klassischen Kreditgeschäft mit Unternehmen wiederentdeckt, die Unternehmen konnten eine gute Geschäftslage und -aussicht darlegen. Zudem hatte der Kreditmediator Deutschland Ende 2011 seine Arbeit eingestellt.

Daher besaß die Befragung in 2012 nur noch eine Nebenfrage zum staatlichen Kreditmediator, die Fragen konzentrierten sich auf Bedarf, Nutzung und Erfahrungen mit Kreditmediatoren generell sowie – abweichend von der Untersuchung in 2010 – auf konkrete Motive für die Mediation, auf Erfahrungen und auf Gründe für die Erfahrungen. Gleichwohl können einige Befunde zwischen den beiden Untersuchungen verglichen werden (weitergehende Details zur Untersuchung siehe Meyer 2012).

Die befragten Unternehmen

In dieser Untersuchung (2012) wurden in 455 Unternehmen der Geschäftsführer oder der Leiter der Finanzabteilung telefonisch befragt. Unter diesen befanden sich 36 Unternehmen (8%) mit bis zu 10 Mitarbeitern. 102 (22%) der befragten Unternehmen beschäftigten 11 bis 50 Mitarbeiter. 179 (39%) Unternehmen hatten mehr als 50 und weniger als 101 Beschäftigte (Modalwert), während 89 (20%) Unternehmen 101 bis 200 Mitarbeiter aufwiesen. 201 bis 500 Mitarbeiter waren bei 41 (9%) der befragten Unternehmen beschäftigt und 500 bis 1000 Beschäftigte waren lediglich in 8 (1,8%) der Unternehmen aus dem Sample zu finden. Im Mittel beschäftigten die befragten Unternehmen 106 Mitarbeiter. Damit war die Größenverteilung der befragten Unternehmen der in der Untersuchung von 2010 sehr ähnlich, mit einem geringfügig niedrigeren Mittelwert und einer etwas größeren Streuung.

Kenntnis der Unternehmen zum Kreditmediator Deutschland

Es wurde einleitend der (frühere) Kreditmediator Deutschland angesprochen. Es wurde sodann gefragt, ob man den staatlich Kreditmediator kennt, sich daran erinnern kann, ihn ggf. sogar genutzt hat und wenn ja, mit welcher Bewertung. Nur 43% (195) der Unternehmen war der staatliche Kreditmediator bekannt bzw. in Erinnerung, 57% (260) der Unternehmen, gaben an, nie von dem staatlichen Kreditmediator gehört zu haben. Dies ist ein beachtenswert geringer Bekanntheitsgrad des damaligen Kreditmediators, der immerhin 20 Monate tätig war, zumal seit dem Ende seiner Tätigkeit bis zur Befragung nur etwa 3 Monate vergangen waren. Der Bekanntheitswert liegt zudem nur geringfügig über dem aus dem Jahren 2010 (39%), der etwa 3 Monate nach Beginn der Tätigkeit erhoben wurde (auf eine Differenzierung dieses Ergebnisses nach Unternehmensgröße wird hier wegen des geringen Erkenntniswertes verzichtet).

Es scheint, dass es dem Kreditmediator Deutschland in seiner gesamten Tätigkeitszeit nicht gelungen ist, seine Bekanntheit über das anfängliche Maß hinaus zu steigern. Im gesamten Sample gab es zudem kein Unternehmen, das den Kreditmediator – in welcher Form auch immer – in Anspruch genommen hat.

Bedarf für einen Kreditmediator in den KMU

Wie auch in der Untersuchung in 2010 wurde nach dem Bedarf der Unternehmen für einen Kreditmediator gefragt. Auch aus dieser Befragung ging hervor, dass die Unternehmen grundsätzlich keinen Kreditmediator benötigen, sei es von staatlicher oder privatwirtschaftlicher Seite (Tabelle III.7), die werte sind allerdings noch eindeutiger, als in 2010:

406 (89%) der befragten Unternehmen gaben an, dass sie einen Kreditmediator nicht benötigen, 31 Unternehmen (7%), dass sie grundsätzlich Bedarf für einen Kreditmediator besitzen, aber diesen noch nicht in Anspruch genommen haben. Nur 18 Mittelständler (4%) hatten bisher einen Kreditmediator genutzt. Diese Veränderung gegenüber 2010 kann u. E. primär mit der positiven wirtschaftlichen Entwicklung und den verbesserten Voraussetzungen bei den Banken für eine Vergabe von Krediten begründet werden.

Bedarf	**absolute Häufigkeit**	**Relative Häufigkeit**
Kein Bedarf	406	89 %
Bedarf, aber ungenutzt	31	7 %
Bereits genutzt	18	4 %

Tab. III.7: Bedarf für einen Kreditmediator 2012 (n=455)

		Beschäftigtenklasse						
		0-10	**11-50**	**51-100**	**101-200**	**201-500**	**501-1000**	**Summen**
Bedarf	**kein Bedarf**	36 (32,1)	75 (91,0)	168 (159,7)	82 (79,4)	30 (36,6)	3 (7,1)	406
	Bedarf, aber ungenutzt	0 (2,5)	15 (6,9)	10 (12,2)	5 (6,1)	0 (2,8)	1 (0,5)	31
	Bereits genutzt	0 (1,4)	0 (4,0)	1 (7,1)	2 (3,5)	11 (1,6)	4 (0,3)	18
	Summen	36	102	179	89	41	8	455
Chi-Quadrat 128,7		F.G. 10		Kontingenzkoeffizient 0,47				

Tab. III.8: Kreuztabelle: Beschäftigtenklasse und Bedarf 2012 (abs. Häufigkeiten, erwartete Häufigkeiten, n=455, F.G. = Freiheitsgrade, $\chi 2$-Quantil = 18,1 bei 5%)

Auch in dieser Untersuchung wird der Einfluss der Unternehmensgröße auf den Bedarf sichtbar (Tabelle III.8): Mittlere Unternehmen erkennen eher den Bedarf für einen Kreditmediator, größere Unternehmen im Mittelstand nutzen ihn auch tendenziell mehr, als kleine und mittlere Unternehmen.

An die generelle Frage zum Bedarf für einen Kreditmediator schloss sich in dieser Untersuchung die Frage nach dem konkretisierten Motiv für die Mediation an – die Antworten dazu waren frei. Hier konnten nur die 49 Unternehmen antworten, die zuvor einen Bedarf genannt hatten. Bezeichnenderweise konnten sodann nur 41 Befragte ihren Bedarf konkretisieren. In Gruppen gleichartigen Bedarfs zusammengefasst, ergaben sich folgende Häufigkeiten (Tabelle III.9, Mehrfachnennungen waren möglich):

konkreter Bedarf/Motiv	**absolute Häufigkeit**	**relative Häufigkeit**
Positive Einflussnahme auf die Entscheidung der Bank	38	37 %
Begleitung/Unterstützung im Gespräch mit der Bank	29	28 %
Beratung bei der Kreditantragstellung	19	18 %
Prüfung des bestehenden Kreditantrages und Verbesserung	7	7 %
Hilfe bei der Wahl der Kredit gebenden Bank	6	6 %
Suche nach einem Bürgen, Begleitfinanzier	4	4 %
Summe	103	100 %

Tab. III.9: Arten von Bedarf für einen Kreditmediator in den Unternehmen 2012 (49 Befragte, 41 gaben Antwort, n (Antworten) = 103)

Die Unterstützung in Person kraft Beziehung und Kompetenz ist das vordergründige Motiv, wenn Kreditmediatoren eingebunden werden, was auch mit der Vorstellung korrespondiert, dass Kreditmediatoren dann gefragt sind, wenn es bereits zu Problemen mit der Kredit gebenden Bank gekommen ist. Inhaltlich bezogene Motive, wie die Prüfung und Verbesserung des Kreditantrages fallen gegenüber den vorherigen Motiven deutlich zurück. Ein Einfluss der Unternehmensgröße auf die Rangfolge der Motive war nicht signifikant.

Herkunft und Erfahrungen mit einem Kreditmediator

Auch in der Untersuchung aus dem Jahre 2012 wurde nach Herkunft (bankinterner oder freier Kreditmediator) sowie nach den Erfahrungen der Unternehmen mit einem bankinternen oder freien Kreditmediator gefragt – zunächst nur als generelle Auskunft gut vs. schlecht. Nur 18 Unternehmen konnten dazu antworten, da nur sie bisher einen Kreditmediator genutzt hatten. Davon nutzten 12 (67%) Unternehmen bankinterne und 6 (33%) freie Kreditmediatoren, also anteilig mehr bankinterne, als in der Untersuchung 2010. Diesen Betreuungen wurden folgende grobe Bewertungen gegeben (Tabelle III.10):

grobe Bewertung	absolute Häufigkeit	relative Häufigkeit
Gut	12	67 %
Schlecht	4	22 %
k. A.	2	11 %
Missing	18	100 %

Tab. III.10: Erfahrung mit einem Kreditmediator 2012 (n=18)

Die zwei fehlenden Angaben (Missings) gingen auf Befragte zurück, die zum Zeitpunkt der Betreuung noch nicht im Unternehmen tätig waren und daher über keine Erfahrungen berichten konnten.

Die Erfahrungen der befragten Unternehmen mit den Kreditmediatoren fallen mit 2/3 positiv in der Studie von 2012 besser aus als in der Studie von 2010 (eine Differenzierung dieses Wertes nach der Unternehmensgröße erscheint aufgrund der geringen Häufigkeiten hier nicht sinnvoll). Es wurde ergänzend nachgefragt, welche Gründe die positive und welche die negative Bewertung erbracht hatten. Die 16 Befragten konnten folgende – hier zusammengefasste – Gründe nennen (Tabelle III.11, Mehrfachnennung waren möglich):

Es fällt hier auf, dass unter den positiven Gründen zumeist diejenigen genannt wurden, die auf inhaltliche Fragen zurückgehen. Diese Erkenntnis steht allerdings im Widerspruch zu den oben genannten Motiven für die Wahl des Kreditmediators. Darüber hinaus konnte trotz der geringen Zahl der Fälle eine weitere Auffälligkeit gefunden werden, wenn die Erfahrungen/Gründe und die Herkunft gemeinsam betrachtet werden (allerdings sind die Befunde im Lichte der sehr geringen Fallzahlen zu sehen und zu relativieren): 9 der 12 bankinternen Mediatoren bekamen ein grundsätzlich gutes Zeugnis, 3 der 4 freien ebenso.

Die Kritik an den bankinternen Kreditmediatoren zeigt Verständigungs- und inhaltliche Probleme auf. Verhandlungsgeschick scheint nicht im Vordergrund des Könnens dieser Kreditmediatoren zu stehen, vorteilhaft scheinen aber deren Kenntnisse über die eigene Bank zu sein, die wohl auch für die

Mediation genutzt wurden. Bei den freien Beratern wurde das Verhandlungsgeschick positiv bewertet. Wenn dies allerdings fehlt, wird es auch sogleich als Nachteil erkannt. Freie Berater werden also primär an ihrem Auftritt und Verhandlungsgeschick gemessen.

<table>
<tr><th>Gründe</th><th>abs. Häufigkeit bankinterner Mediator</th><th>abs. Häufigkeit freier Mediator</th><th>Wertung</th></tr>
<tr><td>Der Mediator gab gute Ratschläge für die Antragstellung und Argumentation für die Bank.</td><td>8</td><td>2</td><td rowspan="4">positiv</td></tr>
<tr><td>Der Mediator war sehr geschickt in der Verhandlung mit der Bank.</td><td>1</td><td>3</td></tr>
<tr><td>Der Mediator konnte die Bank zu einer positiven Entscheidung umstimmen.</td><td>1</td><td>0</td></tr>
<tr><td>Der Mediator fand einen alternativen Kreditgeber.</td><td>0</td><td>1</td></tr>
<tr><td>Der Mediator war inhaltlich nicht kompetent.</td><td>3</td><td>1</td><td rowspan="4">negativ</td></tr>
<tr><td>Der Mediator konnte in der Bank keine positive Entscheidung herbeiführen.</td><td>3</td><td>0</td></tr>
<tr><td>Mediator kam mit uns als Unternehmen nicht klar.</td><td>3</td><td>1</td></tr>
<tr><td>Mediator war nicht verhandlungsstark.</td><td>0</td><td>1</td></tr>
</table>

Tab. III.11: Arten von Bedarf für einen Kreditmediator in den Unternehmen 2012 (16 Befragte, 41 gaben Antwort, n (Antworten) = 103)

III.5 Schlussfolgerungen

Der Diskussion über eine mögliche Kreditklemme für deutsche Unternehmen in den Jahren 2009/10 folgend wurde vom Deutschen Institut für kleine und mittlere Unternehmen im Jahre 2010 eine Befragung von 409 kleinen und mittleren Unternehmen durchgeführt, die mit ähnlichem Inhalt in 2012 noch einmal wiederholt wurde. Schwerpunkt der Untersuchungen in

2010 war auch der Kreditmediator Deutschland, der einige Monate zuvor seine Tätigkeit aufgenommen hatte.

Da dieser zwischenzeitlich seine Tätigkeit wieder eingestellt hatte, wurde der Fokus der Studie in 2012 etwas mehr auf die Gründe für die Nutzung von Kreditmediatoren und Erfahrungen mit diesen gelegt. Beide Untersuchungen konnten einige Befunde hervorbringen:

- Es gibt nur einen geringen Bedarf für Kreditmediation, sowohl in Zeiten der Angst vor einer Kreditklemme, wie auch in Zeiten guter wirtschaftlicher Entwicklung und Kreditlage.
- Nur wenige Unternehmen haben bisher einen Kreditmediator genutzt (4-8%). Diese wurden überwiegend (50 bis 70%) von bankinternen Mediatoren und entsprechend weniger von freien Kreditmediatoren übernommen.
- Wenn Bedarf für ein Mediator bestand, dann aus dem Motiv heraus, sein Verhandlungsgeschick und seine Kontakte zu nutzen, um einen Antrag doch noch erfolgreich durchzubringen. Inhaltliche Hilfe zur Verbesserung des Kreditantrages wurde hingegen weniger als Motiv genannt, wenn, dann schon mehr bei den bankinternen Beratern.
- Der Kreditmediator Deutschland hatte in seinen etwa 20 Monaten der Tätigkeit zwar eine beachtliche Zahl von Betreuungen durchführen können, in Relation zum Gesamtmarkt der Kreditvergabe war dies aber nur ein verschwindend geringer Anteil. Dies mag nicht nur in der mit 7 Mitarbeitern begrenzten Kapazität sowie in dem oben genannten geringen Interesse der Unternehmen an Kreditmediatoren begründet sein, sondern auch an dem Umstand, dass es der Institution nicht gelungen ist, große Bekanntheit bei den Unternehmen zu erlangen: Nur um die 40% der Unternehmen hatten überhaupt Kenntnis hiervon.

Den heute freien Kreditmediatoren kann aus den Befragungen heraus angeraten werden, gegenüber Unternehmen die Vorteile der Begleitung mit Verhandlungsgeschick und Erfahrung im Umgang mit Banken sowie den Zugang zu alternativen Kreditgebern hervorzuheben und diese Stärken auch zu pflegen. Die bankinternen Kreditmediatoren können mit ihrer Kenntnis der individuellen Besonderheiten der Bank und den daraus erwachsenden inhaltlichen Hilfen für die Unternehmen hervortreten.

Den Unternehmen können bei Problemen in der Kreditfinanzierung weitere Finanzierungsquellen – jenseits der Hilfe durch die Kreditmediatoren angeraten werden:

Alternative Finanzierungsquellen

Eine Reaktion auf eine mögliche restriktivere Kreditvergabe der Banken können in alternative Finanzierungsformen erkannt werden. Dazu zählen Finanzierungsformen wie Leasing, Factoring, Mezzaninefinanzierungen oder die Beteiligung der Mitarbeiter. Obwohl die Finanzierung der KMU immer noch überwiegend über klassische Kredite der Hausbank verläuft, weisen neueste Trends darauf hin, dass alternative Finanzierungsformen für die KMU wichtiger werden (Kollbeck/Wimmer 2002). So wird angesichts der geringen Leasingquote von 21% im internationalen Vergleich mit weiterem Wachstum gerechnet. Der Bundesverband Deutscher Leasing-Unternehmen (BDL) konstatierte bereits 2010, „dass für mittelständische Unternehmen das Leasing mittlerweile für die Außenfinanzierung bedeutender ist als der klassische Bankkredit" (BDL 2010). Auch die Kapitalbeteiligung von Mitarbeitern am Unternehmen kann ein Weg sein, der gerade in Zeiten des Fachkräftemangels nicht nur eine größere mentale Anbindung derer mit dem Unternehmen und damit erhöhte Arbeitsmotivation bedeuten, sondern auch Fachkräfte und damit Wissen an das Unternehmen binden.

Die Politik hat mit der Einrichtung des staatlichen Kreditmediators nur ein schwaches Instrument zur Förderung einer verbesserten Kreditlage für die Unternehmen gesorgt. Wäre es tatsächlich zu einer Kreditklemme gekommen, wäre der Kreditmediator Deutschland „nur ein Tropfen auf den heißen Stein" gewesen. Zwei andere Maßnahmen können da erheblich größere Wirkung erzeugen:

- *Verbesserung der staatlichen Zahlungsmoral*: Durch eine verbesserte Zahlungsmoral könnte der Staat einen wichtigen Impuls für den Mittelstand leisten. Als größter Auftraggeber in Deutschland beläuft sich das öffentliche Auftragsvolumen in Summe auf ca. eine halbe Billionen Euro pro Jahr. Allerdings werden öffentliche Aufträge oftmals erst Monate nach Rechnungsstellung beglichen. Dies stellt gerade für kleine Unternehmen eine große Belastung durch die Vorfinanzierung dar. Zwar verlangt die Prüfung von Rechnungen und Leistungen eine gewisse Zeit. Da aber auch die gewerblichen Unternehmen es schaffen, pünktlich in kurzen Fristen zu zahlen, kann dies auch von den öffentlichen Auftraggebern erwartet werden. Eine Verkürzung der Zahlungsfristen würde die liefernden Unternehmen erheblich entlasten, da sie in der Folge ihre Kosten für die Vorfinanzierung ihrer Leistungen reduzieren können.

- *Lockerung der Grenzen für die Ist-Versteuerung des Umsatzes bzw. der darauf entfallenden Umsatzsteuer*: Ebenso könnte der Staat die Grenzen für eine Ist-Versteuerung zu Lasten der Soll-Versteuerung anheben. Bei der Soll-Versteuerung müssen Unternehmen 7 oder 19% Ihres Umsatzes zu einem Zeitpunkt an den Staat abführen, wenn die zugrunde liegenden Rechnungen vorliegt, die Rechnungsbetrag aber u. U. erst viel später oder sogar nie vereinnahmt wird. Auch wenn in diesem Zuge Vorsteuerzahlungen ebenso erst zu einem späteren Zeitpunkt angerechnet werden können, so würde die Ist-Versteuerung (d. h. ein Abführen der Umsatzsteuer erst zum Zeitpunkt der Vereinnahmung der Gelder) eine spürbare Entlastung für die Finanzierung der Unternehmen leisten.

Diese beiden Maßnahmen sind u. E. auch in Zeiten guter Kreditlage überfällig und angemessen. Sie können zudem kurzfristig umgesetzt werden.

III.6 Literatur zum Kapitel Kreditmediator

- Bankenverband (2009): Was hilft gegen eine Kreditklemme, in defacto Nr.3, online: http://www.bankenverband.de/themen/politik-gesellschaft/defacto/defacto-nr.-3/was-hilft-gegen-eine-kreditklemme/?searchterm=kreditklemme (abgerufen am 12.05.2010).
- Bender, H. (2011), Bundesregierung beendet Kreditmediation, in: Der Handel v. 27.10.2011.
- Bundesverband Deutscher Leasing-Unternehmen, BDL (2010), online: http://www.bdl-leasing-verband.de/ (abgerufen am 12.05.2010).
- Bundesverband Factoring für den Mittelstand (2010): Factoring im Mittelstand: Nach Rückgang wieder auf Kurs, Pressemitteilung FM, online http://www.bundesverband-factoring.de/index.php?id=detail&tx_ttnews[tt_news]=47&tx_ttnews[year]=2010&tx_ttnews[month]=03&tx_ttnews[day]=25&cHash=bd9becd121(abgerufen am 12.05.2010).
- Europäische Zentralbank (2009-2010): Euro area bank lending survey, divers. Ausgaben, online: http://www.ecb.int/stats/money/surveys/lend/html/index.en.html (abgerufen am 12.05.2010).
- Handelsblatt, o. V. (2009): Der die Banken quält, online: http://www.handelsblatt.com/unternehmen/banken-versicherungen/der-die-banken-quaelt, 2237028.

- Handelsblatt, o. V. (2010): Deutsche Banken verdienen im ersten Quartal prächtig, online: http://www.handelsblatt.com/unternehmen/_b=2557267,_p=5,_t=ftprint,doc_page=0,printpage (abgerufen am 12.05. 2010).
- Kollbeck, Ch., Rudolf, W. (Hrsg.) (2002): Finanzierung im Mittelstand. Trend, Unternehmensration, Praxisfälle. Gabler, Wiesbaden.
- Kreditanstalt für Wiederaufbau, KfW (2010): KfW-Blitzbefragung. Keine Kreditklemme zum Jahreswechsel KfW-Blitzbefragung, online: http://www.kfw.de/DE_Home/Presse/Pressearchiv/2010/20100212_34829.jsp (abgerufen am 12.05.2010).
- Kreditanstalt für Wiederaufbau, KfW (2009): KfW Mittelstandspanel 2009, online: http://www.kfw.de/DE_Home/Research/Forschungsergebnisse_und_Datensaetze/KfW- Mittel12/Ergebnisbericht.jsp (abgerufen am 12.05.2010)
- Launder, W., Jethro, M. (2010): Dow Jones Newswires: Deutsche Banken könnten Opfer der Griechenland-Krise werden, online: http://www.finanzen.net/nachricht/aktien/Deutsche-Banken-koennten-Opfer-der-Griechenland-Krise-werden-782865 (abgerufen am 01.05. 2010).
- Meyer, J.-A. (2010): Kreditmediatoren im deutschen Mittelstand – Bekanntheit, Nutzung und Zufriedenheit, Forschungsprojektbericht Deutsches Institut für kleine und mittlere Unternehmen, Schriftenreihe 11/2010, Berlin.
- Meyer, J.-A. (2012): Kreditmediatoren im deutschen Mittelstand – Eine erneute Bestandaufnahme, Forschungsprojektbericht Deutsches Institut für kleine und mittlere Unternehmen, Schriftenreihe 4/2012, Berlin.
- Schufa (Hrsg.) (2012), Statistik: Abgeschlossene Kreditverträge 2008 bis 2011, März 2012, Wiesbaden.
- Wirtschaftswoche (2010): "Definitiv keine Kreditklemme", Interview mit Sparkassenpräsident Heinrich Haasis, online: http://www.wiwo.de/unternehmen-maerkte/definitiv-keine-kreditklemme-424029/ (abgerufen am 12.05.2010).

IV Intrapreneurship – Konzepte und Hilfen zur Überwindung von Widerständen

IV.1 Einführung und empirische Grundlagen

Widerstände gegen Intrapreneurship in deutschen Unternehmen

„Intrapreneurship" – Unternehmenserfolg durch unternehmerisch denkende und handelnde Mitarbeiter – ist kein neues Führungsmodell. Vielmehr bestehen das Konzept und die dahinter stehende Philosophie bereits seit mehr als dreißig Jahren. Gleichwohl erlangt dieses Konzept vor dem Hintergrund der weltweiten Finanz- und Wirtschaftskrise 2008/2010 wieder an Bedeutung. Denn konsequent implementiert, kann es die Performance eines Unternehmens steigern und führt zu motivierten, engagierten Mitarbeitern, die bereit sind, Verantwortung zu übernehmen (u. a. Zahra 1991, Aktan/Bulut 2008). So kann auch die Mitarbeiterkapitalbeteiligung, wie sie seit einigen Jahren wieder vermehrt diskutiert wird, als Teil des Intrapreneurship-Konzeptes angesehen werden. Denn eine materielle Mitarbeiterbeteiligung kann nicht nur eine Finanzierungsoption für das Unternehmen darstellen. Sie kann auch eine „elegante" Ergänzung zu Intrapreneurship sein und eine stärkere Identifizierung mit dem Betrieb bewirken, was insbesondere in Krisenzeiten von Bedeutung ist.

In den großen deutschen Unternehmen ist Intrapreneurship und das damit verbundene Konzept oftmals zwar bekannt, wie Gespräche des Deutschen Instituts für kleine und mittlere Unternehmen mit Personalverantwortlichen großer deutscher Unternehmen in den letzten Jahren wiederholt zeigten. Die konkrete Ausgestaltung und die realisierten Maßnahmen divergieren jedoch zum Teil erheblich. Monetäre Anreize und simple Maßnahmen zur Kreativitätssteigerung werden demnach häufig genutzt. Ein ganzheitliches Intrapreneurship, welches sich auch an den Widerständen und ihrer Überwindung orientiert und die Mitarbeiter von Beginn an einbezieht, ist jedoch nur selten zu erkennen.

Daher sollen nachfolgend großen Unternehmen, ihren Mitarbeitern sowie sämtlichen Interessengruppen im und um das Unternehmen der Nutzen von Intrapreneurship verdeutlicht und Maßnahmen zur Implementierung des Konzeptes aufgezeigt werden. Mit Blick auf mögliche Hemmnisse und Widerstände gegen ein Intrapreneurship werden sodann Erfolgsfaktoren einer unternehmerisch geprägten Unternehmenskultur und eine Fragenkatalog für Unternehmen abgeleitet.

Grundlage: Studie mit zwei empirischen Erhebungen

Grundlage der folgenden Ausführungen ist ein Projekt des Deutschen Instituts für kleine und mittlere Unternehmen, das in 2009 mit ersten Recherchen und qualitativen empirischen Erhebungen begonnen hat und im Jahre 2011 um eine weitere Expertenbefragungen ergänzt wurde (Meyer/Tirpitz 2009, Meyer 2011): Es wurden jeweils etwa 1h andauernde, qualitativ-explorative persönliche Experteninterviews mit Personalverantwortlichen deutscher Unternehmen und Banken sowie Gewerkschaftsvertretern durchgeführt. In 2009 wurden 22 Experten befragt (2 aus Banken, 12 aus Unternehmen, 8 Vertreter von Gewerkschaften), in 2011 nochmals 20 weitere (1 aus Banken, 6 Vertreter aus Gewerkschaften, 13 aus Unternehmen). Es wurde entlang eines groben Leitfadens und anhand folgender Sachverhalte diskutiert:

- Erfahrungen der Experten mit Intrapreneurship, in Umfang und Einzelerkenntnissen. Dazu gehört auch die Analyse des Nutzens von Intrapreneurship.
- Das Verständnis der Experten über die Ziele, Tugenden, beteiligten Akteure und Maßnahmen des Intrapreneurship.
- Erkenntnisse der Experten über Interessen der beteiligten Akteure, über Hemmnisse, Widerstände und den dahinter liegenden Gründen zum Intrapreneurship.
- Vorschläge zur Überwindung der o. g. Widerstände gegen Intrapreneurship.

Da die Befragungen qualitativ und explorativ angelegt waren, war es weder möglich noch sinnvoll, Differenzen in den Antworten zwischen den beiden Erhebungen herauszuarbeiten. Es ist ohnehin zu vermuten, dass in den 2 Jahren zwischen den Erhebungen keine grundsätzliche Veränderung im Meinungsbild der Experten entstand.

Alle Erkenntnisse aus den Interviews wurden inhaltlich zusammengefasst und flossen als Ergebnisse in die folgenden Ausführungen ein. Sie bestätigen, erneuern und ergänzen die bisher in der Literatur genannten Aussagen zu Intrapreneurship (siehe später die entsprechenden Literaturhinweise).

IV.2 Entstehung und Begriff des Intrapreneurship

Historie und Entstehung

Während sich bis in die zweite Hälfte des 20. Jahrhunderts die betriebliche Praxis und Forschung darauf konzentrierten, Unternehmen möglichst effizient, zuverlässig und fehlerfrei zu gestalten, haben die Veränderungen der letzten zwanzig Jahre zu einem Umdenken geführt. Geschwindigkeit, Flexibilität und Innovativität sind zu den wichtigeren Faktoren des Unternehmenserfolgs geworden. Gleichwohl bedeutet dies keine Abkehr von Effizienz, Zuverlässigkeit und Fehlerlosigkeit, sondern lediglich eine stärkere Orientierung an unternehmerischen Werten. Dies führte dazu, dass Intrapreneurship, also Unternehmertum auch in großem, fremd geführten Unternehmen bei den Mitarbeitern angestrebt wurde und als geschlossenes Konzept Einzug in die Praxis hielt (u. a. Franke 2004).

Begriff und Gedanke des „Intrapreneurship" geht auf Norman Macrae zurück, 1976 publiziert im "The Economist". Macrae stellte – als einen Trend in der Wirtschaft – das Unternehmen heraus, welches in sich selbst wettbewerbliche Strukturen schafft. 1982 griff er diesen Gedanken in einem weiteren Beitrag auf und schlug folgendes vor: Firmen sollten ihre Mitarbeiter nicht für ihre Anwesenheit bezahlen, sondern vielmehr für die getane Arbeit in den mit einander im Wettbewerb stehende Gruppen. Konsequent umgesetzt, sollte dieses Konzept zu seiner Vision des intrapreneuren Wettbewerbs führen. Etwa zur gleichen Zeit entwickelten die Autoren Gifford und Pinchot ein Modell des „intra-corporate entrepreneurs". In Würdigung der Gedanken von Macrae prägten sie den Begriff „Intrapreneur". Ihrem Modell zu Folge musste eine Person mit der Ambition, ein „intrapreneurial project" umzusetzen, zunächst etwas riskieren, z. B. das eigene Gehalt. Der Intrapreneur sollte das Projekt dann gegen einen Gehaltsbonus oder Wagniskapital für weitere Projekte an seinen Arbeitgeber „verkaufen" können.

Aufgrund des Erfolges der Umsetzung ihres Modells in schwedischen Unternehmen gründeten sie in der Folge eine School for Intrapreneurs und veröffentlichten ihre theoretischen und praktischen Erkenntnisse 1985 unter dem Titel „Intrapreneuring". Fortan wurde der Begriff auch von anderen Autoren (Naisbitt 1986, Kanter 1990) aufgegriffen und 1992 sogar in das American Heritage Dictionary aufgenommen (Small Business Notes 2009). Die zeitliche Abfolge dieser Beiträge zeigt nochmals die nebenstehende Abbildung IV.1:

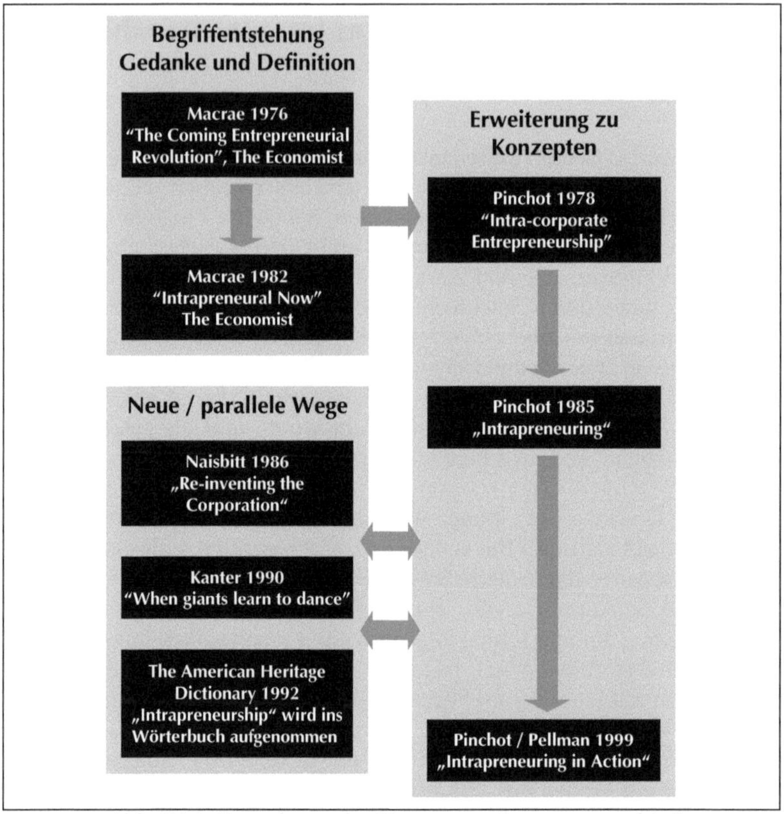

Abb. IV.1: Entstehung des Konzeptes „Intrapreneurship" (i. A. a. smallbusinessnotes.com)

Der Begriff Intrapreneurship

„Intrapreneurship" setzt sich aus intracorporate (firmenintern) und entrepreneurship (Unternehmertum) zusammen und soll das unternehmerische Denken und Handeln von in Unternehmen abhängig beschäftigten Mitarbeitern beschreiben. Pinchot (1985, 1988) geht sogar so weit, dass der Intrapreneur zur Verwirklichung seiner Ideen jeden Tag mit der Bereitschaft zur Arbeit kommt, entlassen zu werden. In der Unternehmenspraxis wird sich dieses extreme Verständnis eines Intrapreneurs kaum finden, so dass es auch nicht-unternehmerische Mitarbeiterinteressen und -motivationen in der Umsetzung zu berücksichtigen gilt. Gleichwohl verdeutlich die extreme

Aussage von Pinchot das Ziel der Intrapreneurship-Philosophie, den in jungen, kleinen Unternehmen herrschenden Unternehmergeist in größere, bereits etablierte Firmen zu übertragen und nutzbar zu machen (McGinnis/Verney 1987).

Neben Intrapreneurship finden sich in der Literatur auch die Begriffe „Corporate Entrepreneurship" und „Corpreneurship": Einzelne Mitarbeiter mit unternehmerischen Fähigkeiten verfolgen innovative Ideen und setzen diese im Unternehmen um. Dabei erhalten sie Unterstützung durch das Unternehmen (z. B. Wagniskapital, erweitere Entscheidungskompetenz etc.). Corporate Entrepreneurship: Auf der Ebene des gesamten Unternehmens wird eine Strategie bzw. Philosophie unternehmerischen Verhaltens verfolgt. Dazu kommt eine Vielzahl von auf einander abgestimmten Maßnahmen zum Einsatz, um die komplette Belegschaft einzubeziehen. Dies wird u. a. auch als „entrepreneurial management" oder „entrepreneurial orientation". bezeichnet. Michalski (2002) differenziert Corporate Entrepreneurship weiter, wobei sein Schwerpunkt auf dem Corporate Venturing liegt, also der Bereitstellung von Wagniskapital zur Erschließung neuer Geschäftsfelder (vgl. Abbildung IV.2). Holtorf und Leker (2009) nehmen die begriffliche Abspaltung ins Corporate Venturing auf: Bestehende Unternehmen erschließen neue Geschäftsfelder. Venture Capital (Wagniskapital) steht hier als Instrument im Vordergrund.

Intrapreneurship muss also für zwei zu definitorische Umfänge stehen: Intrapreneurship i. e. S. steht für das unternehmerische Denken und Handeln einzelner Mitarbeiter im Unternehmen. Im Sinne eines Corporate Entrepreneurship steht das Konzept für ein „entrepreneurial management" bzw. eine „entrepreneurial orientation", d. h. eine unternehmensweit gelebte Philosophie unternehmerischen Denken und Handelns der gesamten Belegschaft. Damit geht das Konzept weit über einzelne Maßnahmen wie Corporate Venturing hinaus und stellt quasi das Ende eines Entwicklungsprozesses zu einer auch intern unternehmerisch agierenden Unternehmung dar. Intrapreneurship i. w. S. kann somit als das gelebte, „entrepreneural" Verhalten der Mitarbeiter kombiniert mit dem Konzept der gezielten Bedingungen und Maßnahmen im Unternehmen, die das Verhalten erst entstehen lassen, verstanden werden. Letzteres Verständnis wird im Folgenden weiter verwendet, die einzelnen Maßnahmen werden später noch ausführlicher behandelt.

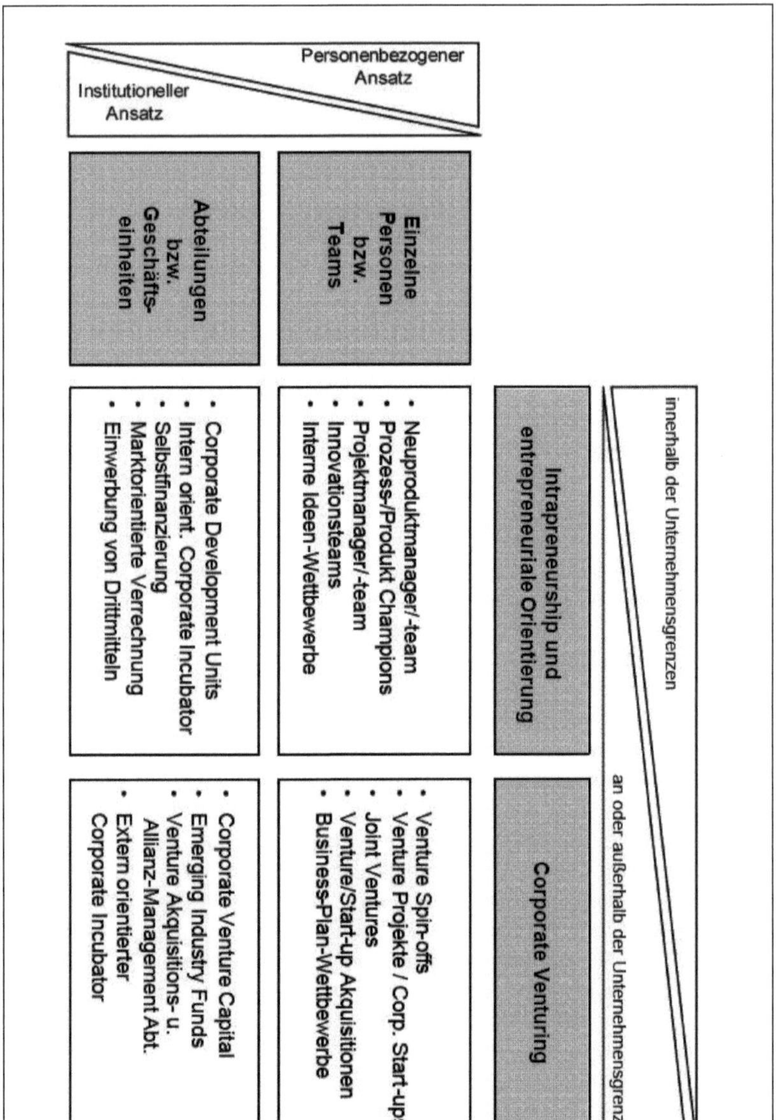

Abb. IV.2: Organisationsformen des Corporate Entrepreneurship (Michalski 2002, S. 10)

Ziele, Aufgaben und Tugenden des Intrapreneurship

Mit Intrapreneurship gehen primär die Erwartungen im Unternehmen einher, die Flexibilität (d. h. Fähigkeit, schnell zu neuen Strategien, Produkten, Managementprozessen und operativen Handlungen u. a. zu finden) zu steigern, Innovativität und Innovationspotenzial zu erhöhen sowie die Unternehmens-Performance (z. B. Cash-flow, Ebit, sonstige Gewinne, Umsatz, Kapital, Börsenwert) zu erhöhen, um den Shareholder Value zu steigern (u. a. Pinchot 1985, Rep 2004).

Auf die Mitarbeiter des Unternehmens bezogen, bedeuten das auch, deren Commitment für das Unternehmen und ihre Innovationskraft zu fördern sowie die Mitarbeiterfluktuation zu verringern. Um ein hohes Maß an Intrapreneurship und damit Innovationskraft im Unternehmen zu erlangen, muss sich das Unternehmen nach McGinnis und Verney (1987) für neue Ideen und Konzepte der Mitarbeiter (Bottom-up) sowie der Außenwelt öffnen, ambitionierte aber realistische Ziele setzen, die die Mitarbeiter motivieren, die fachlichen und kommunikativen Kompetenzen der Mitarbeiter im Unternehmen durch Teambildung und Interdisziplinarität zu entwickeln und zu fördern, problemlösungs- und zielorientiert zu arbeiten, also unternehmensinterne bürokratische Hemmnisse abzubauen und eine offene horizontale und vertikale Kommunikation im Unternehmen zu unterstützen. Weiterhin betonen McGinnis und Verney die persönlichen Qualitäten der Mitarbeiter, wie Weitsicht, Selbstmotivation und einen gewissen „Killer Instinkt", als Kennzeichen und Tugenden von Intrapreneurship. Dazu muss sich nach Rep (2004, S. 19) die erwünschte Intrapreneurship-Mentalität grundsätzlich in die bestehende Unternehmenskultur integrieren lassen. Dies kann insbesondere bei autokratisch geführten Unternehmen problematisch sein.

Die Experten aus der o. g. Befragung des Deutschen Instituts für kleine und mittlere Unternehmen (siehe Kapitel IV.1) nannten ergänzend dazu folgende „Tugenden" des Intrapreneurships:

Die Unternehmensleitung muss grundsätzlich zur Abgabe von Macht und unternehmerischer Verantwortung bereit sein. Im Unternehmen muss die richtige Einstellung (Unternehmergeist) sowohl bei der Leitung als auch bei den Mitarbeitern herrschen. Das Unternehmen muss eine konstruktive Fehlerkultur pflegen. Das heißt, dass Fehler nicht bestraft, sondern als Chance zur Weiterentwicklung angesehen werden. Die Führung muss Intrapreneurship deutlich vorleben und so als Vorbild fungieren. Eine offene interne

Unternehmenskommunikation muss sowohl horizontal als auch vertikal etabliert sein. Die Anreiz- und Controllingsysteme müssen wirksam auf einander abgestimmt sein, so dass Entscheidungen effizient getroffen und Ziele und Zielerreichung nachvollziehbar sind. Überdies müssen Intrapreneure über eine überdurchschnittliche und aufgabenadäquate Persönlichkeit verfügen. Dementsprechend ist es Aufgabe der Unternehmensleitung, Mitarbeiter gemäß ihrer Fähigkeiten zu fördern und im Unternehmen einzusetzen. Letztendlich wird der Erfolg des Intrapreneurship durch das ganzheitliche Auftreten aller dieser Tugenden bestimmt.

Intrapreneurship als Konzept aus Maßnahmen und Bedingungen im Unternehmen

Intrapreneurship ist jedoch mehr als eine Ansammlung von Zielen, Aufgaben und Tugenden. Da es eine Veränderung der Unternehmenskultur und -prozesse bewirkt, um die betriebliche Innovationsfähigkeit und Flexibilität zu verbessern, wird es in der Literatur wiederholt als grundlegendes, verhaltensorientiertes Konzept angesehen, das sich in den o. g. Tugenden Risikobereitschaft, Innovativität und Proaktivität niederschlägt (z. B. Philippi 2002, Franke 2004, Holtorf/Leker 2009). Harper et al. (2008) sehen fünf Dimensionen einer erfolgreichen Umsetzung von Intrapreneurship (bzw. Corpreneurship) (vgl. Abbildung IV.3):

- Die Struktur: Das Unternehmen muss die Bildung „unternehmerischer" Teams fördern und deren Anstrengungen honorieren. Dazu ist es wichtig, dass auch das Management eine Intrapreneurship Mentalität adaptiert und korrespondierende Ziele festlegt.
- Die Strategie: Die Vision des Unternehmens muss eindrucksvoll und herausfordernd, dabei aber realistisch und motivierend für die Mitarbeiter sein. Innovationspotenziale müssen gezielt identifiziert werden. Weiterhin sollte der Portfolio-Ansatz genutzt und Wachstum nicht über einzelne Produkte sondern Plattformen (erweiterbare Produktfamilien) generiert werden.
- Die Unternehmenskultur und Mitarbeiter: Die Unternehmenskultur muss unternehmerische Anstrengungen der Mitarbeiter im Unternehmen gezielt fördern. Dazu muss man jedoch bereit sein, Zeit zu investieren sowie diese Anstrengungen positiv wahrzunehmen und herauszustellen. Die Mitarbeiter müssen Freiräume erhalten und ermutigt werden, Ideen zu entwickeln. Gleichzeitig muss man auf Widerstände vorbereitet sein.

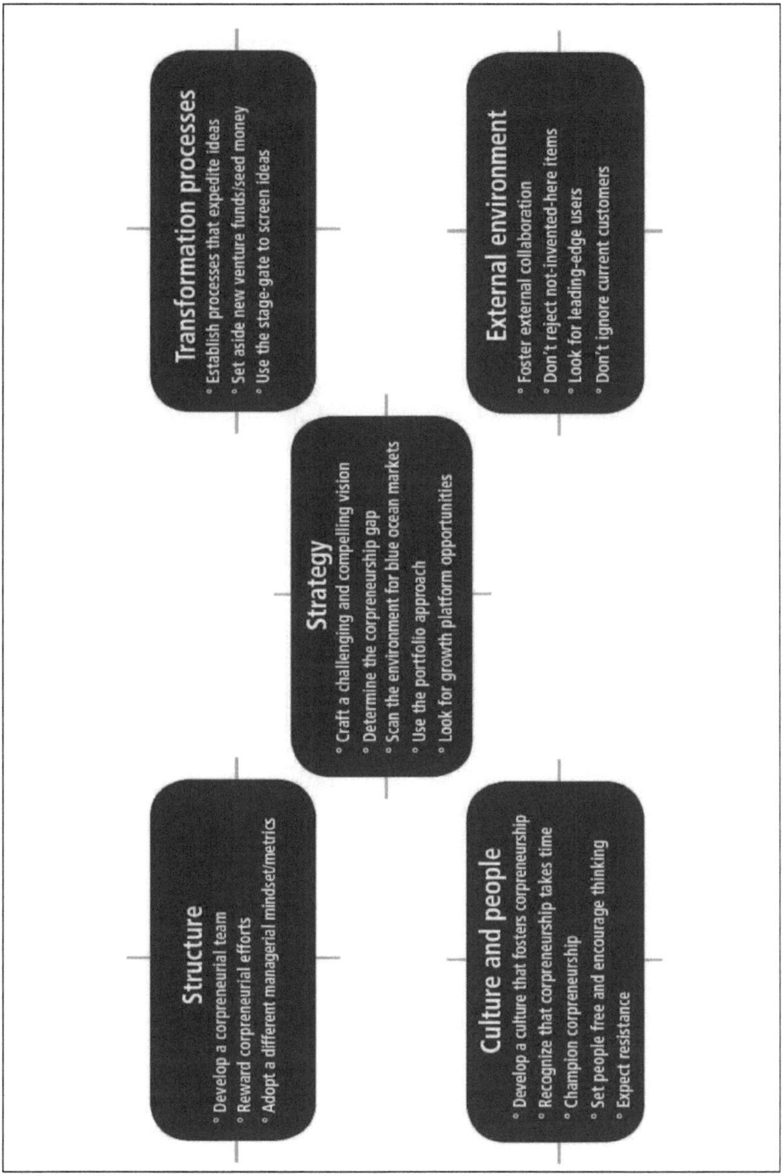

Abb. IV.3: Five Dimensions of Corpreneurship (Harper et al. 2008, S. 17)

- Der Transformationsprozess: Um die Transformation zur intrapreneuren Organisation zu vollziehen, müssen im Unternehmen Prozesse etabliert werden, die neue Ideen vorantreiben. Ebenso sollte Wagniskapital zur Verfügung stehen, um solche Ideen umzusetzen. Sämtliche Ideen sollten systematisch bewertet und ggf. in der Folge weiterverfolgt werden.
- Die externe Umwelt: Ein intrapreneures Unternehmen sollte auch offen für externe Ideen und Anregungen sein und sich diesen keinesfalls verschließen. Insbesondere so genannte Lead User können eine wertvolle Ideen- und Innovationsquelle darstellen. Gleichzeitig dürfen die bestehenden bzw. Stammkunden nicht außer Acht gelassen werden.

Es reicht also nicht, Intrapreneurship als Ansammlung isolierter Maßnahmen zu begreifen, es ist vielmehr ein ganzheitliches Konzept, in dem recht unterschiedliche Interessensgruppen im und um das Unternehmen (sog. Stakeholder) beteiligt und verbunden werden müssen.

Aus der Expertenbefragung (s. o. Kapitel IV.1) heraus kann ferner ergänzt werden: Um die oben genannten Erwartungen an Intrapreneurship in einem in sich geschlossenen Konzept erreichen zu können, bedarf es als Maßnahmen einer klar verständlichen Vision für das Intrapreneurship, einer offenen vertikalen und horizontalen Kommunikation im Unternehmen, einer konstruktiven Fehlerkultur, einer wirksamen Verzahnung von Zielen und Anreizen für die Mitarbeiter, adäquaten Know-how- und finanziellen Ressourcen, eines Abbaus bürokratischer Hemmnisse sowie einer ganzheitlichen Abstimmung aller Maßnahmen und Anreize aufeinander. Intrapreneurship verändert somit die Unternehmensstrukturen und -prozesse und damit auch die Unternehmenskultur. Umgekehrt müssen für ein Intrapreneurship letztere durch obige Maßnahmen und veränderte Rahmenbedingungen umgestaltet werden.

Erfolg und Nutzen des Intrapreneurship

Zum einen stellt sich die Frage, ob obige Maßnahmen im Unternehmen zu einem vermehrten unternehmerischen Verhalten im Sinne eines Intrapreneurship führen. Zum anderen stellt sich die Frage, ob Intrapreneurship im Unternehmen einen Nutzen für dieses besitzt, also den Unternehmenserfolg fördert.

Leider werden diese beiden Fragen in der wissenschaftlichen Literatur immer wieder vermischt, in dem für die Messung von Nutzen von Intrapreneurship Größen herangezogen werden, die sowohl den Erfolg der Umsetzung der Maßnahmen zum Intrapreneurship als auch den Nutzen aus dem Intrapreneurship für das gesamte Unternehmen beschreiben. Doch dies getrennt voneinander zu erfassen, stößt in der wissenschaftlichen Praxis auf erhebliche methodische Probleme.

Exkurs: Anschaulicher, als in der wissenschaftlichen Analyse illustrieren Fälle aus der Unternehmenspraxis den Nutzen von Intrapreneurship. Ein häufig zitiertes Beispiel für eine erfolgreiche intrapreneure Innovation sind die Post-it Haftnotizen von 3M. Einem Mitarbeiter fielen ständig die Merkzettel während der Chorprobe aus dem Gesangsbuch. Er erinnerte sich an die gescheiterte Entwicklung eines Superklebers bei 3M und macht sich diesen für seine Idee zu Nutze. 1980 kam das Produkt schließlich auf den Markt. Mehrere 100 Millionen Umsatz generiert die Post-it Produktfamilie heute dem Unternehmen (PC Welt 2007). Die Innovation entstand letztendlich durch das im Unternehmen herrschende innovationsfördernde Klima und die gute Ressourcenverfügbarkeit (Zeit zum Experimentieren).

Das wissenschaftliche Problem der Messung findet sich zum einen in den Indikatoren zur Messung des Nutzens für das Unternehmen. Sie beschreiben mitunter das Intrapreneurship (i. w. S.) selbst, d. h. sein Ausmaß und damit den Erfolg der Umsetzung von Maßnahmen zum Intrapreneurship ((1) und (3)). Zum anderen ist es schwer, den Beitrag von Intrapreneurship im Unternehmen für den Unternehmenserfolg von dem Beitrag anderer Bedingungen und Prozesse herauszuarbeiten (2) und zu trennen.

(1) Es besteht in der Literatur keine Einigkeit darüber, an welchen Indikatoren der Nutzen von Intrapreneurship in einem Unternehmen gemessen werden kann, was der o. g. Vermischung und dem weiten Verständnis von Intrapreneurship (s. o.) geschuldet sein mag.

    So wird der Nutzen von Intrapreneurship für das Unternehmen in der Literatur (u. a. Pinchot 1985, Rep 2004) in der Erfüllung der o. g. Erwartung gesehen, also in steigender Innovativität/Innovationspotenzial, steigende unternehmerischer Flexibilität, erhöhtem Unternehmensperformance (steigendem Shareholder Value), größerer Verantwortungsübernahme/Innovativität der Mitarbeiter sowie einem größeren Company Commitment der Mitarbeiter und damit einhergehender, geringer Mitarbeiterfluktuation.

    Weitere Indikatoren finden sich in Beiträgen der Literatur zum organisationalen Lernen, zur Schaffung von Wissen, aber auch zu kompetitiven Kostenvorteilen und Messgrößen der Mitarbeiterstimmung (Zahra et al.

1999b, Jarna/ Kaisu 2009). Darin wird deutlich, dass einige der Nutzenindikatoren sowohl den Erfolg der Umsetzung von Intrapreneurship-Maßnahmen als auch den Nutzen für das Unternehmen beschreiben (z. B. Innovativität, Flexibilität).

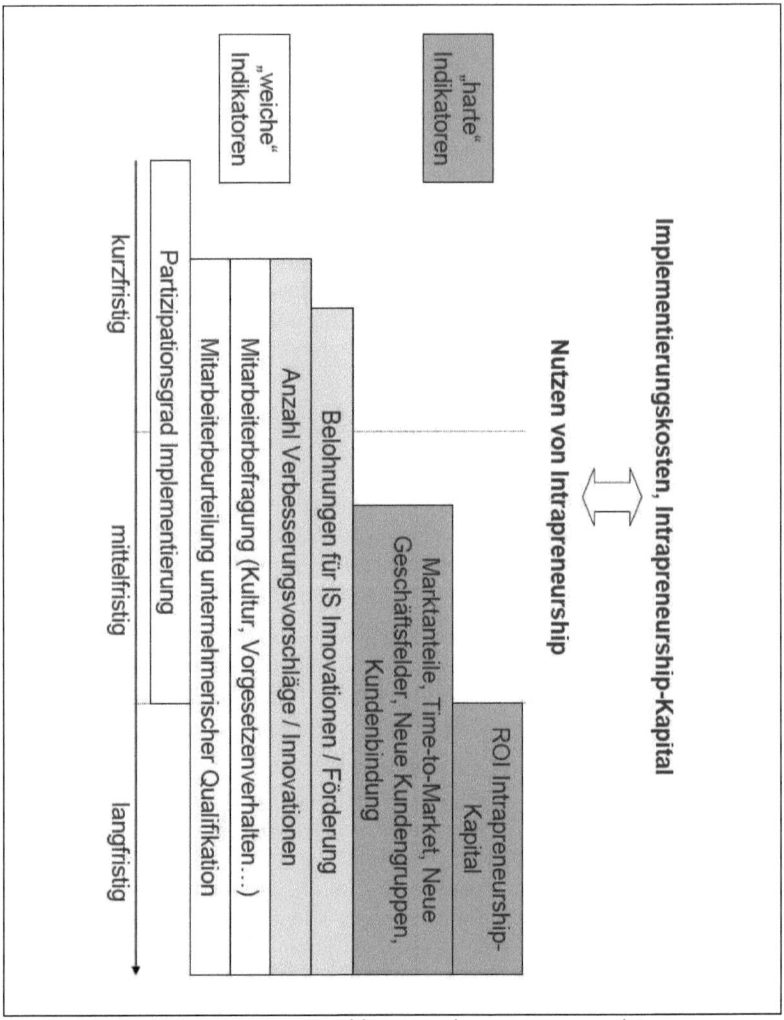

Abb. IV.4: Nutzenindikatoren des Intrapreneurship (Draeger-Ernst 2003, zitiert bei Schonhardt 2006)

So schlägt z. B. Draeger-Ernst (2003) für eine Kosten-Nutzenanalyse von Intrapreneurship eine Reihe „harter" und „weicher" Indikatoren vor, die kurz- bis langfristig herangezogen werden können. Zur Beurteilung des Nutzens von Intrapreneurship schlägt der Autor die Gegenüberstellung der Nutzenindikatoren „Partizipationsgrad der Implementierung (weicher Indikator), Mitarbeiterbeurteilung unternehmerischer Qualifikation (weicher Indikator), Mitarbeiterbefragung (Kultur, Vorgesetztenverhalten u. a.), Anzahl der Verbesserungsvorschläge/Innovationen, Belohnungen für Intrapreneurship/Innovationen, Marktanteile, Time-to-Market, neue Geschäftsfelder, neue Kundengruppen, Kundenbindung (harter Indikator), Return-on-Investment (ROI) Intrapreneurship-Kapital (harter Indikator)" mit den Implementierungskosten und dem Intrapreneurship-Kapital vor. Abbildung IV.4 zeigt, dass die harten Indikatoren des Nutzens von Intrapreneurship erst langfristig zum Tragen kommen. Die weichen Indikatoren, wie der Partizipationsgrad der Mitarbeiter bei der Umsetzung von Intrapreneurship, erlauben hingegen bereits kurzfristig Aussagen über den Erfolg eines Intrapreneurship-Projektes.

(2) Weiter wird der Nutzen von Intrapreneurship nicht durch eine einzige Maßnahme im Unternehmen bestimmt, vielmehr umfasst Intrapreneurship ein Paket aus mehren Maßnahmen (Jarna/Kaisu 2009), die zudem unterschiedlich lange Zeiträume benötigen, um ihre Wirkung für das Unternehmen zu entfalten. Zudem wird der Erfolg der Maßnahmen von organisationalen, individuellen und umweltbezogenen Bedingungen ihres Einsatzes und überlagernden Prozessen im Unternehmen (z. B. Wegbrechen von Märkten, Führungswechsel) und in dessen Umfeld (z. B. Konjunktur, Veränderung bei Mitarbeiterrechten, Wertewandel) bestimmt.

Als Ausweg wird in Studien wiederholt Intrapreneurship in mehrere intervenierende Variablen innerhalb eines Unternehmenserfolgsfaktorenmodells aufgespalten, wodurch sich die Frage ergibt, welche betrieblichen Bedingungen (die mit Intrapreneurship verbunden werden) ein besonders geeignetes Klima im Unternehmen schaffen, damit der oben genannte Nutzen im Unternehmen eintritt. So untersucht eine Studie von Zahra (1991) bei 119 Fortune-500-Unternehmen den Einfluss solcher Bedingungen auf die Corporate Financial Performance und zeigt, dass es einen positiven Einfluss dieser Bedingungen aus einem Corporate Entrepreneurship heraus auf die Corporate Financial Performance gibt. Im Gegensatz zu anderen Autoren und Studien, denen zufolge sich Intrapreneurship erst nach 3 bis 8 Jahren „auszahlt" (z. B. McGinnis/Verney 1987), zeigt die Studie kurzfristige Benefits auf und sogar deren Wachstum in der Folgezeit.

Eine kausalanalytisch ausgewertete Studie bei 312 türkischen Unternehmen zu den Financial Performance Impacts of Corporate Entrepreneurship in Emerging Markets (Aktan/Bulut 2008) bestätigt, dass die oben genannten Tugenden des Intrapreneurships (Innovativität, Risikobereitschaft, Proaktivität und kompetitive Aggressivität) einen signifikanten positiven Einfluss auf die Financial Performance der Unternehmen besitzen (vgl. Abbildung IV.5).

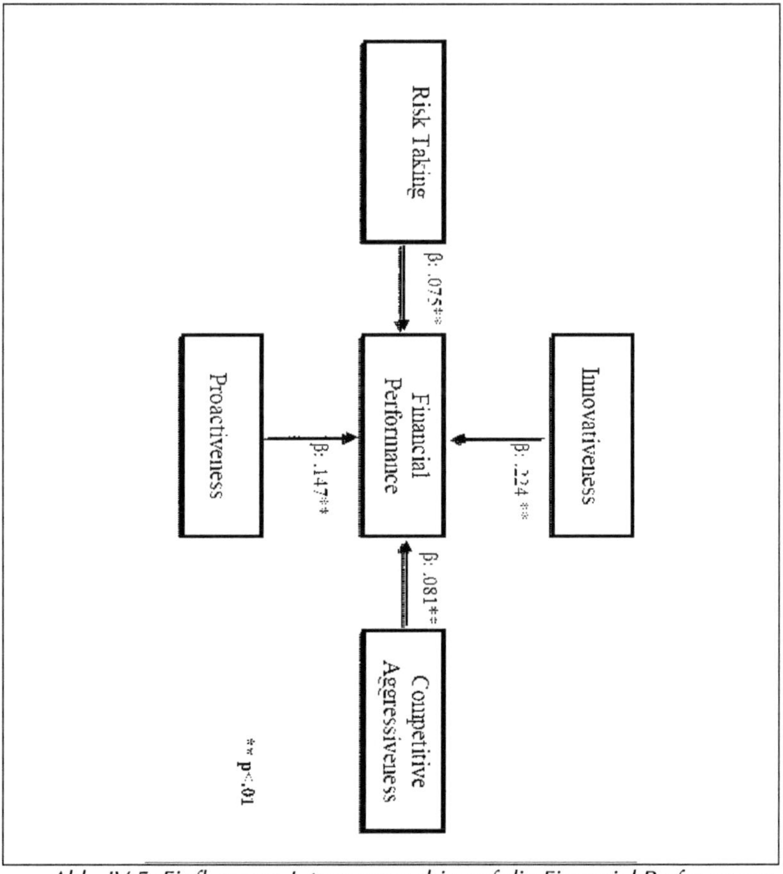

Abb. IV.5: Einfluss von Intrapreneurship auf die Financial Performance von Unternehmen (Aktan/Bulut 2008, S. 76)

(3) Erfolg des Intrapreneurships: Über diese Modelle der Messung des Nutzens von Intrapreneurship hinaus wurden an andere Stelle hinter der intervenierenden Variablen Intrapreneurship Bedingungen und Maßnahmen untersucht (s. o., Intrapreneurship i. w. S.), die die „intrapreneurial intensity" im Unternehmen fördern, also Erfolgsfaktoren des Intrapreneurships (u. a. Hill 2003, Kuratko/Montagno/Hornsby 1990, Jarna/Kaisu 2009): Management Activities/Organisational Culture umfassen die Rolle des Managements als Moderator und Förderer von Intrapreneurship. Die Aktivitäten des Managements beeinflussen auch die Organisationskultur im Unternehmen. D. h. in welchem Maße können die Werte Risikobereitschaft, Innovation und Kreativität, Lernen und Wandel im Unternehmen vorgefunden werden. Organisational Settings umfassen die Bedingungen unter denen die Arbeit im Unternehmen organisiert ist, z. B. die Teilung der Arbeit, die Regeln im Betrieb oder die Zuteilung von Macht und Verantwortung. Die Organisational Settings beinhalten auch die Ressourcen, die für einzelne Mitarbeiter bereitgestellt werden. Die „Skills and attitudes of an employee" umfassen zudem die Fähigkeiten und Bereitschaft der einzelnen Mitarbeiter (Intrapreneure), als Intrapreneure zu wirken. Darin ist auch der Zugang zu materiellen und nicht-materiellen Ressourcen enthalten.

In einer weiteren Untersuchung von Kuratko und Hodgetts wurden Faktoren konkretisiert, die Intrapreneurship fördern können (Kuratko/Hodgetts 1995, der Fokus der Untersuchung lag allerdings auf Bedingungen, die das Management direkt beeinflussen kann). Diese, ein Intrapreneurship-freundliches Klima im Unternehmen fördernden Faktoren bzw. Maßnahmen sind u. a. die Unterstützung/Absicherung der Mitarbeiter bei ihren Tätigkeiten seitens des Managements, Autonomie und Verfügungsfreiheit bei der Arbeit, Belobigung und Bestärkung, ausreichende Zeit für Umsetzung und Erfolg, klare organisationale Abgrenzungen. Alle diese Maßnahmen wurde auch vollständig von den Experten in der Befragung genannt (s. o. Kapitel IV.1).

Diese sind nun diejenigen Maßnahmen und Bedingungen, die als Bestandteil eines Intrapreneurship (i. w, S.) im Unternehmen umgesetzt werden müssen. Sie werden im folgenden Kapitel weiter ausgeführt.

(Einzel-)Maßnahmen des Intrapreneurships

In der Literatur werden Kataloge mit Maßnahmen genannt, die Intrapreneurship (i. w. S.) verkörpern und unternehmerisches Handeln im Unternehmen bewirken bzw. fördern sollen. Ein solcher geht auf die Studie von

Schonhardt (2006) zurück, der Maßnahmen bzw. Rahmenbedingungen zur Förderung unternehmerischen Handelns und Denkens in der Arbeit der Mitarbeiter in Unternehmen vorschlägt: Gewinn-/Verlustverantwortung der organisatorischen Einheiten (Profit Center Prinzip), interne Verrechnungspreise, Entscheidungsautonomie, „optimaler" Grad an Vorgaben und Regeln, die Sicherheit gewährleisten, aber nicht unternehmerisches Denken verhindern, möglichst geringe Aufteilung der Gesamtaufgabe auf unterschiedliche Bereiche, wenig Differenzierung/Splittung der Aufgaben, um eine hohe Aufgabenkomplexität und Innovationsfreudigkeit zu bewirken, transparenter vertikaler wie horizontaler Informationsfluss, Förderung informeller Kommunikation, unternehmerisches Handeln muss positive Konnotation erhalten, Risikobereitschaft muss belohnt werden, Fehler müssen als Chance gesehen werden, keine Stigmatisierung erfolgloser Intrapreneure, Ressourcenverfügbarkeit, insbesondere freie Zeit (Slack) und Managementsupport über alle Ebenen.

Diese Maßnahmen und Bedingungen zielen direkt auf das Intrapreneurschip-Verhalten der Mitarbeiter ab. Ireland et al. (2001) hingegen abstrahieren mit ihren Vorschlägen auf die Wertschöpfung eines Unternehmens, bei dem das diese Wertschöpfung fördernde unternehmerische Handeln (entrepreneurial actions) seinerseits durch einen entsprechenden strategischen Kontext (strategic actions) befördert wird. Wertschöpfung würden Unternehmen daher durch Maßnahmen in sechs strategischen Handlungsfeldern fördern: Über Innovationen und die Bildung bzw. Nutzung von Netzwerken, durch Internationalisierung und stetes organisationales Lernen sowie durch so genannte Top Management Teams und Governance Regeln und strategisches Unternehmenswachstum. Hieraus ergeben sich allerdings nur mittelbar Maßnahmen bzw. wünschenswerte Bedingungen des Intrapreneurships, wie z. B. Innovativität oder Internationalisierung. Auch kann das zuvor genannte Unternehmenswachstum z. B. durch Maßnahmen erreicht werden, die nicht dem Intrapreneurship zuzurechnen sind.

- *Beispiel – Wagniskapital als Maßnahme des Intrapreneurship:* Von 12 Experten in den Interviews (s. o. Kapitel IV.1) aber auch in der Literatur wird die Maßnahme, unternehmenseigenes Wagniskapital (Corporate Venturing – CV) intern bereitzustellen, wiederholt hervorgehoben (u. a. dazu Holtorf/Leker 2009). Corporate Venturing kann per Definition nur als eine Komponente eines umfassenden Intrapreneurships verstanden werden. Nach Michalski (2002, S. 19f.) muss sich CV am Benchmark des privaten Venture Capitals messen lassen. Die duale Motivation des Unternehmens (Kapitalverzinsung und Innovationserfolg) ist dabei problematisch und macht es notwendig, einen gewissen „trade-off" zu akzeptieren. Zur Erreichung der bestmöglichen Kapitalverzinsung muss sich die Governance der CV-Aktivitäten an denen der Venture Capital Fonds orientieren. Dazu müssen die typischen CV-Defizite soweit wie möglich durch folgende Maßnahmen reduziert werden: Hohe Anreizintensität für CV-Einheiten-Manager und New-Venture-Manager, hohe Finanzierungsdisziplin des Mutterunternehmens bzw. der CV-Einheit gegenüber den New Ventures, intensive Überwachung der New Ventures ähnlich wie bei Venture Capital Fonds und Verbreiterung des „Kreativitätskorridors" für neue Geschäftsmodelle.

Um einen entsprechenden Innovationserfolg zu erreichen, schlägt Michalski daher die Nutzung vorhandener Komplementaritäten des Mutterkonzerns durch die New Ventures und die systematische Ausnutzung von Lernpotentialen, die sich aus den New Venture Aktivitäten ergeben, vor.

- *Beispiel – Downsizing zur Förderung einer intrapreneuren Kultur:* Von 15 Experten in den oben beschriebenen Befragungen (siehe Kapitel IV.1) wird das Downsizing von Unternehmen als Intrapreneurship-Maßnahme hervorgehoben. Unter Downsizing (engl. für Verkleinerung) wird hier die bewusste Ausgliederung bzw. Restrukturierung einzelner Organisationseinheiten verstanden. Dies geschieht mit dem Ziel der Flexibilitäts- und/oder Effizienzsteigerung und einer Förderung, intrapreneurem Handeln. Es ist eine Variante des corporate restructuring, die sich in er Portfolioumstrukturierung, einer finanziellen oder einer organisationelle Umstrukturierung wieder finden kann (Heugens/Schenk 2004). Unter organisationeller Umstrukturierung wird eine signifikante Veränderung in den strukturellen Eigenschaften einer Organisation verstanden (Carbery/Garavan 2005). Sie kann durch zwei Motive getrieben sein, der Steigerung der Effizienz und Effektivität in der Organisation (Bowman/Singh 1993) sowie als adäquate Ergänzung zu einer finanziellen Restrukturierung (Prechel 1994). Als besondere Form der organisationelle Umstrukturierung, kann Downsizing als „an organisation's conscious use of permanent personnel reductions in an attempt to improve its efficiency and/or effectiveness" (Budros 1999) verstanden werden. Dabei ist Downsizing von nicht-intentionalen Formen der Reduzierung der Organisationsgröße zu unterscheiden. Vielmehr ist Downsizing eine geplante Strategie zur Reduzierung der Betriebsstrukturen und Mitarbeiterschaft.

Die Auswirkungen von Downsizing auf die Unternehmen wurden in mehrere Studien untersucht. So behandelten einige Studien das „Überlebenden-Syndrom" der verbliebenen Mitarbeiter im Unternehmen nach der Restrukturierung (dazu u. a. Gowing et al. 1998, Johansen/Swigart 1994). Auch einige der gewerkschaftliche orientierten Experten im Interview (s. o.) hoben die nachteiligen Auswirkungen von Downsizing für die Belegschaft hervor, die Gefahr der Reduktion von Arbeitsplätzen. Dem gegenüber äußerten sich in der o. g. Erhebung 8 Experten aus dem unternehmerischen Umfeld, positiv zu den Auswirkungen des Downsizings. Sie gehen davon aus, dass die verbleibenden Mitarbeiter die „cream of the crop" sind und sich den neuen Herausforderungen anpassen und neue Fähigkeiten und Kompetenzen entwickeln. Insgesamt wird so die Effektivität und Effizienz der Organisation gesteigert. Dies bestätigt auch eine Studie von Carbery/Garavan (2005).

Untersuchungen, die einen direkten Zusammenhang zwischen Downsizing und Intrapreneurship aufzeigen, liegen bisher nicht vor. Gleichwohl kann ein positiver Einfluss kleiner Organisationsgrößen der Arbeitseinheiten in einem Betrieb auf Intrapreneurship vermutet werden. So wurden bereits mehrere Probleme benannt, die großen Organisationen die Umsetzung von Innovationen erschweren (Malek/Ibach 2004).

Die häufigsten davon sind Kommunikationsdefizite (insbesondere die Spezialisierung und Abgrenzung, die den Geschäftsbereichen ihre Fokussierung ermöglicht, erschwert gleichzeitig auch die Kommunikation), interne Konkurrenz (sie verstärkt das Problem, dass das Abgrenzen von Wissen bestärkt, statt Gelerntes mit anderen Gruppen zu teilen), die Rückkopplung von Erfolg und Misserfolg (die Kosten eines Fehlers sind zu hoch und demgegenüber ist die Anerkennung im Erfolgsfall zu gering), Trägheit (ein Fehler, der von großen Organisationen oft gemacht wird, ist ihr Desinteresse an neu entstandenen Geschäftsbereichen, weil sie ihnen zu klein erscheinen) und Hierarchien (feste organisatorische Hierarchien entmündigen und schaffen den Zwang, nach Erlaubnis zu fragen, je verschachtelter die Hierarchie, desto schwierigerer ist es, Veränderungen durchzusetzen).

Eine Lösung dieser Probleme – so 5 Experten in den o. g. Befragungen – könnte das Downsizing von einzelnen Betriebseinheiten sein, so dass diese Maßnahme als Teil des Intrapreneurship-Konzeptes eine positive Konnotation erhält. Downsizing steht in diesem Kontext also nicht für eine sozial unverträglichen Belegschaftsabbau, sondern die gezielte Förderung kleiner Organisationseinheiten mit dem Ziel, diesen möglichst große Handlungsfreiheiten zuzugestehen.

Die Umsetzung von Maßnahmen-Konzepte

Deming schlägt für die Umsetzung eines Intrapreneurship-Konzeptes im Unternehmen das Plan-Do-Check-Act-Prinzip (PDCA) vor (vgl. Deming 1982). Dazu gehört der folgende, exemplarische Ablauf:

- „Plan": In dieser Phase werden Verbesserungspotenziale identifiziert, der Status quo analysiert und Maßnahmen zum Intrapreneurship geplant und auf einander abgestimmt. Intrapreneurship sollte als integraler Bestandteil in die Unternehmensstrategie aufgenommen und entsprechende Leitlinien formuliert werden.
- „Do": In dieser Phase werden auf Grundlage der vorangegangenen Selbstanalyse und Planung die ersten Maßnahmen ergriffen und ihre Umsetzbarkeit im Unternehmen (ggf. zunächst nur in Teilen des Unternehmens) getestet. Bereits hier ist es wichtig, Intrapreneurship als Gesamtphilosophie zu verstehen und daher die Maßnahmen auch in ihrem Zusammenhang abzustimmen, umzusetzen und zu beurteilen.
- „Check": Die einzelnen Maßnahmen werden über eine zuvor definierte Zeitspanne in ihrer Akzeptanz im Unternehmen, ihrer Wirkung und den Widerständen bewertet. Diese Zeitspanne sollte angesichts der durchschnittlichen Umsetzungsdauer eines unternehmensweit gelebten Intrapreneurship nicht zu kurz gewählt werden. 6 – 12 Monate erscheinen dafür angemessen. Danach erfolgt eine Go-No-Entscheidung, also ggf. die Weiterführung der Maßnahme und ...
- „Act": ... die weitere Verbreitung auf das gesamte Unternehmen, im Sinne der Unternehmensphilosophie. Diese letzte Phase bedeutet also die unternehmensweite Einführung von Intrapreneurship und die Umsetzung der gewählten und bewährten Maßnahmen. Damit werden auf jeden Fall auch begleitende Anpassungen in der Organisation und ein Umdenken in der Unternehmensführung einhergehen müssen.

Rep (2004) schlägt dem gegenüber ein Zwei-Stufen-Modell der Intrapreneurship-Umsetzung vor: Stufe 1 verfolgt dabei primär die Erhöhung der betriebswirtschaftlichen und strategischen Kompetenz der Mitarbeiter. In Frage kommen Maßnahmen wie firmenspezifische Seminare „Grundlagen der BWL" und Soft Skills Seminare (Führung, Kommunikation, Teambuilding etc.), betriebswirtschaftliche Einzelcoachings, die Bereitstellung eines BWL-Glossars z. B. im Intranet, die Anpassung der Zielvereinbarungen an die „neuen" unternehmerischen Ziele und eine klare Kommunikation der Ziele durch die Unternehmensleitung (z. B. mit Zukunftskonferenz, Balanced Scorecard). Stufe 2 umfasst auch die Maßnahmen der Stufe 1 und gesteht den Mitarbeitern darüber hinaus umfangreiche Ergebnisverantwortung und Gestaltungskompetenz zu.

Hierfür sind jedoch eine genaue Prüfung und ggf. Anpassungen der bestehenden Organisation und Prozesse und ein Umdenken der Unternehmensführung notwendig. Mitarbeiter müssen lernen, mit den Freiheiten zielorientiert umzugehen. Dazu muss die Leitung als Steuerungsmechanismus vor allem Belohungen und weniger Bestrafungen einsetzen und bereit sein, Macht zum Teil abzugeben.

Nahezu alle Experten in den Befragungen (s. o. Kapitel IV.1) wiesen auf den vielfältigen motivationalen Charakter von Intrapreneurship(-Maßnahmen) hin, den es zu beachten gilt und rieten an, Anregungen aus der Motivationsforschung zu suchen. Denn monetäre Anreize tragen nicht allein zur Arbeitsmotivation bei.

Die Zwei-Faktoren-Theorie von Herzberg (1959) und auch die Valenz-Instrumentalitäts-Erwartungs-Theorie von Vroom (1964) zeigten, dass Motivation stets von mehren Faktoren (u. a. Gehalt, zwischenmenschliche Beziehungen, Führungsstil, Anerkennung, Arbeitsinhalte, Verantwortung) und Situationsbedingungen (z. B. Arbeitsbedingungen, persönliche Erwartungen und Ziele) abhängig ist. Daher müssen diese Faktoren auch bei der Umsetzung der Intrapreneurship-Maßnahmen Berücksichtigung finden, damit Motivation erzeugt wird.

Morris (2007) konnte dazu Faktoren erheben, die das intrapreneure Engagement von Angestellten im öffentlichen Dienst befördern (Perks) bzw. hemmen (Irks). Zu den Perks gehören eine herausfordernde Arbeit, teamorientierte Führung, moralische und inhaltliche Unterstützung der Mitarbeiter, Prinzipien der Leistungsorientierung und zeitliche sowie inhaltliche Flexibilität der Aufgaben. Zu den Irks gehören hingegen autokratische Führung, Drückebergerei bei den Mitarbeitern und Machtorientierung von Führungskräften. Morris fügt die fördernden und hemmenden Faktoren in einem Modell der „Netto-Förderfaktoren" zusammen (Abbildung IV.6). Nicht explizit mit dem Bezug auf Morris, jedoch sinngemäß stellen einige der befragten Experten (siehe Kapitel IV.1) fest, dass es nicht allein solche „Netto-Förderfaktoren" sind, die Intrapreneurship bestimmen. Erst monetäre Anreize und die „Netto-Förderfaktoren" führen gemeinsam mit der persönlichen Einstellung des Angestellten und den zur Verfügung stehenden Ressourcen zu einem „intrapreneural" Verhalten.

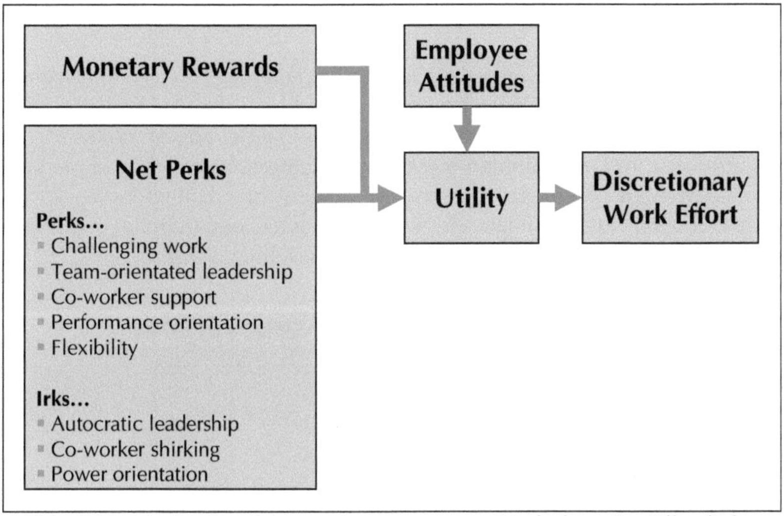

Abb. IV.6: Motivationsfaktoren intrapreneuren Verhaltens im öffentlichen Dienst (in Anlehnung an Morris 2007, S. 1377)

Basierend auf ihrer empirischen Untersuchung schlagen Eesley und Longenecker (2006) 10 Intrapreneurship-„Zugänge", also einführende Maßnahmen für ein Intrapreneurship vor. Diese wurden fast vollständig auch von den Experten der eigenen Erhebungen (siehe Kapitel IV.1) genannt.

Es sind eine Unternehmenskultur der Verantwortungsübertragung auf Mitarbeiter, der Risikobereitschaft und des (proaktiven) Handelns, der Feiern und des Belohnen von Ideen, der Fortschritte und Ergebnisse, der frei fließenden Kundeninformationen und interner Kommunikation, der Management-Unterstützung und dem Managementeinsatz auf allen Ebenen, der kontinuierlichen Ermutigung zum Eingehen von Risiken und zu ungewöhnlichen Ideen, der Entwicklungsprozesse zur Ideengenerierung und -weiterentwicklung, der klaren Anforderungen, der Visionen und Ausrichtung der Organisation daran, der Entwicklung besserer Kooperationen und des Teamworks, der Bereitstellung von Ressourcen zur Unterstützung weiterer Ideen sowie der interdisziplinären Fortbildung. Diese Vorschläge zeigen, dass Motivation für Intrapreneurship letztlich weniger durch monetäre Anreize allein, als vielmehr durch ein zu Leistung motivierendes Betriebsklima befördert wird.

Zusammenfassende Maßnahmen und Umsetzung

Es bleibt somit festzuhalten, dass es zur Implementierung von Intrapreneurship nicht ausreicht, nur Erfolgsboni zu zahlen oder Profit Center einzurichten. Vielmehr muss durch ein wohl auf einander abgestimmtes Maßnahmenpaket im Unternehmen ein kreatives, unternehmerisches Klima geschaffen werden. Auch das Downsizing aufgeblähter Unternehmen kann dazu beitragen. Dies gelingt nur, wenn alle Interessengruppen involviert und mit ihren spezifischen Bedürfnissen berücksichtigt werden.

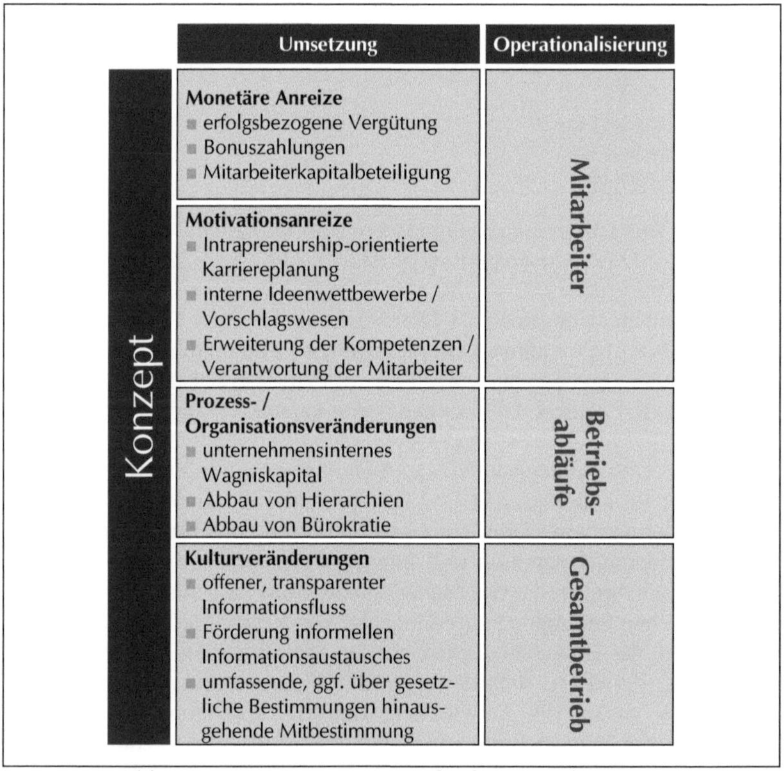

Abb. IV.7: Umsetzung von Maßnahmen und Konzept

Denn gerade das Außerachtlassen einzelner Stakeholder und eine nur auf einzelne Unternehmensbereiche konzentrierte Wahrnehmung eines Änderungsbedarfs führen in der Folge zu Hemmnissen und Widerständen, die im folgenden Kapitel IV.3 in Art und Ursache beschrieben werden. Zuvor fasst die nebenstehende Abbildung IV.7 noch einmal die oben angesprochenen Maßnahmen des Intrapreneurship systematisch zusammen. Sie soll es in der Folge erleichtern, Intrapreneurship-Maßnahmen in den Unternehmenskontext einzuordnen und diese für ein geschlossenes Konzept mit einander zu verbinden.

IV.3 Hemmnisse und Widerstände gegen Intrapreneurship

IV.3.1 Hemmnisse, Widerstände und deren Gründe

Viele Bestrebungen zur Implementierung von Intrapreneurship in den letzten Jahren sind immer wieder an Widerständen in den Unternehmen gescheitert. Einen Hinweis dafür, warum kann eine Befragung von Gallup bei über 2000 deutschen Arbeitnehmern im Juni/Juli 2003 geben: Nur 12% sind engagiert bei der Arbeit, mehrheitlich wird lediglich Dienst nach Vorschrift geleistet (70%), während 18% sogar bereits innerlich gekündigt hatten (18%) (Franke 2004, S. 6). Die Widerstände und Hemmnisse dürften allerdings vielfältiger sein und sollen daher hier zusammengetragen werden – zunächst die Hemmnisse:

Hemmnisse der Organisation und des Managements

Hemmnisse sollen hier von Widerständen in der Weise unterschieden werden, als dass sie primär passiv sind und nicht zwangsläufig mit einer Person verbunden sein müssen, während Widerstände primär aktiv betrieben werden müssen und somit mit handelnden Personen oder Personengruppen verbunden sind. Wie die befragten Experten (s. o. Kapitel IV.1) ausführten, ergeben sich Hemmnisse aus der Organisation, ihrer Strukturen und Prozesse, aus althergebrachten Regelungen und Verhaltensweisen, aus der Unternehmenskultur und -tradition und dem Selbstverständnis des Unternehmens heraus. Im Vordergrund stehen tradierte organisatorische Bedingungen im Unternehmen: Arnold et al. (2006) sehen solche Hemmnisse z. B. in einem Zwei-Kulturen Problem (Markt vs. Hierarchie), im Mangel an „harten" Finanzdaten und generell mangelnder Akzeptanz von Querdenkern im Unternehmen sowie einem „schwachen strategischen Fit" (bisherige Strategie vs. strategische Konsequenzen aus einem Intrapreneurship).

Die bereits zitierten Autoren Eesley und Longenecker (2006) bieten auch eine empirisch ermittelte Aufstellung besonders verbreiteter Intrapreneurship-Barrieren an, in der die Bestrafung für das Eingehen von Risiken, neuen Ideen und Fehlern, fehlende Anlaufstelle zur Verfolgung oder Umsetzung von Ideen, mangelnde Unterstützung und Ermutigung zu Intrapreneurship, interne Machtkämpfe und mangelnde Kooperation, schlechte Kommunikation und organisationale Silos, fehlende Ermutigung, über Chancen nachzudenken, unklare(r) organisationale(r) Auftrag, Priorität und Ziele, fehlende Belohnung für das Eingehen von Risiken und mangelnde Zeit und Ressourcen genannt werden.

Widerstände und ihre Gründe im Unternehmen

Widerstände sollen hier „als durch Personen(gruppen) aktiv betriebene Hemmnisse" verstanden werden. Oftmals werden bei der Implementierung neuer Management-Konzepte wie auch beim Intrapreneurship nur die Widerstände selbst, nicht aber die dahinter liegenden Gründe beachtet, was 25 der Experten (siehe Kapitel IV.1) betonten.

Die Experten wiederholten dazu die Aussage: Will man Intrapreneurship ganzheitlich und umfassend umsetzen, müssen die Interessen und Vorbehalte aller Beteiligten bzw. betroffenen Akteure berücksichtigt, also auch analysiert werden. Diese Akteure sind das Top-Management, leitende Angestellte, Mitarbeitern des Unternehmens, Arbeitnehmervertreter (Betriebsrat, Gewerkschaften), Eigentümer/Anteilseigner (Shareholder) sowie sonstigen externen Stakeholder (z. B. Kooperationspartner, Familien der Mitarbeiter etc.) (Abbildung IV.8).

Jede der Interessengruppen hat individuelle Motivationen und Interessen am und im Umfeld eines Intrapreneurship-Vorhabens im Unternehmen. Letztere bestimmen zwar die Widerstände, werden aber nicht als solche wahrgenommen oder genannt. Aber nur wenn diese bekannt sind, können sie auch überwunden werden.

Diese Gründe wurden in den Expertengesprächen (s. o. Kapitel IV.1) erfragten. Die Experten nannten folgende, nach Interessengruppen differenzierte Gründe:

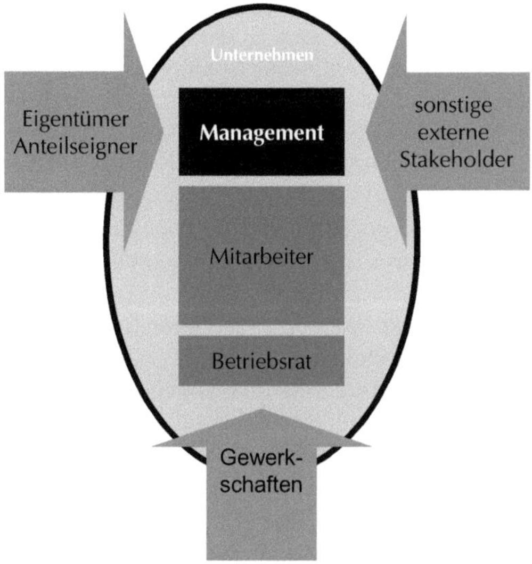

Abb. IV.8: Interessensgruppen bei der Implementierung eines Intrapreneurships

Als Gründe für Widerstände des Managements gegen Intrapreneurship kommen die Angst vor Kompetenz-, Macht- und Kontrollverlust sowie der eigene, grundsätzliche Widerstand gegen Veränderungen in Frage, aber auch die Angst, unternehmerische Mitarbeiter in die Selbstständigkeit zu verlieren. Widerstände bzw. deren Gründe bei den Mitarbeitern können hingegen in einem Unverständnis für das Konzept des Intrapreneurships, im mangelnden Vertrauen in die Unternehmensleitung, in der Angst vor mehr Arbeit und Verantwortung und vor persönlicher Überforderung sowie mangelnde Lernbereitschaft („Lernen aus Fehlern") liegen.

Bei den Arbeitnehmervertretern (Betriebsrat, Gewerkschaften) können Gründe für Widerstand gegen das Intrapenreurship-Vorhaben in der Angst vor einem Machtverlust, da die Mitarbeiter sich eher der Arbeitgeberseite zugehörig fühlen, in der Angst vor steigenden Leistungsanforderungen an die Mitarbeiter und steigendem Druck unter den Mitarbeitern (peer-to-peer-pressure) sowie vor einer faktischen Arbeitszeitverlängerung zu finden sein.

Auch Eigentümer bzw. Anteilseigner des Unternehmens können Vorbehalte gegen Intrapreneurship besitzen, so z. B. die Angst vor Ineffizienz aufgrund der größeren Selbstständigkeit der Mitarbeiter, vor einem Performance-Einbruch des Unternehmens und die Angst vor der Schwierigkeit, den Einfluss und Nutzen von Intrapreneurship im Unternehmen mit harten Zahlen belegen zu müssen. Sonstige externe Stakeholder (wie z. B. Kooperationspartner, Familien der Mitarbeiter) könnten die Sorge um die Zuverlässigkeit des Geschäftspartners oder Vorbehalte gegen eine zunehmende Vereinnahmung der Angehörigen durch das Unternehmen umtreiben.

Widerstände gegen Intrapreneurship ergeben sich aus Handlungen bzw. „aktive" Unterlassung der beteiligten Akteure (s. o.). Aus den Experteninterviews mit den Unternehmensvertretern/Personalverantwortlichen (s. o. Kapitel IV.1) ergaben sich als Widerstände: Ablehnung bei der Geschäftsführung wegen mangelnden Vertrauens in die Mitarbeiter (zu Intrapreneurship nicht fähig oder geringe Motivation, Verantwortung zu übernehmen), grundsätzlicher Widerstand gegen Veränderungen in der Geschäftsführung, fehlendes Konzept, fehlendes Vertrauen in die Umsetzung und den Nutzen des Konzeptes, fehlende Ressourcen, zu großes Risiko für das Unternehmen und den Betriebsfrieden, vermutete Widerstände bei anderen Gruppen (Mitarbeiter, Gewerkschaften und auch sonstigen Stakeholdern).

Gleichwohl sahen die Experten der Arbeitgeberseite eine offene und positive Einstellung in Unternehmen gegenüber Intrapreneurship. Dem entgegen standen die Meinungen der Gewerkschaftsvertreter und Experten aus arbeitnehmernahen Institutionen. Sie äußerten eine grundsätzliche Skepsis gegenüber Intrapreneurship. Dies wurde durch die Gefahr begründet, dass es mit Intrapreneurship zum Abbau der betrieblichen Mitbestimmung kommen kann. Gerade Institutionen der Mitbestimmung wie die Betriebsräte würden kurzfristigen Unternehmensstrategien entgegenwirken und zur Umsetzung nachhaltiger und langfristig orientierter Modernisierungs- und Innovationsstrategien beitragen. Eine umfangreiche Mitbestimmung sei jedoch Voraussetzung, Arbeitnehmer zum unternehmerischen Denken und Handeln zu bewegen und müsse daher integraler Bestandteil eines Intrapreneurship im Unternehmen sein. So dürften direkte Partizipationsformen der Mitarbeiter – wie sie das Konzept Intrapreneurship vorsieht – keinesfalls die institutionalisierte Mitbestimmung als „Herzstück der betrieblichen Arbeitsbeziehungen" ersetzen. Ferner bestünden Vorbehalte gegenüber flexiblen Vergütungs- und Arbeitszeitmodellen, da man befürchte, diese würden zu Nachteilen für die Arbeitnehmer führen. Auch dürfe ein Mehr an Kompetenz und Verantwortung keine Überforderung der Mitarbeiter bewirken

(Aussagen der Befragten in den Interviews, sehr ähnlich dazu auch die Ausführungen bei Greifenstein/Weber 2009).

Zusammenfassung: Hemmnisse, Gründe und Widerstände

Hemmnisse und Widerstände gegen ein Intrapreneurship lassen sich auf den Ebenen „Organisation/Management (Strukturen, Prozesse)", „unternehmensintern (Mitarbeiter)" und „unternehmensextern (Arbeitnehmervertreter, sonstige Stake- und Shareholder)" finden. Es kann aus den Experteninterviews (siehe Kapitel IV.1) und der Literatur folgende Erkenntnisse zusammengetragen werden:

Typische Hemmnisse (passiv) des Intrapreneurship sind das Zwei-Kulturen-Problem, Mangel an harten Konzepten und belastbaren Zahlen, bestehende Prozesse und Traditionen, Regeln und Vorgaben für die betrieblichen Abläufe, die einem Intrapreneurship entgegenstehen können, Überregelung und Bürokratie, mangelnde personale und finanzielle Ressourcen, fehlende Kenntnisse, interne Machtkämpfe und mangelnde Transparenz, eine schlechte innerbetriebliche Kommunikation sowie bestehende schlechte Verzahnung von Zielen und Anreizen, Bestrafung statt Belohnung für das Eingehen von Risiken, neuen Ideen und Fehlern, fehlende Anlaufstelle zur Verfolgung oder Umsetzung von Ideen, mangelnde Unterstützung und Ermutigung zum Intrapreneurship, interne Machtkämpfe und mangelnde Kooperation, organisationale Silos, fehlende Ermutigung, über Chancen nachzudenken und unklare(r) organisationale(r) Auftrag, Priorität und Ziele.

Widerstände (aktiv) und die dahinter liegenden Motive/Gründe finden sich bei den Gewerkschaften aufgrund der Befürchtung, Mitbestimmung und Macht zu verlieren, die Mitarbeiter zu überfordern, noch mehr zu belasten oder ungünstigere Vergütungen, wie auch die Furcht, neue, u. U. informale Hierarchien zu erzeugen. Bei den Mitarbeitern bestehen ebenso diese Ängste und damit Widerstände sowie darüber hinaus eine mögliche geringe Motivation, Verantwortung zu übernehmen und aus Fehlern zu lernen, Ängste vor Arbeitsplatzverlust, Arbeitszeitverlängerung, Überforderung sowie mangelnde Lernbereitschaft und Angst vor einem möglichen Zwang zur Weiterbildung sowie Unverständnis für unternehmerisches Handeln.

Widerstände im Management gegen Intrapreneurship begründen sich durch Angst vor Kompetenz-, Macht- und Kontrollverlust sowie grundsätzlich vor Veränderungen und durch die Angst, unternehmerische Mitarbeiter in die Selbstständigkeit zu verlieren. Ebenso können Widerstände dann entstehen, wenn es an Vertrauen in die Umsetzung, in das Konzept und in den Nutzen des Intrapreneurships fehlt. Auch Eigentümer bzw. Anteilseigner des Unternehmens könnten Vorbehalte gegen Intrapreneurship besitzen, so z. B. die Angst vor Ineffizienz aufgrund der größeren Selbstständigkeit der Mitarbeiter, vor einem Performance-Einbruch des Unternehmens, vor Schwierigkeit, den Einfluss und Nutzen von Intrapreneurship im Unternehmen mit harten Zahlen zu belegen. Sonstige externe Stakeholder (wie z. B. Kooperationspartner, Familien der Mitarbeiter) könnten sich um die Zuverlässigkeit des Geschäftspartners oder Vorbehalte gegen eine zunehmende Vereinnahmung der Angehörigen durch das Unternehmen sorgen.

Zur Überwindung dieser Hemmnisse und Widerstände müssen sowohl das „Wo“ (Ursachen/Quellen bzw. Verortung der Hemmnisse und Widerstände) als auch das „Wie“ (konkrete Hemmnisse/Widerstände im Unternehmen) und das "Warum" (Motive hinter den Widerständen) bekannt sein. Welche Maßnahmen sich dementsprechend zur Überwindung der Hemmnisse und Widerstände eignen, wird im Folgenden beschrieben.

IV.3.2 Zur Überwindung von Hemmnissen und Widerständen

Der Erfolg (der Einführung) von Intrapreneurship wird somit maßgeblich durch Hemmnisse und Widerstände bedingt. Auf Widerstände und Hemmnisse vorbereitet zu sein, muss daher Bestandteil auch des Intrapreneurship-Konzeptes sein (vgl. Harper et al. 2008). McGinnis und Verney (1987) schlagen vier Regeln für die Implementierung von Intrapreneurship in einer Organisation vor:

- Den Mitarbeitern müssen die strategische Vision und die damit verbundenen Ziele klar und nachvollziehbar sein.
- Die Mitarbeiter müssen über die Zeit und die Ressourcen verfügen, um Innovationen zu verstehen und zu entwickeln.
- Innovationen müssen objektiv nachvollziehbar belohnt werden.
- Unnötige Restriktionen (Arbeitszeit, Kleiderordnung, unternehmensinterne Formalitäten) müssen abgeschafft werden.

Grundsätzliche Vorschläge der Experten

Diese Vorschläge zur Implementierung greifen u. E. nicht weit genug. Nicht nur Mitarbeiter müssen vom Nutzen intrapreneuren Handelns überzeugt und fachlich darauf vorbereitet werden. Vielmehr müssen auch sämtliche Stakeholder mit ihren möglichen Widerständen und den dahinter liegenden Gründen erfasst und deren Widerstände beseitigt werden. Mit den Experten wurden 2009 und 2011 (siehe Kapitel 4.1) diese Fragen und Aufgaben diskutiert. Aus deren Antworten ergaben sich folgende Vorschläge:

- Auf der Mitarbeiterseite können Widerstände gegen Intrapreneurship z. B. durch (materielle) Mitarbeiterbeteiligung überwunden werden. Gewerkschaftsvertreter sahen diese Maßnahme im Interview primär zwecks Stärkung der Mitsprache (z. B. über die Aktionärsversammlung) sowie für den Fall einer wirtschaftlichen Krise als geeignet an. In der Krise könnten Mitarbeiter über einen Debt-Equity-Swap das überschuldete Unternehmen retten und dabei selbst zu Anteilseignern werden. Dazu würden die Mitarbeiter ihre Forderungen gegenüber dem zahlungsunfähigen Unternehmen (Lohn, Gehalt) in Unternehmensanteile umwandeln. Das damit einhergehende Commitment für das Unternehmen wäre ungleich größer als bei herkömmlichen Anreizen und Beteiligungsmodellen.
- Außerdem könnten Arbeitnehmerrechte der Mitsprache (immaterielle Beteiligung) im Unternehmen per Intrapreneurship auf innovativem Wege „kultiviert" werden. Auf diesem Wege würde man auch den Interessen von Arbeitnehmerseite, Betriebsrat und Gewerkschaften Rechnung tragen, die eine umfangreiche (gesetzlich abgesicherte) Mitbestimmung als eine Grundvoraussetzung für Engagement und Motivation auf Arbeitnehmerseite sehen.
- Weiterhin sollten alle Maßnahmen des Intrapreneurship und sich daraus ergebende Konsequenzen (Boni, Eigeninitiative, Fehlertoleranz etc.) vertraglich/gesetzlich abgesichert werden. Die Mitarbeiter müssen den Nutzen/die Konsequenzen intrapreneuren Handelns zuverlässig abschätzen bzw. beurteilen können. Nur wenn dies gewährleistet ist, können Vorbehalte und Ängste überwunden werden, wie die befragten Gewerkschaftsvertreter konstatierten.
- Überdies bedarf es zur Überwindung aller Widerstände der konstruktiven Einbindung aller Interessengruppen in den Umsetzungsprozess. Intrapreneurship muss also eher Bottom-up aus dem Unternehmen heraus entstehen, denn als Top-down von der Leitung aufgedrängt zu werden. Über das damit einhergehende Commitment und eine steigende

Unternehmensleistung lassen sich in der Folge auch mögliche Widerstände der Führungsebene überwinden.

- In der Konsequenz muss ein Intrapreneurship-Projekt nach dem Round-Table-Prinzip konzipiert, implementiert und evaluiert werden.

Mitarbeiterbeteiligung als Maßnahme zur Überwindung von Widerständen gegen Intrapreneurship

Mitarbeiterbeteiligung wurde von 29 Experten als Intrapreneurship-Maßnahme explizit hervorgehoben und konträr diskutiert. Unabhängig vom Hintergrund der Experten (Unternehmens- vs. Gewerkschaftsvertreter) wurde wiederholt die These aufgestellt, dass Mitarbeiterbeteiligung am Unternehmen dazu beiträgt, Widerstände gegen Intrapreneurship zu überwinden und die Mitarbeiter zu unternehmerischem Handeln und Denken zu motivieren. Daher soll an diese Stelle dem Thema etwas ausführlicher nachgegangen werden:

Mitarbeiterbeteiligung in Unternehmen kann grundsätzlich in zwei Formen unterschieden werden – die immaterielle und die materielle Beteiligung der Mitarbeiter:

- Immaterielle Mitarbeiterbeteiligung bedeutet, die Mitarbeiter in den Willensbildungsprozess einzubeziehen, also das, was landläufig unter Mitbestimmung verstanden wird. Diese kann weiter in (inner)betriebliche Mitbestimmung und Mitbestimmung auf Unternehmensebene unterschieden werden. Erstere, die betriebliche Mitbestimmung wird vom Betriebsrat verkörpert und geht auf das Betriebsverfassungsgesetz zurück. Die Mitbestimmung auf Unternehmensebene ist rechtsformabhängig. Sie stellt auf die langfristigen Ziele und Strategien im Unternehmen ab und findet ihre Institutionalisierung in der Mitarbeiterbeteiligung im Aufsichtsrat oder in der Gesellschafterversammlung. Daher findet sich diese i. d. R. in größeren Kapitalgesellschaften (u. a. AG, GmbH mit mehr als 500 Arbeitnehmern), nicht jedoch in Personengesellschaften und Einzelunternehmen.
- Die materielle Mitarbeiterbeteiligung wird in Erfolgs-/Gewinn- und Kapitalbeteiligung unterschieden: Eine Erfolgs- oder Gewinnbeteiligung findet dann statt, wenn Mitarbeiter zusätzlich zum vereinbarten festen Lohn ein zusätzliches, absolutes oder (gehalts-)prozentuales Entgelt erhalten, dass vom – wie auch immer ermittelten – Erfolg bzw. Gewinn des Unternehmens abhängig ist (ähnliche Begriffe sind z. B. Provisionen, Gratifikation

u. a. dazu Kay 2007, Priewe 2007, Schnabel 2004, Meyer 2009). Dabei muss das Entgelt nicht zwangsläufig rein monetärer Natur sein, auch Gutscheine, Vergünstigungen/Ausstattungen (Dienstwagen/Büro), Güter und Incentives gehören dazu, sofern sie eine Erfolgs- bzw. Gewinnbindung besitzen. Von einer Kapitalbeteiligung spricht man, wenn Arbeitnehmer ihrem oder einem anderen Unternehmen Eigen- oder Fremdkapital zur Verfügung stellen, z. B. durch (Mitarbeiter)Aktien oder stille Beteiligungen. In diesem Zusammenhang wird auch von Investivlohn gesprochen.

Einschlägige Studien, die einen möglichen Zusammenhang zwischen Intrapreneurship und Mitarbeiterbeteiligung untersuchen, sind bisher noch nicht durchgeführt worden. Allerdings wurden bereits die möglichen, positiven Effekte der Mitarbeiterbeteiligung auf ein Unternehmen generell untersucht. So ergab eine Untersuchung des IAB (2001), dass Unternehmen mit Mitarbeiterbeteiligung innovativer sind. Sie bilden mehr aus und haben besser qualifizierte Mitarbeiter.

Auch konnte gezeigt werden, dass die Wertschöpfung in einem Unternehmen mit Mitarbeiterbeteiligung höher ist als in einem Unternehmen ohne Mitarbeiterbeteiligung. Die Mitarbeiter sind vermehrt bereit in ihre Fort- und Weiterbildung zu investieren und besitzen eine höhere Bereitschaft technologische und arbeitssparende Veränderungen im Betrieb mit zu tragen. Zudem verbesserten sich das Betriebsklima und der Informationsfluss (horizontal und vertikal). Insgesamt kann somit ein positiver Effekt der Mitarbeiterbeteiligung auf die Performance des Unternehmens vermutet werden. Davon könnte auch das Intrapreneurship im Betrieb profitieren.

Diese Vermutung wird auch von Studien bestärkt, welche die Einflussfaktoren auf die Produkt- und Prozessinnovation eines Unternehmens untersuchen. Darunter auch solche, die interne Organisationsstrukturen als Einflussgröße betrachten. Obwohl die Mitarbeiterbeteiligung in solchen Studien nicht im Mittelpunkt steht, können aus diesen Studien weitere Schlüsse gezogen werden, die einen positiven Zusammenhang von Mitarbeiterbeteiligung und Intrapreneurship vermuten lassen.

Allerdings beschränken sich die Untersuchungen über den Einfluss interner Organisationsformen und Strukturen bisher auf Teilbereiche. Speziell wurden die Wirksamkeit von Innovationsteams (Anderson/West 1998, Bain et al. 2001), Promotorenmodelle (Gemünden/Walter 1998), Innovationsmethoden und Kreativitätstechniken (Hauschildt 2004, Hauschildt/Salomo

2007, Herstatt/Verworn 2007), einzelne Instrumente des Wissens-, Human Resource-, Qualitäts- und Umweltmanagements (Laursen/Mahnke 2001, Hayton 2005), Leadership (Elenkov 2005) sowie Corporate Governance (Vitols 2005) untersucht. Dabei sind die Ergebnisse der Untersuchungen nicht konsistent.

- Einerseits kommen Studien zu dem Schluss, dass ein signifikanter und positiver Zusammenhang zwischen partizipativer Arbeitsgestaltung, z. B. durch Qualitätszirkel, Vorschlagswesen, Job Rotation und teilautonome Gruppenarbeit auf das betriebliche Wissensmanagement besteht (Laursen/Mahnke 2001). Dolan et al. (2005) finden in ihrer Untersuchung signifikant positive Produktionseffekte von flexiblen Arbeitszeitmodellen, betrieblichen Weiterbildungsprogrammen und leistungsorientierten Entlohnungssystemen.
- Andererseits sind die Auswirkungen von betrieblicher Mitbestimmung auf die Innovationstätigkeit des Unternehmens ebenfalls unterschiedlich. So kommen einige Untersuchungen zu dem Schluss, dass institutionalisierte betriebliche Mitbestimmung negative oder keine Auswirkungen auf die Einführung neuer Produkte besitzt (Jirjahn 1998, Addison et al. 2001, Domsch et al. 1995, FitzRoy/Kraft 1990, Doucouliagos/Laroche 2003). Dagegen weisen andere Untersuchungen darauf hin, dass die (nichtmaterielle) Mitarbeiterbeteiligung in Unternehmen einen positiven Einfluss auf die Anzahl der Produktinnovationen besitzt (Nielsen/Lundvall 2003, Dilger 2002).

Eine sinnvolle Unterscheidung bieten Blume und Gerstlberger (2007) an. Sie kommen bei der Untersuchung von Unternehmen des produzierenden Gewerbes in Nordhessen zu dem Schluss, das formale, gesetzlich geregelte betriebliche Mitbestimmung und die partizipative Arbeitsgestaltung auf die Produkt- und Prozessinnovation einen unterschiedlichen Einfluss vorweisen. Während die gesetzlich geregelte betriebliche Mitbestimmung keinen Einfluss auf Innovationen besitzt, ist die partizipative Arbeitsgestaltung fördernd für die Intensität für Produkt- und Prozessinnovationen. In wie fern die materielle Mitarbeiterbeteiligung einen Einfluss auf die Produkt- und Prozessinnovationen besitzt, wird allerdings offen gelassen.

Widerstands- und mitarbeiterorientiertes Intrapreneurship: Fragen, die man sich stellen sollte

Zur Überwindung von Hemmnissen und Widerständen muss die Implementierung eines Intrapreneurship ganzheitlich und dabei widerstands- und mitarbeiterorientiert erfolgen. Das bedeutet aus den Erkenntnissen der vorherigen Ausführungen heraus, die Intrapreneurship-Vision, die Ziele und Anreize für alle Interessengruppen transparent zu gestalten, alle Interessengruppen einzubinden (Round-Table-Prinzip), Mitarbeiter(kapital)beteiligungen anzubieten, eine umfassende betriebliche Mitbestimmung zu pflegen, den Intrapreneurship-Rahmen vertraglich/gesetzlich abzusichern und mögliche Widerstände zu antizipieren und ihnen entgegen zu treten.

Als erste Orientierung sind hier nun abschließend die zuvor aus der Literatur und den Expertengesprächen erarbeiteten Ziele, Tugenden und Maßnahmen zum Intrapreneurship sowie die Hemmnisse, Widerstände und die dahinter liegenden Gründe in einem Fragenkatalog übersetzt worden, der in der Praxis helfen soll, Intrapreneurship erfolgreich zu implementieren:

- Ist Ihre Unternehmenskultur eher traditionell oder modern geprägt?
- In welchem Unternehmensbereich ist unternehmerisches Denken für Ihr Unternehmen am wichtigsten? Welche Bedeutung hat dieser Bereich für das Unternehmen insgesamt?
- In welchem Maße wird die betriebliche Mitbestimmung im Unternehmen gepflegt?
- Ist Intrapreneurship bereits im Unternehmen realisiert?
- Gibt es Intrapreneurship-Leitlinien oder ein Umsetzungskonzept? Wenn ja, wie sehen diese aus?
- Welche Maßnahmen werden bereits umgesetzt? Sofern diese nur in einzelnen Abteilungen erfolgen, wo genau? Z. B. leistungsabhängige Vergütung, Mitarbeiterkapitalbeteiligung, an Intrapreneurship orientierte Personalentwicklung, gezielt geschaffene, offene und transparente Informationskultur, internes Vorschlagswesen, internes Venture Capital, Abbau von Hierarchien, Abbau von Bürokratie oder Erweiterung der Mitarbeiter-Kompetenzen/-Verantwortung?
- Wie werden diese Maßnahmen umgesetzt? Z. B. Mitarbeiterschulungen zu BWL, Unternehmertum etc., Mitarbeiterschulungen zu Soft Skills, Individualcoachings, Informationsgewinn und -austausch über Intranet, Intrapreneurship-Anpassung bestehender Zielvereinbarungen, Kommunikation der Ziele und Vision (z. B. Konferenz, Newsletter), regelmäßige Ist-/Soll-Analysen oder Round-Tables unter Beteiligung aller Interessengruppen)?
- Wurde den Mitarbeitern Intrapreneurship als Teil der Unternehmenskultur, als Vision und Ziel verständlich gemacht?

- Gibt es einen Zeitplan und Ziele für die (weitere) Intrapreneurship-Umsetzung? Wenn ja, wie sehen diese aus?
- Welche der Widerstände/Hemmnisse sind Ihnen bereits bekannt? Z. B. grundsätzlicher Widerstand gegen Veränderungen, mangelnde Unterstützung und Ermutigung zu Intrapreneurship, interne Machtkämpfe und mangelnde Kooperation, schlechte Kommunikation, Isolation einzelner Abteilungen, unklare(r) organisationale(r) Auftrag, Priorität, Ziele, Verbesserungen und das Eingehen von Risiken werden nicht belohnt, mangelnde Akzeptanz von Querdenkern, kein Fehleranalyse-System, geringe Wahrnehmung von Innovationen außerhalb des Kerngeschäfts, schwaches Change Management, Missverhältnis von materieller und immaterieller Anerkennung, bürokratische Wartezeiten, unklare Karriereentwicklung in Abhängigkeit von Intrapreneurship, mangelnde Unterstützung durch direkten Vorgesetzten, unzureichendes System zu Förderung und Management von Ideen oder mangelnde Möglichkeiten, Ideen auszuprobieren?
- Welche Gründe können hinter diesen stecken? Z. B. geringe Motivation, Verantwortung zu übernehmen, Angst vor Kompetenz-/Machtverlust, fehlendes Vertrauen in die Umsetzung und den Nutzen des Konzeptes, Unverständnis für das Konzept Intrapreneurship, kein Vertrauen in die Unternehmensleitung, Angst vor mehr Arbeit und Verantwortung, mangelnde Lernbereitschaft („Lernen aus Fehlern"), Angst vor einem Machtverlust als Arbeitnehmervertreter, Angst vor steigendem peer-to-peer-pressure, Angst vor einem Performance-Einbruch oder eine prinzipiell risikoaverse Einstellung?

Diese Fragen sind geeignet, sich ein Bild über den Stand, die Pläne und Gefahren für die Umsetzung eines Intrapreneurships im Unternehmen zu machen. Auf die Antworten aufbauend sind ggf. neue Ziele, Stakeholdergruppen, Tugenden und Maßnahmen für das betriebliche Intrapreneurship zu identifiziert bzw. die zuvor genannten Maßnahmen darauf anzuwenden.

IV.4 Literatur zum Kapitel Intrapreneurship

- Aktan, B., Bulut, C. (2008): Financial Performance Impacts of Corporate Entrepreneurship in Emerging Markets: A Case of Turkey. In: European Journal of Economics, Finance and Administrative Sciences, Issue 12 (2008), S. 69-79.

- Anderson, N.R., West, M.A. (1998): Measuring Climate for Work Group Innovation: Development and Validation of the Team Climate Inventory. In: Journal of Organizational Behavior, Vol. 19, S. 235-258.
- Arnold, H. M., Linke, D., Rohrbeck, R. (2006): Corporate Entrepreneurship – Diskussion verschiedener Konzepte zur Förderung von Unternehmertum in Multinationalen Unternehmen. Präsentation beim FGF G-Forum Jahreskonferenz 2006, 10. November 2006.
- Bain, P.G., Mann, L., Pirola-Merlo, A: (2001): The Innovation Imperative: The Relationships between Team Climate, Innovation, and Performance in Research and Development Teams. In: Small Group Research, Vol. 32, S. 55-73.
- Blume, L., Gerstlberger, W. (2007): Determinanten betrieblicher Innovation: Partizipation von Beschäftigten als vernachlässigter Einflussfaktor, in: Industrielle Beziehungen, Vol. 14, Nr.3, S. 223-244.
- Bowman, E. H., Singh, H. (1993): "Corporate restructuring: reconfiguring the firm", Strategic Management Journal, Vol. 14 Nr. 4, S. 5-14.
- Budros, A. (1999): "A conceptual framework for why organizations downsize", Organization Science, Vol. 10, Nr. 1, S. 69-82.
- Carbery, R., Garavan, T. (2005): Organisational restructuring and downsizing: issues related to learning, training and employability of survivors, in: Journal of European Industrial Training, Vol. 29, Nr. 6, S. 488-508.
- Cho, H.-J., Pucik, V. (2005): Relationship between innovativeness, quality, growth, profitability, and market value. In: Strategic Management Journal, 26, S. 555-575.
- Damanpour, F., Evan, W. (1984): Organizational innovation and performance: the problem of "organizational lag". In: Administrative Science Quarterly 29 (3), S. 392-409.
- Deming, W. E. (1982): Out of the Crisis, Cambridge/MIT.
- Dilger, A. (2002): Ökonomik betrieblicher Mitbestimmung: Die wirtschaftlichen Folgen von Betriebsräten, München und Mering.
- Dolan, S. L., Mach, M., Olivera, V, S. (2005): HR Contribution to a Firm's Success Examined from a Configurational Perspective: An Empirical Study Based on the Spanish CRANET Data. In: Management Revue, Vol. 16, S. 272-290.

- Domsch, M. E., Ladwig, D. H., Siemers, S. H. A. (1995): Innovation durch Partizipation: Eine Erfolg versprechende Strategie für den Mittelstand, Stuttgart.
- Doucouliagos, C., Laroche, P. (2003): What Do Unions Do to Productivity? A Meta-Analysis. In: Industrial Relations, Vol. 42, S. 650-691.
- Draeger-Ernst, A. (2003): Vitalisierendes Intrapreneurship - Gestaltungskonzept und Fallstudie, Mering.
- Eesley, Dale T., Longenecker, C. D. (2006): Gateways to intrapreneurship. In: Industrial Management, January/February 2006, S. 18-23.
- Elenkov, D, S. (2005): Top Management Leadership and Influence on Innovation: The Role of Sociocultural Context. In: Journal of Management, Vol. 31, S. 381-402.
- FitzRoy, F.R., Kraft, K. (1990): Innovations, Rent-Sharing and the Organization of Labour in the Federal Republic of Germany. In: Small Business Economics, Vol. 2, S. 95-103.
- Franke, N. (2004): Intrapreneurship – Konzept und historischer Bezug. In: Hernsteiner Fachzeitschrift für Managemententwicklung 1/2004 – Intrapreneurship. Wien: Hernstein International Management Institute der Wirtschaftskammer Wien, S. 4-7.
- Gemünden, H. G., Walter, A. (1995): Der Beziehungspromotor — Schlüsselperson für interorganisationale Innovationsprozesse. In: Zeitschrift für Betriebswirtschaft, Nr.65, S. 971-986.
- Gowing, M., Kraft, J., Quick, J. (1998): The New Organizational Reality: Downsizing, Restructuring and Revitalization, American Psychological Association, Washington, DC.
- Greifenstein, R., Weber, H. (2009): Zukunftsfeste betriebliche Mitbestimmung – Eine Herausforderung für Wirtschaft, Gewerkschaften und Politik, WISO direkt, September 2009, Bonn.
- Harper, S. C., Glew, D. J., Rowe, J. D. (2008): Corpreneurship: creating your future. In: Industrial Management, Sep/Oct 2008, S. 12-17.
- Hauschildt, J. (2004): Innovationsmanagement. 3. Auflage, München.
- Hauschildt, J., Salomo, S. (2007): Innovationsmanagement. 4. Auflage, München.
- Hayton, J. C. (2005): Promoting Corporate Entrepreneurship through Human Resource Management Practices: A Review of Empirical Research. In: Human Resource Management Review Vol. 50, S. 21-41.

- Herstatt, C., Verworn, B. (Hg.) (2007): Management der frühen Innovationsphasen. 2. Auflage, Wiesbaden.
- Herzberg, F. (1959): The Motivation to Work, New York.
- Heugens, P. M., Schenk, H. (2004): "Rethinking corporate restructuring", Journal of Public Affairs, Vol. 4 Nr. 1, S. 87-101.
- Hill, M. (2003): The Development of an instrument to measure intrapreneurship: entrepreneurship within a corporate setting. MA Thesis, Rhodes University.
- Holtorf, V., Leker, J. (2009): Mehr Unternehmertum durch Struktur? Corporate Entrepreneurship im Front End des Innovationsprozesses. In: zfo Zeitschrift für Organisation 01/2009 (78. Jg.), S. 54-61.
- Institut für Arbeitsmarkt und Berufsforschung (IAB) der Bundesanstalt für Arbeit (2001): Mitarbeiterbeteiligung: Ein Weg zu höherer Produktivität, Kassel.
- Ireland, R. D., Hitt, M. A., Camp, S. M., Sexton, D. L. (2001): Integrating entrepreneurship and strategic management actions to create firm wealth. In: Academy of Management Executive 2001, Vol. 15, No. 1, S. 49-63.
- Jarna, H,/Kaisu, K. (2009): How about measuring intrapreneurship?, online: http://labsel.pesarosviluppo.it/Modules/ContentManagement/Uploaded/CMItemAttachments/How%20about%20measuring%20intrapreneurship.pdf (Zugriff am 15.11.2009).
- Jirjahn, U. (1998): Effizienzwirkungen von Erfolgsbeteiligung und Partizipation: Eine mikroökonomische Analyse. Frankfurt a. M. und New York.
- Johansen, R., Swigart, R. (1994): Upsizing the Individual in the Downsized Organization, Addison-Wesley, Reading, MA.
- Kanter, R. M. (1990): When giants learn to dance, New York.
- Kay, R. (2007): Materielle Mitarbeiterbeteiligung: Das Für und Wider verschiedener Beteiligungsformen, Impulsreferat auf der Veranstaltung „Mittelstandsförderung durch materielle Mitarbeiterbeteiligung?" der Friedrich-Ebert-Stiftung und der Investitions- und Strukturbank Rheinland-Pfalz in Kaiserslautern am 14.06.2007.
- Kleinschmit, E., Cooper R. (1991): The impact of product innovativeness on performance. In: Journal of Product Innovation Management 8 (4), S. 240-251.

- Kuratko, D., Ireland, R., Hornsby, J, S. (2001): Improving firm performance through entrepreneurial actions: Acordia's corporate entrepreneurship strategy. In: Academy of Management Executive, Vol. 15, No. 4.
- Laursen, K., Mahnke, V. (2001): Knowledge Strategies, Firm Types, and Complementary in Human-Resource Practices. In: Journal of Management and Governance, Vol. 5, S. 1-27.
- Manimala, M., Jose, P., Thomas, K. (2006): Organizational constraints on innovation and intrapreneurship: insights from public sector. In: VIKALPA, Vol. 31, No. 1, January – March 2006.
- McGinnis, M. A., Verney, T. P. (1987): Innovation Management and Intrapreneurship. In: SAM Advanced Management Journal, Summer 1987.
- Meyer, J.-A. (2009): Mitarbeiterbeteiligung in KMU – State of the Art, Meinungen und Bewertung, Lohmar.
- Meyer, J.-A. (2011): Intrapreneurship in großen Unternehmen – Eine Überprüfung des Standes unternehmerischen Denken und Handels in KMU, Forschungsprojektbericht Deutsches Institut für kleine und mittlere Unternehmen, Schriftenreihe 9/2011, Berlin.
- Meyer, J.-A., Tirpitz, A. (2009): Intrapreneurship in großen Unternehmen: Unternehmerisches Handeln und Denken innerhalb des Unternehmens, unveröffentlichter Projektbericht, Deutsches Institut für kleine und mittlere Unternehmen, Berlin.
- Michalski, T. (2002): Corporate Entrepreneurship – Innovationen bei global tätigen Industrieunternehmen unter hyperkompetitiven Wettbewerbsbedingungen. In: GMIP – Contributions to Management No. 04/2002, Potsdam.
- Morris, R. (2007): Lessons of corporate entrepreneurship for motivating public sector employees. In: 4th AGSE International Entrepreneurship Research Exchange 2007, 6 - 9 February, Brisbane, Australia.
- Naisbitt, J., Aburdene, P. (1986): Re-inventing the corporation, New York.
- Nielsen, P., Lundvall, B. A. (2003): Innovation, Learning Organizations and Industrial Relations. DRUID Working Paper Nr. 03-07. Aalborg.
- PC Welt (2007): Die Herren des Post-it. Online: http://www.pcwelt.de/it-profi/business-ticker/97947/die_herren_des_post_it/ (Zugriff am 14.09. 2009).

- Phan, P. H., Wright, M., Ucbasaran, D., Tan, W.-L. (2009): Corporate entrepreneurship: current research and future directions. In: Journal of Business Venturing 24 (2009), S. 197-205.
- Philippi, F. (2003): Corporate Entrepreneurship – eine strategische Betrachtung,Nürnberg.
- Pinchot & Company (o. J.): www.intrapreneur.com – The official website by those who coined the term.
- Pinchot, G. (1985): Intrapreneuring – Why you don#t have to leave the corporation to become an entrepreneur, New York.
- Pinchot, G. (1987): Innovation through Intrapreneuring. In: Research Management, March – April 1987, Volume XXX No. 2.
- Pinchot, G. (1988): Intrapreneuring. Mitarbeiter als Unternehmer, Wiesbaden.
- Prechel, H. (1994): "Economic crises and the centralisation of control over the management process: corporate restructuring and neo-Fordist decision making", American Sociological Review, Vol. 59 Nr. 5, S. 723-45.
- Priewe, J. (2007): Vom Arbeitnehmer zum Mitunternehmer? Überschätzte Wirkungen von Kapital- und Gewinnbeteiligungen, in: WSI Mitteilungen, Nr. 12, S. 678-684.
- Rep, I. (2004): Intrapreneurship – Persönlichkeitsmerkmale und andere erfolgskritische Voraussetzungen. In: Hernsteiner Fachzeitschrift für Managemententwicklung 1/2004 – Intrapreneurship, Hernstein International Management Institute der Wirtschaftskammer, Wien, S. 13-19.
- Schnabel, C. (2004): Mitarbeiterbeteiligung – ein Weg zu höherer Produktivität und Flexibilität. In: Sozialer Fortschritt, 53. Jg., Nr. 4, S. 81-87.
- Schonhardt, M. (2004): Strukturelle und kulturelle Voraussetzungen für die erfolgreiche Implementierung von Intrapreneurship. In: Hernsteiner Fachzeitschrift für Managemententwicklung 1/2004 – Intrapreneurship, Hernstein International Management Institute der Wirtschaftskammer, Wien, S. 8-12.
- Schonhardt, M. (2006): Intrapreneurship – Ein Überblick zum Unternehmer im Unternehmen. Vortrag vom 03.04.2006, Hamburg.
- Small Business Notes (2009) History of Intrapreneurship. Online: http://www.smallbusinessnotes.com/choosing/intrapreneurship/inthistory.html (Zugriff am 03.08.2009).

- Subramanian, A., Nilakanta, S. (1996): Organizational innovativeness: exploring the relationship between organizational determinants of innovation, types of innovation, and measures of organizational performance. In: Omega 24 (6), S. 631 – 647.
- Vitols, S. (2005): Strategien für Gewerkschaften in einem Europäischen System der Corporate Governance, Berlin.
- Vroom, V. H. (1964): Work and Motivation, New York.
- Yin, R. K. (1989): Case study research: Design and methods, Newbury Park.
- Yin, R. K. (1994): Case study research: Design and methods (2nd ed.), London.
- Zahra, S., Jennings, D., Kuratko, D. (1999a): The Antecedents and Consequences of Firm-Level Entrepreneurship. The State of the Field. In: Entrepreneurship Theory and Practice, Winter, S.45-65.
- Zahra, S., Nielesen, A., Bogner, W. (1999b): Corporate Entrepreneurship, Knowledge, and Competence Development. In: Entrepreneurship Theory and Practice, Frühling, S.169-189.
- Zahra, S. (1991): Predictors and financial outcomes of corporate entrepreneurship: An exploratory study. In: Journal of Business Venturing 6, S. 259-285.

V Transparenzmanagement – Konzept und Anwendung in kleinen und mittleren Unternehmen

V.1 Zur Bedeutung von Transparenz in Wirtschaft und Gesellschaft

Die zunehmende gesellschaftliche Diskussion über „Transparenz" in den letzten Jahren hat dazu geführt, dass sich ein Trend zu mehr Transparenz oder zumindest ein verstärktes Transparenzbewusstsein auch in der Wirtschaft, in der Politik, aber auch auf der privat-individuellen Ebene beobachten lässt. Dieses Transparenzbewusstsein wird zum einen durch die moderne Internet- und Kommunikationstechnologie gefördert. Denn der leichtere und schnellere Zugang zu Informationen schafft Transparenz. Zum anderen werden Forderungen nach aktiver Transparenz nicht nur z. B. in der Politik sondern auch in der Wirtschaft laut. In Presseberichten und öffentliche Diskussionen zur Informationspolitik von Google und Facebook, zur Deutschen Bahn, zu den Krankendaten der Mitarbeiter bei Lidl, zu den Bedingungen der Bekleidungsherstellung für Kik, zu den Nebenverdiensten von Abgeordneten oder zu den Verträge des Landes Berlin zum Flughafen Tempelhof wird die Transparenzfrage immer wieder gestellt.

Die Europäische Union reagierte 2005 mit Maßnahmen für eine transparente Europäische Regierung und Verwaltung, kodifiziert in der „Europäische Transparenzinitiative" der Europäischen Gemeinschaft (2006). Dazu zählen u. a. Vorschriften für den Zugang zu Dokumenten, die Einrichtung einer Datenbank mit Informationen über Gremien und Ausschüsse, die die Kommission beraten, eine breite Befragung der relevanten Interessengruppen vor Erstellung von Legislativvorschlägen sowie ein Kodex für gute Verwaltungspraxis. Dieser Entwicklung zu mehr Transparenz werden sich auch die Unternehmen stellen müssen, da diese auch von immer mehr Interessengruppen gefordert wird (vgl. Klenk 2009d): Waren noch vor ein bis zwei Jahrzehnten noch primär die Medien (Deephouse 2000) und der Gesetzgeber (van Riel 2000) die faktischen und formalen Kontroll- und Regulierungsinstanzen für Unternehmen, so finden sich heute weitere Interessengruppen, die Unternehmen beobachten: Kunden/Verbraucher, Lieferanten, Mitarbeiter, Gewerkschaften, Nicht-Regierungsorganisationen (NGOs), Investoren, Kreditgeber, Analysten, Ratingagenturen, (Sozial-)Behörden und Geschäftspartner.

Die Interessengruppen fordern zunehmend Transparenz und Rechenschaft über umweltschonendes, sozialverträgliches und gesellschaftlich verantwortliches Handeln. Es mündet in der extremen Forderung des „Glashaus-Axioms" (von Klenk 2004), in dem jedes unternehmerische Handeln öffentlich werden soll (dazu u. a. auch Tapscott/Ticoll 2003, Klenk/Hanke 2009, Kaack 2009): Wer dem Glashaus-Axiom nicht Rechnung trägt, muss mit negativen Folgen für sein Image, seine Reputation und Vertrauenswürdigkeit rechnen (Klenk 2009d).

Vor diesem Hintergrund erscheint es für Unternehmen notwendig, sich umfassend mit Transparenz auseinanderzusetzen und diese auch systematisch bzw. konzeptionell zu steuern. Es bedarf eines Managements von Transparenz, das den Unternehmen vorausschauend und nachhaltig die folgenden Fragen beantwortet und zu Vorgaben führt: Wo im Unternehmen stellen sich Entscheidungen über das richtige Maß an Transparenz? Wie wirkt sich ein Mehr oder Weniger an Transparenz (wo und bei wem) aus? Was ist das situationsbedingt „optimale" Maß an Transparenz und wie kann dieses instrumentell umgesetzt, erreicht und überprüft werden? Doch obwohl sich 66% der deutschen Unternehmen davon überzeugt zeigen, dass die aktuelle Diskussion über Transparenz zu nachhaltigen Veränderungen in den Unternehmen führen wird (Studie der BDO 2008), erscheinen gerade kleine und mittlere Unternehmen nicht darauf vorbereitet, das richtige Maß der Transparenz gegenüber den vielfältigen Interessengruppen zu finden oder sogar vorausschauend und strategisch zu planen. Ein Grund hierfür mag sein, dass bislang kein theoretisches Konzept für Transparenzmanagement existiert.

Ein solches wird daher im Folgenden vorgestellt. Der Entwurf geht auf ein Projekt des deutschen Instituts für kleine und mittlere Unternehmen aus den Jahren 2010/11 zurück. Ausgehend von der literatur- und fallbasierten Analyse des Phänomens und Inhalts der Transparenz im Unternehmenskontext wurden Anlässe und Problemstellung des Managements von Transparenz identifiziert, systematisiert und Lösungen in einem Konzept theoretisch entworfen. Dies wurde sodann bei Experten und Unternehmen empirisch auf Umsetzbarkeit und Angemessenheit in der Praxis geprüft, um in einem endgültigen – somit exploratorisch gewonnenen – Vorschlag für ein Transparenzmanagement aufbereitet zu werden.

V.2 Der Transparenzbegriff und seine Bedeutung in Unternehmen

Vor einem Entwurf eines Transparenzmanagements soll hier der Frage nachgegangen werden, welches Verständnis in der Literatur zu den Begriffen Transparenz und Transparenzmanagement zu finden ist und in welchem Maße sich diese mit dem zuvor implizit dargelegten Verständnis decken sowie welche Konsequenzen der Inhalt von Transparenz und sein Phänomen im Unternehmenskontext für dessen Management besitzt.

Das Grundverständnis von Transparenz

Der Begriff „Transparenz" leitet sich vom lateinischen Wort *transparens* „durchscheinend" oder „durchsichtig" ab, wobei *trans* „(hin)durch", *parere* „sich zeigen" bedeutet. Transparenz kann demnach als *Durchschaubarkeit* verstanden werden (Duden 2012). Für die vorliegenden Überlegungen allerdings erscheint nicht das Verständnis als physische Durchschaubarkeit hilfreich, sondern vielmehr informationelle Transparenz. Dazu finden sich in der (zumeist englischsprachigen) wirtschafts- und rechtswissenschaftlichen Literatur einige, recht unterschiedliche Definitionen von Transparenz (u. a. IWF Bericht der Arbeitsgruppe für Transparenz & Verantwortung 1998, Rekosh 1995, Mock 1999, S. 1082, Rawlins 2009). Allen diesen Definitionen ist dabei die Information als Objekt der Transparenz gemein, sowie die damit verbundene Frage nach den Informationen, die den Interessengruppen zur Verfügung gestellt werden.

Weitere Autoren versuchen, den Begriff „Transparenz" darüber hinaus anhand von einigen Charakteristika zu beschreiben: Balkin (1999) identifiziert drei Kategorien von Transparenz, informationelle (Verfügbarkeit und Zugänglichkeit von Informationen), partizipatorische (Interessengruppen inner- und außerhalb des Unternehmens werden bei der Identifikation von Informationen, die sie für ihre Entscheidungen benötigen, mit einbezogen) und Verantwortlichkeitstransparenz (Handlungen und Entscheidungen einer Organisation sind durchschaubar – Interessengruppen außerhalb der Organisation können diese Handlungen und Entscheidungen wahrnehmen und bewerten: Die Organisation kann damit jederzeit für ihre Handlungen und Entscheidungen zur Rechenschaft gezogen werden.).

Auf Balkin (1999) aufbauend definiert Rawlins (2009) Transparenz anhand vier Eigenschaften: Zugänglichkeit von Informationen (die wahrhaft, substanziell und nützlich sind), Partizipation der Stakeholder, Verantwortlichkeit bzw. Rechenschaftspflicht der Organisation, Offenheit der Organisation gegenüber Stakeholdern. Bei Brodbeck (2004) erhält „Transparenz" zweierlei Bedeutung: Zugänglichkeit von Informationen sowie Nachvollziehbarkeit von Verhaltensweisen bzw. Handlungen, wobei Transparenz einen moralischen, ethisch zu beschreibenden Inhalt erhält. Cummings/Schaffer (2006) verfeinern diese Sicht auf Transparenz durch die Unterscheidung in interne Transparenz (einer Einheit) vs. externe Transparenz (gegenüber externen Interessengruppen) und technische Transparenz vs. ethischer Transparenz im Handeln.

Transparenz wird in der o. g. Literatur zudem mit den Begriffen Vertrauen, Glaubwürdigkeit, Reputation oder Berechenbarkeit verknüpft – im Positiven wie im Negativen. Denn Transparenz darf nicht nur positiv – einem erstrebenswertem Wert gleich – angesehen werden, ein Mehr an Transparenz stiftet – abhängig auch von der Interessengruppe – nicht zwangsläufig (größeren) Nutzen. Diskretion und Vertraulichkeit – die begrifflichen Antipoden der Transparenz – anzustreben, kann nicht nur rechtlich verpflichtend sondern – je nach Kontext und Zielsetzung des Informierenden – auch moralisch oder rhetorisch sinnvoll sein.

Transparenz beschreibt also die Zugänglichkeit von Informationen über einen Sachverhalt für ausgewählte Interessengruppen. Transparenz lässt sich so auf das Maß der Weitergabe von Informationen an Interessengruppen beschreiben. Damit wird deutlich, dass Transparenz keine dichotome Größe ist, es ist vielmehr ein Kontinuum: Ein Sachverhalt ist nicht einfach transparent oder nicht, sondern mehr oder weniger transparent.

Das Maß der Transparenz als Zielgröße

Mit mehr Transparenz wird mitunter bei den Interessengruppen Vertrauen, Glaubwürdigkeit etc. geschaffen, gleichwohl kann dieses Mehr aber auch Interessen und Vorgaben der Diskretion zuwiderlaufen. Es wäre also falsch, alleinig maximale Transparenz anzustreben. Vielmehr verlangen die beteiligten Personen und Institutionen einen Ausgleich und den Schutz ihrer Interessen in der Transparenz des Sachverhaltes.

Dies kann allerdings zu Zielkonflikten führen: Ein Beispiel ist das Informationsinteresse der Öffentlichkeit an privaten Details von Prominenten und deren legitimem Anspruch auf Privatsphäre. Ebenso kann eine Steigerung der Transparenz zum Schaden von Unternehmen und Kunden sein, z. B.

wenn Umsatzdetails oder Kundendaten offen gelegt werden. Z. B. wollen Kunden von Erotikartikeln oder Medikamenten nicht als solche bekannt werden.

Es muss also das richtige, ideale Maß an Transparenz gefunden werden, dass in einem Spektrum zwischen vollständiger Offenheit und vorständiger Diskretion liegen kann. Für die Bemessung des richtigen Maßes an Transparenz sind die grundlegenden Wertvorstellungen zu Diskretion und Vertraulichkeit sowie grundlegende Vorgaben und Prämissen der Entscheider über die Transparenz bestimmend, die sich aus den Werten derer ableiten. Weiter begrenzen technische Bedingungen das anzustrebende Maß an Transparenz wie auch gesetzliche Vorgaben und generelle moralische Pflichten zur Offenlegung oder zum Schutz der betroffenen Personen einen Rahmen geben (z. B. Opferschutz, Intimsphäre, informationelle Selbstbestimmung, hierzu u. a. Cummings/Schaffer 2006).

Das richtige Maß an Transparenz kann also nicht willkürlich gewählt werden, sondern entsteht aus der Abwägung der Konsequenzen vermehrter Transparenz für die vom Sachverhalt betroffenen Personen, für die Interessengruppen und für die Vermittler der Informationen. Es gibt also auch nicht ein Globalmaß der Transparenz für jegliche Situationen, sondern es muss je Sachverhalt, Interessengruppe(n) und Vorschriften und Pflichten individuell gefunden werden. Transparenz und dessen Maß wird so zur Zielgröße des einzelfallbezogenen Handelns von Personen und Institutionen.

Transparenz in Unternehmen

Weitere Autoren (z. B. Klenk/Hanke 2009, Hofmann 2007) übertragen das o. g. Verständnis von Transparenz auf den unternehmerischren Kontext: Transparenz herrscht in einem Unternehmen, wenn Strukturen und Prozesse subjektiv klar durchschaubar und nachvollziehbar sind, zum einen als (statischer) Zustand und Ausdruck der überdauernden Unternehmenskultur) und als (dynamischer) Prozess der Transparentmachung durch Informationsaufbereitung und -vermittlung. Transparenz wird dabei eine aktive Verhaltenskomponente („Transparentmachung“ – Art und Umfang der Offenlegung von Informationen) und eine passive Verhaltenskomponente („Transparenzerleben“ – Wahrnehmung und Bewertung der unternehmensinternen Transparenz) zugedacht, ebenso wie eine Koordinations- als auch eine Motivationsaufgabe: Indem Informationen gezielt offen gelegt oder zurückgehalten werden, können Mitarbeiter und andere Interessengruppen motiviert und gesteuert werden.

Mit dem Blick auf den unternehmerischen Kontext werden die Felder deutlich, in denen Transparenz im Unternehmen zu bemessen und auch umzusetzen ist: Diese reichen von der Ausgestaltung von Corporate Governance Richtlinien und – beispielhaft zusammengetragen – im Strategischen Management, Personalmanagement (z. B. Managementvergütung, Incentives, Mitarbeiterbewertung, Wissensmanagement), im Finanzmanagement (z. B. bei Finanzierungs- und Beteiligungskonzepten und -strategien, Risikomanagement), im Produktmanagement (z. B. Strategien, Produktinformationen, -herkunft und -beschaffenheit, -materialien, Sicherheit, Testergebnisse) in der Produktionsplanung (z. B. Herkunft, Produktionsbedingungen und Energie- und Umweltbedingungen, Schutz und bei der Sicherheit von sensiblen technischer Daten), in der Preis- und Konditionenpolitik (z. B. versteckte Honorare/Vergütungen, Preis- und Rabattmodelle, Transparenz von Gebühren und Tarifen), in der Kommunikationspolitik (z. B. Werbeinhalte und -aussagen, Public Relations, Aufklärung, Verhalten ggü. Konkurrenten), im Rechnungs- und Steuerwesen sowie in jeglichen Rechts- und Vertragsangelegenheiten im und mit dem Unternehmen (siehe hierzu auch das Transparenzgebot des § 307, Absatz 1, Satz 2 BGB sowie §305c BGB zu AGBs).

V.3 Transparenzentscheidung und -management

Für diese Entscheidungsfelder stellt sich somit je individuellem Anlass die Frage, welche Informationen sollen wann und wem in welchem Umfang vermittelt werden? Damit werden auch die bestimmenden Variablen der Entscheidung über Transparenz – nicht nur – in Unternehmen vorgegeben:

- Der Transparenzsachverhalt: Der Sachverhalt, den die Interessengruppe(n) interessiert. Er wird durch Informationen repräsentiert, die „mehr oder weniger“ an die Interessengruppe(n) herauszugeben sind.
- Die Interessengruppen der Informationen.
- Der Kanal, über den die Informationen an die Interessengruppen gelangen (sollen).
- Der Entscheider über das Maß an Transparenz, dessen grundsätzliche Einstellung gegenüber Transparenz sowie die Ziele des Unternehmens, die Wirkung auf die Transparenzentscheidung besitzen.
- Restriktionen, die den Entscheidungsspielraum für den Entscheider eingrenzen (z. B. gesetzliche Pflichten, Werte/Normen).

- Instrumente, mit denen die Transparenz erzeugt wird (z. B. Pressemitteilung, Reports, mündliche Berichte, (elektronische) Zugangsfreigabe zu Daten).

Es ist offensichtlich, dass somit in Unternehmen eine große Zahl von Einzelentscheidungen entsteht. Zudem erscheint es nachvollziehbar, dass über Transparenz nicht nur dann im Unternehmen nachgedacht und entschieden wird, wenn der aktuelle Anlass hierfür vorliegt. Denn bereits der Anlass selbst kann negative Folgen für das Unternehmen nach sich ziehen: Z. B. wenn vertrauliche Informationen an die Öffentlichkeit oder Konkurrenten sowie Kunden- oder Patientendaten in falsche Hände gelangen oder wenn Kunden wissen wollen, ob z. B. Kinder in Zulieferländern die Produkte erstellen mussten. Der generelle Umgang mit Transparenz wie auch der Umgang in aktuellen, mitunter sogar nicht vorhersehbaren Einzelfällen muss also – vorausschauend – im Vorhinein und systematisch geplant werden. Es bedarf also eines Planungsprozesses und damit eines Managements von Transparenz.

Allerdings ist Transparenzmanagement als Managementkonzept bislang nicht wissenschaftlich verfolgt worden. Es existieren weder eigenständige Theorien hierzu noch ein Forschungsgebiet „Transparenzmanagement“. Transparenz wird in der Managementforschung nur am Rande erwähnt und implizit behandelt: Brady (2009) beschreibt „Transparency Management“ als Stakeholder-Management durch Kommunikation bzw. sorgfältige und genaue Projekt-Status-Berichterstattung gegenüber den jeweils relevanten Interessengruppen und engt die Sicht auf die Transparenz einzelner Projekte und das „Reporting“ ein. Klenk und Hanke (2009) sowie Klenk (2009a) sehen unternehmerische Transparenz und deren Management als „zeitgemäße strategische Option zur Konfliktreduktion und Steigerung des Unternehmenswertes“ sowie als adäquate proaktive Kommunikation, um möglichst frühzeitig wahre, relevante, verständliche und umfassende Informationen zu den strategischen Zielen und Kennzahlen, zu laufenden Vorgängen sowie zu Entscheidungen und Entscheidungsprozessen zur Verfügung zu stellen.

Sie stützen damit unsere Ansicht, dass Transparenzmanagement eine strategische, aber auch operative Komponente besitzt. Weiter betrachtete die Regierungskommission „Deutscher Corporate Governance Kodex“ „transparentes Management“, begrenzt es aber auf ein gutes Corporate Governance (vgl. 2009, S. 13f.) sowie transparente Finanzbuchhaltung, Mittelverwendung und umfassende interne und externe Kommunikation. Letzteres unterstreicht unsere Ansicht, dass Transparenzmanagement in der Literatur primär auf Kommunikation, enger sogar noch auf das Reporting verengt wird.

Unseres Erachtens jedoch muss Transparenzmanagement – wie bekannte andere Managementkonzepte auch – an einem zielgeführten Planungsprozess ausgestaltet werden, entlang dessen die Steuerung der Informationsflüsse im und um das Unternehmen strategisch zu planen und operativ umzusetzen ist. Dem haben Situationsanalysen und die Festlegung von Transparenzzielen und -strategien voranzugehen und müssen mit der Kontrolle der Umsetzung und Folgen der Transparenzentscheidungen bis hin zu einem Controlling dessen abgeschlossen werden. In diesem Sinne definieren wir hier: „Transparenzmanagement ist die strategische Planung und anlassbezogene, operative Festlegung eines Maßes an Transparenz eines Sachverhaltes gegenüber einer ausgewählten Interessengruppe und die Gestaltung von Instrumenten, die diese Transparenz erzeugen und kontrollieren."

Aufgaben im Transparenzmanagement – präventiv vs. reaktiv

Wir wollen ferner die aus der Literatur bekannten, von Planungsprozessen geprägten (strategischen) Managementkonzepte adaptieren (u. a. Steinmann/Schreyögg 2005, Ehrmann 2007, Camphausen 2007, Meyer 2007) und daraus folgende Aufgaben für das Transparenzmanagement ableiten:

I. Der Entscheider bzw. das Unternehmen muss vorab festlegen:

   Grundlegende Transparenzziele und -strategie: Welche grundsätzliche Einstellung besteht gegenüber Transparenz? Welche Unternehmensziele bestimmen bzw. verändern diese grundlegende Vorgabe? Möchte man eher ein verschwiegenes Unternehmen sein, das maximal Notwendige an Informationen herausgeben? Oder möchte man mit besonders großer Transparenz in allen denkbaren Situationen den Eindruck eines transparenten Unternehmens erzeugen („Gläsernes Unternehmen"). Letzteres bedeutet, freiwillig mehr Informationen herauszugeben, als minimal notwendig sind. Alternativ kann innerhalb eines „strategischen Korridors" auf Einzelfallentscheidungen verwiesen werden. Das Ergebnis ist eine grundlegende strategische Vorgabe für alle Transparenzentscheidungen im Unternehmen, hier als Transparenzstrategie bezeichnet.

   Identifizierung möglicher Anlässe: Es erscheint darüber hinaus sinnvoll, vorab typische Anlässe oder Gruppen von Anlässen sowie Aufgabenfelder und Prozesse im Unternehmen zu identifizieren (siehe Kapitel V.2), zu denen Transparenzentscheidungen wahrscheinlich und bestimmt auftreten können, so z. B. Personal/Personaldaten, F&E/Produkt- und Produktionsdetails, Strategien und Pläne des Unternehmens, Informationen aus dem BRW.

Vorgaben für den einzelnen Anlass: Weiter ist vorzugeben, wie im einzelnen Fall bzw. Anlass vorzugehen ist. Dies entspricht den noch folgend vorgestellten Aufgaben.

Die Erfüllung dieser Aufgaben zuvor mündet in einem unternehmensspezifischen Regelwerk. Damit wird präventiv Transparenzmanagement betrieben, da festgelegt wird, bei welchen bekannten Anlässen wie zu entscheiden und zu handeln ist und wie bei noch nicht bekannten Anlässen grundsätzlich vorzugehen ist.

II. Tritt ein Anlass ein, so sind je Anlass folgende Aufgaben zu erfüllen bzw. Schritte abzuarbeiten (die einzelnen Schritte dieses reaktiven Handelns werden später noch ausführlich erläutert):

Situationsanalyse: Jeder Anlass ist anhand von Kriterien zu analysieren (z. B. Art der Information, Interessengruppen).

Transparenzentscheidung je Interessengruppe: Die Entscheidung ist einfach formulierbar – anhand der Vorgabe, wie viele Informationen herausgegeben werden. Diese Vorgaben sollen anhand einer Matrix visualisiert werden, auf der je Interessengruppe das Maß der Transparenz festgelegt wird. Der visuellen Anmutung wegen wird später von einem „Schieber" gesprochen.

Umsetzung der Transparenzvorgabe: Hierzu muss festgelegt werden, wie die Transparenz des Sachverhaltes bei der jeweiligen Interessengruppe erreicht wird. Die Instrumente hierzu (z. B. Pressemitteilung, Reports, mündliche Berichte, (elektronische) Zugangsfreigabe zu Daten) werden hier in ihrer Summe als „Toolbox" bezeichnet.

Kontrolle des Erfolges der Transparenzentscheidung: Es wird später noch ausgeführt, wie dieser Erfolg zu bemessen ist.

Diese Schritte sind im strategischen Transparenzmanagement jeweils für die bereits bekannten Anlässe – präventiv – durchzuführen. Der erste Teil der obigen Aufgaben (s. o. Block I.) erfolgt einmalig oder zumindest wiederholt in großen zeitlichen Abständen. Er soll in seiner Summe hier – aufgrund seines strategischen, präventiven Charakters – als „Strategisches Transparenzmanagement" bezeichnet werden.

Die Aufgaben, die zu jedem einzelnen Anlass anfallen (s. o. Block II.), sollen hier als „Operatives Transparenzmanagement“ bezeichnet werden. Sie sind reaktiv, wenn auch das Vorgehen präventiv im strategischen Transparenzmanagement festgelegt ist. Zusammenfassend können bisherige, bewährte Planungsprozesse auf die Zielgröße Transparenz übertragen werden und führen zu einem ersten Entwurf eines Transparenzmanagements:

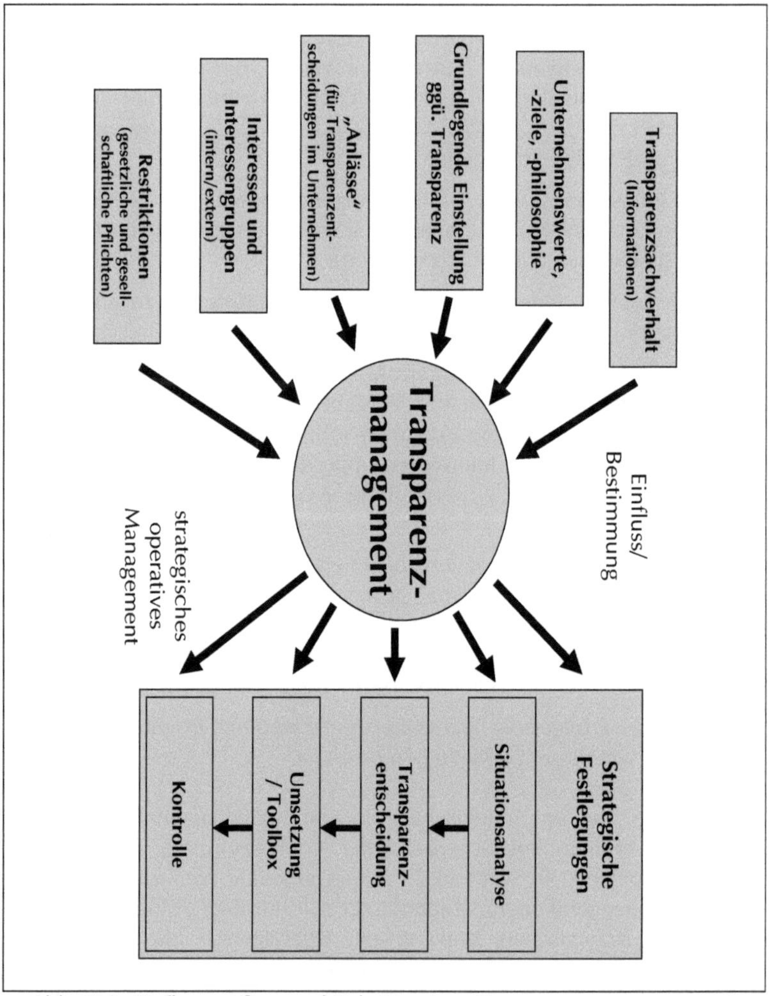

Abb. V.1: Einflussgrößen und Schritte eines Transparenzmanagements

V.4 Grundlegende Annahmen für ein Transparenzmanagement

Auf der Grundlage der obigen Überlegungen wurde im ersten theoretischen Teil (Entdeckungszusammengang) eines Projektes des Deutschen Instituts für kleine und mittlere Unternehmen in den Jahren 2010/11 ein Transparenzmanagement entworfen.

Dies wurde in empirischen Untersuchungen von März bis Juni 2010 Vertretern aus Praxis und der Wissenschaft zur Prüfung und explorativen Ergänzung vorgelegt (20 Experten- und 11 Unternehmerinterviews). Ziele der Untersuchungen waren primär die Gewinnung von Verbesserungsvorschlägen für das Transparenzmanagementkonzept (exploratorisches Ziel), begleitend dazu auch die Prüfung der entworfenen Elemente durch die Einschätzung der Praktiker (konfirmatorisches Ziel). Sowohl die Experten- als auch die Unternehmensinterviews wurden qualitativ-explorativ, persönlich und telefonisch durchgeführt. Beiden Befragungen lag je ein Leitfaden zugrunde. Den Interviewpartnern wurde der obige Vorschlag zum Transparenzmanagement vorgelegt und erläutert. Die Experten sollten diesen beurteilen und ggf. Ergänzungen oder Modifikationen vorschlagen. Die Unternehmen sollten darüber hinaus prüfen, ob es auf ihr Unternehmen anwendbar ist. Bereits im Unternehmen durchgeführte Elemente des Transparenzmanagements sollten zudem identifiziert und Anwendungen im Unternehmen benannt werden. Zur Illustration des Transparenzmanagements an einem Praxisbeispiel wurde ergänzend im Juni 2010 eine Fallstudie aus einem Unternehmen aufgenommen. Die Fallstudie verfolgte ein bereits in Teilen eingesetztes Transparenzmanagement bei der Einführung der Variobahn bei den Verkehrsbetrieben Potsdam (ViP). Sie sollte aufzeigen, welche Elemente der Planung und Umsetzung aus der Praxis sich im theoretischen Konzept wieder finden und mit welchem Ergebnis.

Jenseits einiger Detailverbesserungen fanden sich neue Erkenntnisse insbesondere zur Anwendbarkeit des Transparenzmanagements in der Praxis. So zeigte sich, dass gerade kleine Unternehmen den zu erwartenden Aufwand scheuen bzw. für unangemessen halten. Zudem wurde der formale Charakter des Transparenzmanagements abgelehnt. Dafür seien die Unternehmen zu klein, der Entscheidungsbedarf zu Transparenz zu gering und übersichtlich, Branchenstandards zu dominant und verfestigt. Transparenzmanagement wurde um so mehr als sinnvoll betrachtet, je größer…

- das Unternehmen (Mitarbeiter, Beteiligungen an Tochterunternehmen, Marktanteile) und die Komplexität des Gesamtunternehmens, der Produkte, der Herstellung und Technologien, der Vernetzung mit dem wirtschaftlichen wie gesellschaftlichen Umfeld,
- die Zahl der vertraulichen und gesellschaftsrelevanten Sachverhalte und Informationen,
- die Rolle des Unternehmens in der Gesellschaft (z. B. privatwirtschaftliche oder öffentliche bzw. öffentlich kontrollierte Institution, Dominanz des Unternehmens als Arbeitgeber in einer Region, öffentliche Aufmerksamkeit),
- die öffentliche und wirtschaftsöffentliche Diskussion über die Branche, das Unternehmen selbst oder einzelne Personen aus ihm und der Brisanz und Prominenz dieser Diskussion (z. B. in Fragen von Umweltschutz oder Kinderarbeit),
- die Veränderungen im und um das Unternehmen waren, die neuartige Anlässe für Transparenzentscheidungen erwarten lassen.

Die Experten und Unternehmen nannten zudem Phasen in der Unternehmensentwicklung, in denen ein Transparenzmanagement notwendig erscheint:

- Zäsuren in der Unternehmenshistorie (Gründung, Nachfolge, Internationalisierung, Produkteinführung etc.): Ein Management der Informationsflüsse ist für den Unternehmenserfolg in solchen Phasen besonders wichtig. Das hat auch die Fallstudie der ViP gezeigt.
- In Krisen (Unfälle, Insolvenz etc.): Um weiteren Schaden vom Unternehmen abzuwenden, sollte ein Transparenzmanagement erfolgen. So kann gesteuert werden, welche sensiblen Informationen kommuniziert und welche nicht kommuniziert werden. Die Beispiele Deutsche Telekom oder Lidl (vgl. Kap. 1) belegen das.

In kleinen Unternehmen hingegen erscheint Transparenzmanagement zu aufwändig, da die Informationsflüsse zu gering sind, um eigens ein Transparenzmanagement zu implementieren, ebenso in Unternehmen, in denen die wesentlichen Transparenzentscheidungen allein durch Standards in der Branche oder durch die Historie (es sind keine neuartigen Anlässe für Transparenzentscheidungen zu erwarten) vollständig vorgegeben sind.

Dies gilt auch für Unternehmen, die wenig komplexe, einfache und gut im Markt bekannte Technologien verwenden bzw. Produkte oder Leistungen anbieten. Sie besitzen nur wenige sensible oder kommunikationswürdige Informationen.

V.5 Transparenzmanagement – Konzept und Anwendung

V.5.1 Aufbau eines Transparenzmanagements

Das auf dem soeben beschriebenen Weg entwickelte Konzept wird im Folgenden in seinen Schritten vorgestellt. Aufgabe des Transparenzmanagements ist es, Transparenz im und um das Unternehmen dauerhaft vorzugeben, für jeglichen Anlass einer Transparenzentscheidung ein geeignetes Maß an Transparenz des Sachverhaltes ggü. den jeweiligen Interessengruppen festzulegen und die Instrumente zu bestimmen, um dieses Maß zu erreichen.

Diese Entscheidung erfolgt unter den Bedingungen des individuellen Transparenzsachverhalts, aus den Unternehmenszielen, insbesondere aus der grundlegenden Einstellung des Entscheiders gegenüber Transparenz und den daraus folgenden Transparenzzielen sowie den Besonderheiten der jeweiligen Zielgruppe (z. B. Machtposition oder Vertraulichkeit). Ziel ist es, dauerhaft für jeden denkbaren Anlass und Sachverhalt im Unternehmen und gegenüber jeder Interessengruppe das (im Sinne der Unternehmensziele) richtige Maß an Transparenz zu erzeugen.

Das Grundmodell des Transparenzmanagements wird in der folgenden Abbildung zusammengefasst. Es wird zwischen strategischem und operativem Transparenzmanagement unterschieden werden, wobei ersteres die langfristigen Vorgaben auch für bekannte/bestehende und zu erwartende Anlässe für Transparenzentscheidungen erbringt, letzteres den Planungsprozess für jeden einzelnen Anlass bzw. Fall einer Transparenzentscheidung umfasst (Abbildung V.2).

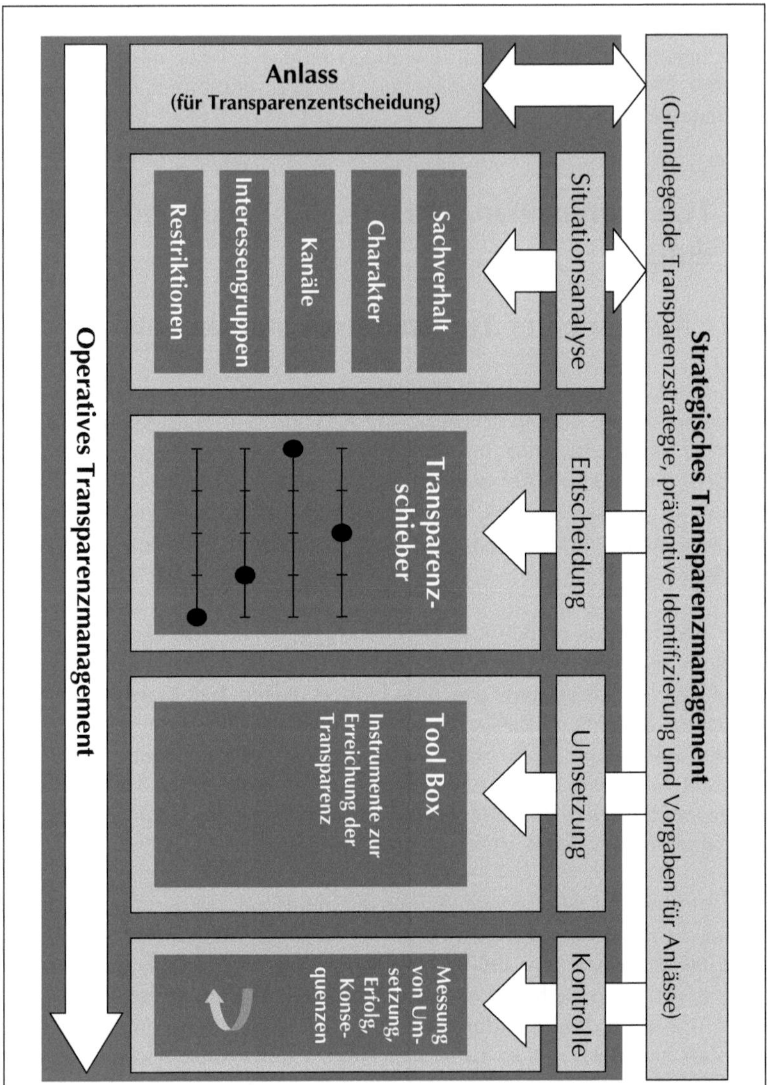

Abb. V.2: Planungsprozess des Transparenzmanagements

V.5.2 Schritt 1: Strategisches Transparenzmanagement

Aufgabe des strategischen Transparenzmanagements ist es, grundsätzliche Vorgaben für Transparenzentscheidungen je Anlass und Interessengruppe vorzugeben sowie für bekannte und kommende Anlässe bereits Transparenzentscheidungen zu entwickeln und für den Fall des Eintritts bereit zu halten. Dies schließt auch laufende Fälle, in denen eine Transparenzentscheidung zu treffen ist, ein. Strategisches Transparenzmanagement erfolgt zumindest einmalig oder wiederholt in großen zeitlichen Abständen. Hierzu sind zunächst die zwei Fragen zu beantworten:

Welche grundsätzliche Einstellung besteht im Unternehmen bzw. bei der Unternehmensleitung gegenüber Transparenz? Und welche Unternehmensziele bestimmen bzw. verändern diese grundlegende Vorgabe? Möchte das Unternehmen sich in jeglichen Fragen eher bedeckt halten und nur etwaigen Pflichten genügen oder ist es bereit, sich mit freiwilliger Transparenz ein generelles Image als transparentes Unternehmen zu geben („Gläsernes Unternehmen"). Letzteres bedeutet, freiwillig auch mehr Informationen herauszugeben als minimal notwendig. Alternativ kann auch jenseits eines „strategischen Korridors" auf Einzelfallentscheidungen verwiesen werden.

Weiter sind die möglichen Anlässe für Transparenzentscheidungen zu identifizieren: Bereits vorhandene sowie bekannte und im Unternehmen sicher oder wahrscheinlich in Zukunft auftretende Anlässe sind zu identifizieren. Für diese sind – präventiv – Vorgaben für die Transparenz zu dem jeweiligen Sachverhalt aufzustellen und auch zu den Instrumenten, um die angestrebte Transparenz zu erreichen.

Typische Anlässe finden sich in nahezu jedem Unternehmen, z. B. im Umfeld der Personalverwaltung, der Personaldaten, in der Forschung und Entwicklung, z. B. zu Produkt- und Produktionsdetails, in der strategischen Planung und bei Vorhaben des Unternehmens, bei Informationen aus dem Rechnungswesen, sei es zu Erfolgs- und Kosteninformationen, steuerlichen Informationen, Basel II-Bewertungen etc., zum Umwelt- und Sozialverhalten des Unternehmens und im Zusammenhang mit jeglichen Verträgen und Abkommen, die das Unternehmen mit Dritten schließt.

Für die oben identifizierten Anlässe ist der operative Planungsprozess (siehe unten) durchzuführen: Transparenzentscheidung und Wahl des Instrumentes. Damit wird präventiv Transparenzmanagement betrieben, da festgelegt wird, bei welchen bekannten Anlässen wie zu entscheiden und zu handeln ist und wie bei noch nicht bekannten Anlässen grundsätzlich vorgegangen werden sollte.

Es erscheint zudem sinnvoll, das strategische Transparenzmanagement (Erarbeitung der Transparenzstrategie) in einem Auditing durchzuführen, ggf. mit externer Beratung. Es erscheint ferner sinnvoll, das Auditing zu wiederholen: Entweder dann, wenn im Unternehmen neue Anlässe erkennbar sind (z. B. nach einer Internationalisierung, M&A oder Kooperation mit anderen Unternehmen) oder anlassunabhängig in zeitlich festen Zeitzyklen.

Das strategische Transparenzmanagement mündet in einem dauerhaften unternehmensspezifischen Regelwerk zur Transparenz. Hierin ist das grundlegende Maß der Transparenz festzulegen, wer im (und außerhalb vom) Unternehmen welche Informationen aus und über das Regelwerk erhält. Dies kann z. B. als dauerhafte Transparenzrichtlinien für die Mitarbeiter und Geschäftspartner, auch als Teil eines Corporate Governance Kodex oder als „transparenzstrategische Kommunikationsarbeit“ formuliert werden (Die Unternehmenskommunikation kann abhängig von den Transparenzzielen grundsätzlich offener oder restriktiver mit Unternehmensinformationen umgehen).

V.5.3 Schritt 2: Operatives Transparenzmanagement

Aufgabe des operativen Transparenzmanagements ist es, anlassspezifische Vorgaben für die Transparenzentscheidungen zu entwickeln. Festzulegen sind das Maß der Transparenz ggü. jeder der im Einzelfall relevanten Interessengruppen und die Wahl der Instrumente, um die angestrebte Transparenz zu erreichen. Je Anlass sind dazu die den klassischen Planungsprozessen entlehnten Schritte durchzuführen: Situationsanalyse, Transparenzentscheidung, Umsetzung und Kontrolle.
Situationsanalyse

Es ist die Analyse des Sachverhaltes und der Situation, zu dem die Transparenzentscheidung. Für eine systematische Beschreibung schlagen wir folgende fünf Kriterien vor (dazu auch zusammenfassend Tabelle V.1):

Kriterium	Analyse-Frage	Beispiel
Sachverhalt	Was ist die Information, die ein Transparenzmanagement benötigt?	Personaldaten, Jahresabschluss, Kundenlisten etc.
Charakter	Welchen Charakter weist diese Information auf? Ist sie in nicht dokumentierter (mündlich) oder dokumentierter (Papierform/ elektronisch) Form vorhanden? Ist sie nur elektronisch oder nur in Papierform vorhanden?	Akte, Insiderwissen, CD-ROM etc.
Kanäle	Welche Informationskanäle gilt es zu regulieren?	intern-intern, intern-extern, ggf. extern-extern
Interessen-gruppen	Welche Interessen besitzen welche Interessengruppen? Wie sind diese zu bewerten? Welche Konflikt- und/oder Gefahrenpotentiale ergeben sich aus diesen?	Intern: Management, Mitarbeiter, Betriebsrat, Extern: Partner, Fiskus, Medien etc.
Restriktionen	Welche Pflichten und Grenzen der Transparenz bestehen?	Gesetze, Compliance-Richtlinien, Branchenkodex etc.

Tab. V.1: Kriterien des Analyse-Rasters (Situationsanalyse)

- *(Transparenz)Sachverhalt*: Unter Sachverhalt sind die Informationen zum Sachverhalt zu verstehen, zu dem sich die Transparenzfrage stellt. Bei diesen Informationen handelt es sich z. B. um Personaldaten, Bilanzdaten, Unternehmensstrategie, Kundenlisten.
- *Charakter* der Informationen: Das Kriterium stellt hier auf die Form der Informationsspeicherung und -repräsentation ab. Es sollte sinnvoller Weise zwischen dokumentiert (Papierform oder elektronisch) vs. undokumentiert (mündlich, lediglich Wissen) und klassischer (Papierform, auch mündlich) vs. elektronischer Form differenziert werden. Dieser Charakter bestimmt, wie ihre potentielle Verbreitung reguliert werden kann (z. B. durch Verträge, Software, Informationskampagnen etc.). Zudem ist dieser Charakter für die spätere Wahl der Instrumente von Bedeutung, d. h. auf welchen Wegen die Informationen verbreitet oder verschlossen werden können.

- *Kanal* des Informationsflusses an die Interessengruppen: Die Informationen können innerhalb der Organisation/des Unternehmens (intern-intern) oder von innerhalb nach außerhalb (intern-extern, zwischen den Angehörigen der Organisation/des Unternehmens und dessen Umfeld) weitergegeben werden. In seltenen Fällen können auch Informationen über ein Unternehmen weitergereicht werden, ohne die Unternehmensgrenzen zu durchschreiten (extern-extern, z. B. wenn ein externes Gutachten über ein Unternehmen an die Öffentlichkeit gelangt, noch bevor das Unternehmen den Inhalt kennt).

- *Interessengruppen*: Es sind die Personen oder Institutionen, die ein Interesse am Sachverhalt haben oder haben können (vergleichbar mit Stakeholdern). Sie sind hier nicht nur zu identifizieren, sondern auch zu bewerten: Welche Rechte an den Informationen hat die einzelne Gruppe? Wie groß ist ihr Interesse und welche Konsequenzen wird es haben, wenn die Informationen an die Gruppe gelangen? Welche Bedeutung besitzt die Gruppe für das Unternehmen (ggf. Machtverhältnis, Sanktionsfähigkeit, Imagewirkungen)?

  Dabei kann es für die Bewertung von Bedeutung sein, ob das Transparenzinteresse der Gruppe passiv („man nimmt die Information auf") oder sogar aktiv ist, d. h. es wird die Transparenz explizit eingefordert („Transparenztreiber"). Weiterhin ist zwischen unternehmensinterne (die eigenen Mitarbeiter inkl. des Managements, aber auch isoliert die Personalverwaltung, der Betriebsrat, die Rechts-, die Controllingabteilung, die Compliance- oder Revisionsstelle sowie weitere Untergruppen und Einzelpersonen) und unternehmensexterne Interessengruppen (u. a. Investoren, Gesellschafter, Kreditgeber, Banken, Analysten, Ratingagenturen, Geschäftspartner, Kunden/Verbraucher, Lieferanten, Gewerkschaften, NGOs, Verbraucherorganisationen, Gesetzgeber, Fiskus, Sozialbehörden, allgemeine Öffentlichkeit, Medien) zu unterscheiden.

- *Restriktionen*: Der Umgang mit Informationen wird ggf. von Pflichten und Vorgaben (gesetzlichen Vorgaben, Richtlinien oder Kodizes, aber auch gesellschaftlichen Werten und Druck ausgewählter Interessengruppen) bestimmt. Sie grenzen die Freiheit der späteren Transparenzentscheidung ein, bilden somit die „Ober-" oder „Unterschranke" des Kontinuums, auf dem das Maß der Transparenz bestimmt wird.

Operative Transparenzentscheidungen

Die Entscheidung über das Maß der Transparenz ist ein individueller Abwägungsprozess für jeden einzelnen Anlass und je Interessengruppe vorzunehmen.

Sie erfolgt auf der Basis der Ergebnisse der Situationsanalyse sowie unter Beachtung der strategischen, grundlegenden Vorgaben aus dem Strategischen Transparenzmanagement und unter Einhaltung von Pflichten und Vorgaben z. B. gesetzliche Vorschriften, gesellschaftliche Werte und Normen). Zur Vereinfachung der Bemessung schlagen hier 5 Stufen für das jeweilige Maß der Transparenz vor: von „nichts" bis „alles" (Tabelle V.2).

Stufe	**Erläuterung /Bespiele**
nichts/keine Information	Es werden keine Informationen an die Interessengruppe herausgegeben.
übergreifende Informationen	Es werden nur generelle Informationen an die Interessengruppe herausgegeben. Informationen, die keine spezifischen Rückschlüsse zulassen, z. B. statistische Mittelwerte zum Gehalt aller Beschäftigten im Unternehmen oder deren Krankentage insgesamt bzw. als Mittelwert aller Beschäftigten.
übergreifende und teilspezifische Informationen	Es werden neben generellen Informationen auch detaillierte Informationen an die Interessengruppe herausgegeben, solange sie keine individualspezifischen Rückschlüsse zulassen, z. B. statistische Mittelwerte, aber keine Einzelwerte zum Gehalt der Personalgruppen oder die betriebliche Krankheitsstatistik wird nach Unternehmensabteilungen differenziert.
individuelle Informationen	Es werden auch individuelle Informationen an die Interessengruppe herausgegeben, allerdings jeweils nur individuell differenziert für jeden einzelnen Interessenten, z. B. jeder Mitarbeiter erhält seine persönliche Beurteilung, allgemeine, übergreifende Informationen sind darüber hinaus ebenso herauszugeben (z. B. Abteilungsmittelwerte der Beurteilung).
alle Informationen	Alle verfügbaren Informationen werden an alle Interessenten herausgegeben, z. B. alle Krankendaten an alle Mitarbeiter.

Tab. V.2: Stufen der Transparenz – inhaltliche Beschreibung

Umsetzung der Entscheidungen

In einem weiteren Schritt muss festgelegt werden, wie die angestrebte Transparenz des Sachverhaltes bei der jeweiligen Interessengruppe erreicht bzw. durchgesetzt wird. Dazu ist vorab zu ermitteln, ob die angestrebte Transparenz ein „Mehr oder Weniger" gegenüber der bestehenden Transparenz bedeutet: Muss die Transparenz gegenüber der Interessengruppe erhöht oder vermindert werden?

Das adäquate Instrument ist weiterhin danach zu wählen, ob die Informationen zum Sachverhalt dokumentiert oder undokumentiert sind, ob diese in elektronischer und/oder klassischer (Papierform) Form vorliegen und wie mit dem Instrument die Interessengruppen erreicht werden. Die Instrumente, die sich hierzu anbieten, erscheinen außerordentlich vielfältig. Die Vielfalt der denkbaren Instrumente lässt eine abschließende Aufstellung nicht zu. Gleichwohl sollen hier einige Beispiele benannt und erläutert werden, die nach ihrem Aufwand, ihrer Diktion zu mehr oder weniger Transparenz und ihrer Fristigkeit systematisiert wurden:

- Tendenziell ad-hoc und mit wenig Aufwand sind folgende Instrumente nutzbar, die mehr Transparenz schaffen: Pressemitteilungen und Stellungnahmen, auch auf Internetseiten oder in Blogs, persönliche, ggf. auch vertrauliche Schreiben, elektronisch wie in Papierform, juristisch abgesicherte Klarstellungen oder Erklärungen, in der Regel nur in Papierform, ggf. mit mündlicher Verlautbarung, mündliche Auskünfte und Interviews, auch als Podcast im Internet, individuelle, „gezielte" Indiskretionen, auch über Twitter.
- Etwas aufwändiger, mit gleicher Diktion wie die zuvor genannten, bieten sich folgende Instrumente an: Gesprächskreise mit und ohne Beschränkungen der Zuhörer/Diskutanten, umfassende Berichte und Statistiken, auch elektronisch, telefonische Auskunfts- und Beschwerde-Hotline oder entsprechende persönlich erreichbare Stelle, desgleichen als Internetportale/Social Media Plattformen für Information und Meinungsaustausch, inkl. Blogs etc.
- Instrumente, die die Transparenz per se reduzieren: Geheimhaltungsvereinbarungen und Verschwiegenheitsklauseln (Non-Disclosure) sowie Compliance-Richtlinien, als Bestandteil von Verträgen, als Zusatz zu Berichten, als fallweise Vereinbarungen mit Geschäftspartnern, Mitarbeitern und sonstigen Dritten (z. B. Presse), als dauerhafte Generalvereinbarung mit Institutionen (z. B. Fiskus, Medien) oder Einzelpersonen.

- Technisch aufwändig sind folgende Instrumente, die sich auf die elektronischen Informationsbestände fokussieren und dabei primär eine Reduktion der Transparenz bewirken:
- Identity Management: Identity Management regelt den Zugang aller Mitarbeiter, aber auch Externer zu den im Unternehmen gespeicherten elektronischen Informationen. Dies erfolgt durch Zugangsrechte (Passwörter, Daumenabdruck oder sonstige Erkennungsmechanismen). In gleicher Weise kann das Verfahren auch in den Betriebsräumen für den Zugang zu Räumen angewendet werden.
- IT-Security: z. B. vor externem Datendiebstahl schützen Firewalls oder VPN Clients, die einen Zugriff auf das Unternehmensnetzwerk regulieren.

Kontrolle der Umsetzung

Am Ende des Transparenzmanagement-Planungsprozesses erfolgen – in Anlehnung an klassische Planungsprozesse die Kontrolle und Evaluation der ergriffenen Maßnahmen und ihres Erfolges. Dazu sind drei Fragen zu stellen: Wurde das Instrument eingesetzt? (Die Frage nach dem Vollzug der Planung: Ergebnisalternativen: ja, nein, teilweise.) Wurde das gewünschte Maß an Transparenz erreicht? Die Frage nach dem Erfolg des Instrumenteneinsatzes.: Ergebnisalternativen: ja, nein, teilweise.) Welche Wirkung hat das neue Maß an Transparenz bei der Interessengruppe erzeugt? (Die Frage nach den Konsequenzen der – möglicherweise – veränderten Transparenz. Denkbare Konsequenzen können z. B. die Vermeidung von Rechtsstreitigkeiten, die Verbesserung oder Verschlechterung des Unternehmensimages, die Steigerung des Shareholder Values oder mehr/weniger Motivation der Mitarbeiter sein.)

Während die Antworten zu den ersten beiden Fragen einfach ermittelbar sein dürften, ist dies für die dritte Frage nach den Konsequenzen mitunter schwer: Die Analyse der Steigerung der Mitarbeitermotivation bedeutet z. B. eine aufwändige empirische Untersuchung unter Ceteris-Paribus-Bedingungen. Das Ergebnis der Kontrolle, die Feststellung der etwaigen Abweichungsursache, zieht ggf. eine Anpassung nach sich. Somit erfolgt eine Rückkopplung zum Anfang des Planungsprozesses.

V.6 Weiterführende Gedanken und ihre Übertragung auf die gesellschaftliche Ebene

Im vorherigen Kapitel wurde ein Entwurf für ein Transparenzmanagement in Unternehmen präsentiert. Es ist als Vorschlag für die unternehmerische Praxis und Diskussionsgrundlage für weitere wissenschaftliche Auseinandersetzung gedacht und ist daher nur ein erster Schritt in Richtung auf eine bewährte Theorie.

Dies soll jedoch nicht davon abhalten, die zuvor dargelegten Gedanken und Erkenntnisse von der alleinigen Managementsicht auf eine gesellschaftliche Ebene zu heben. Das richtige Maß an Transparenz im Lichte der o. g. Werte, Ziele, Interessen und sonstigen Bedingungen zu finden, ist eine komplexe Entscheidung wie auch die Wahl und Ausgestaltung der Instrumente, um die jeweilige Transparenz zu erreichen. Ein systematisches Vorgehen, ein „Management“ erscheint daher immer sinnvoll – auch jenseits der Unternehmen. Dazu kann das oben vorgestellte Transparenzmanagement ohne größere Veränderungen auf andere Institutionen übertragen werden (z. B. Vereine, Verwaltungen, Institutionen, wissenschaftliche oder politische Einrichtungen).

Auch wenn die Vorstellung abzulehnen ist, dass jedes noch so kleine Unternehmen, aber auch Privatpersonen ein aufwändiges Management zur Transparenz durchführen sollen, so sind doch Elemente und Schritte immer zu adaptieren, wie z. B. die Situationsanalyse: Auch Privatpersonen sollten sich bewusst werden, welche persönlichen Informationen sie an wen herausgeben und welche Konsequenzen dies haben kann. Dies führt unweigerlich zu einer Transparenzentscheidung der Person, „wie weit sie durchschaubar sein will und wie weit nicht“ (zur Wahrung der Persönlichkeitsrechte und Privatsphäre). Die folgende Aufstellung – die nie vollständig sein kann – gibt u. E. erste Hinweise zu Lebenswelten, in den Transparenzmanagement – in welcher Ausführlichkeit auch immer – angebracht erscheint:

- Privatsphäre: Er ist wohl der größte und vielfältigste Lebensbereich, in dem sich Transparenzfragen stellen. Es ist primär die zentrale Frage der informationellen Selbstbestimmung der Bürger: Sie stellt sich bei der Auskunft ggü. dem Finanzamt, Behörden oder Kirchen, aber auch gegenüber Bekannten und sonstigen Personen im Umfeld sowie ggü. Produktanbietern und Auskunfteien. Sie stellt sich zudem bei der Selbstdarstellung in Medien und im Internet, in Facebook, StudiVZ, Xing, Flickr und Twitter. Ebenso stellt sich die Transparenzfrage bei Telefon- und Gesprächsinhalten in der Öffentlichkeit (hierzu sei auf die Kommentierung dazu von Umberto Eco 2007 hingewiesen). Transparenz kann aber auch mit Kleidung/Accessoires, Aufklebern, Hausbemalungen und -verzierungen, wie auch bei Kommentaren und Meinungsäußerungen in öffentlichen Veranstaltungen gefördert oder vermieden werden. Das Beispiel der Niederlande und der dort noch sichtbare calvinistische Einfluss weist zudem auf eine ganz besondere Transparenzentscheidung hin: Die physisch-visuelle Transparenz der eignen Wohnung/des eigenen Hauses: Wie weit möchte ich von Außen Einblick in meinen Haushalt gewähren oder durch Vorhänge, Sichtschutze etc. als physische Maßnahmen Diskretion schaffen.

- Politik: In kaum einem Lebensbereich der Gesellschaft wird länger und widersprüchlicher über Transparenz diskutiert, als in der Politik: Diäten und Nebeneinkünfte bzw. -tätigkeiten der Politiker, politische Entscheidungsprozesse (die Wege und der Umfang der Einflussnahme darauf) sowie dazu Lobbyismus, Politikberatung und Netzwerke der Politik stehen ständig in der Diskussion.

  Schweden ist ein Beispiel einer besonderen Transparenzkultur, die mit Bürgerinteressen zur Transparenz sehr weit geht: Dort gibt es sehr viele öffentliche sozio-ökonomischen Informationen über die Bürger (Gehälter, Steuerzahlungen, Grundbesitz u. a.). Dem gegenüber steht z. B. in Deutschland die Diskussion über einige Mitglieder des Bundestages, die sich trotzt Verpflichtung wehren, Nebeneinkünfte oder Spendenzahlungen vollständig offen zu legen – bis heute ohne Sanktionen.

- Kultur, Sport und Celebrity: Von Personen, die vermehrt in der Öffentlichkeit stehen, wird von Medien und Teilen der Bevölkerung mehr Transparenz auch der privaten Seite dieser Menschen verlangt bzw. wider deren Willen ausgekundschaftet (z. B. durch Paparazzi). Während manche Personen diese Offenheit als Geschäftsgegenstand sogar für sich nutzen (z. B. Celebrities wie Verona Feldbusch, Djamila Rowe), wehren sich andere Prominente/Populäre gegen diese an Voyeurismus und Exibitionismus grenzende, symbiotische Beziehung von Prominenz und Öffentlichkeit.

  Daher ist diese Transparenzfrage auch wiederholt Gegenstand gerichtlicher Auseinandersetzungen (z. B. gingen die Anwälte von Günter Jauch oder der monegassischen Fürstenfamilie wiederholt gegen Journalisten vor). Andere Personen haben es allerdings trotz großer Präsenz in der Öffentlichkeit erreicht, ihr Privatleben oder zumindest Teile davon kaum transparent werden zu lassen (z. B. Stefan Raab sowie bis zu deren Tod: Walter Sedlmaier, Rudolph Mooshammer).

In anderen Fällen steht das Interesse der Medien und Teilen der Öffentlichkeit dem Schutz der Person entgegen, wie z. B. bei homosexuellen Schauspielern und (besonders) Fußballspielern, die sich auch aus Gründen der weiteren, ungestörten Berufsausübung nicht „outen" wollen. Homosexualität bei Fußballspielern erscheint selbst im 21. Jahrhundert in der westlichen Welt immer noch als derart großer Makel, dass diese Eigenschaft eine Karriere enden lassen kann. Selbst Depression als Krankheit wurde von einem bekannten Fußballer lieber verschwiegen – mit am Ende tragischer Folge.

- In der Wissenschaft: Zu den Fragen gehören hier z. B. die Transparenz in der Berufung von Hochschullehrern, in der Darlegung wissenschaftlicher Herleitungen und in der Begutachtung wissenschaftlicher Leistungen. Auch hier ist nicht maximale Transparenz sinnvoll, denn der Schutz der Person des Wissenschaftlers und u. U. der Untersuchungsobjekte und -subjekte der Forschung können diesem Ansinnen entgegenstehen.
- Kriminalität, Sicherheit und Überwachung: Die Transparenzfrage stellt sich hier in den Diskussionen über die Zulässigkeit von Abhörverfahren (z. B. der „Lauschangriff"), Überwachungskameras im öffentlichen Raum, Kontrolle von Geldüberweisungen und -transporten, Schleierfandung und anlasslose Überwachung- und Kontrolle (z. B. im Straßenverkehr) sowie Vorratsdatenspeicherung und – jüngst – die Diskussion zur Internetbekanntmachung von ausgewählten Straftätern. Auch hier ist das vertretbare Maß an Transparenz noch zu finden und zu bewahren.
- Rechtswesen: Dem anschließend finden sich auch in der Arbeit der Rechtsorgane viele Transparenzfragen, so z. B. zum Opferschutz (bei der Prozessberichterstattung), aber auch zum Täter- bzw. Verdächtigtenschutz, wie es jüngst im Fall des Jörg Kachelmann oder auch bei Herrn Zumwinkel offensichtlich wurde.
- Verwaltung: Dem Ansinnen nach größtmöglicher Transparenz bei Vergabeverfahren von Aufträgen und Fördermitteln steht auch der Schutz der in den Anträgen und Angeboten eingereichten Ideen gegenüber, wie auch das Interesse der Abgelehnten, die Entscheidung nicht öffentlich zu machen. Gleichwohl besteht bei allen Antragstellern ein Interesse, das Prozedere der Auswahl und der Bewertung – zum Wie und zum Wann – zu durchschauen.

- Militär: Im Militär stellt sich die Transparenzfrage, wenn es um Berichte zu laufenden militärischen Operationen und technischen Fähigkeiten der Ausrüstung und ggf. sogar Lagerorte von Waffen geht. Bei Letzterem ist zwischen dem Interesse der Öffentlichkeit an dem Bedrohungspotential und dem Schutz vor Anschlägen abzuwägen.
- Journalismus: Ebenso stellt sich für jeden Journalisten die Transparenzfrage bei dem, was er der Öffentlichkeit geben möchte bzw. meint, mitteilen zu müssen. Dies betrifft nicht nur die Inhalte und Faktendetails seiner Berichterstattung, sondern auch den unbedingten Schutz seiner Informanten.
- Spendenorganisationen: Die Transparenz des Spendenaufkommens liegt nur solange im Interesse der Organisation, wie sie nicht gegenüber jeglichen Interessengruppen alle Einzel- oder gar Großspenden bekannt geben muss. Andererseits formulieren die Öffentlichkeit und Einzelspender häufig den Anspruch auf mehr Informationen, etwa zum Anteil der Verwaltungsaufwendungen an den vereinnahmten Mitteln.
- Gesundheitswesen: Auch im Gesundheitswesen stellt sich die Frage der Transparenz, z. B. bei den Leistungsabrechnungen der Ärzte ggü. der Gesetzlichen Krankenversicherung und der Kenntnis, die die Patienten davon erhalten sollen. Der Aufwand bei den Ärzten wird dem Interesse an Transparenz und Kontrolle entgegen gehalten.

Transparenz erscheint in den vielfältigen öffentlichen Diskussionen mitunter wie ein Modewort. Gerade hier scheinen Forderungen nach Transparenz sehr oft überzogen und die Motive hinter der Forderung selbst wenig transparent, wie auch die Entgegnungen zu den Forderungen wiederholt den Eindruck eines unsystematischen, mitunter sogar unbeholfenen Umgangs mit Transparenz vermitteln, selbst durch große Unternehmen, von denen Professionalität auch in dieser Frage zu erwarten wäre (z. B. im Fall Lidl).

Der Entwurf eines Transparenzmanagements soll hier nur Hilfe und erste Orientierung für die Praxis und die weitere Forschung geben, um den Umgang mit Transparenz und ihren Forderungen danach zu versachlichen, sondern auch anregen, ein Transparenzmanagement auch auf andere Institutionen und Individuen zu übertragen.

V.7 Literatur zum Kapitel Transparenzmanagement

- Akerlof, G. A. (1970): The Market for "Lemons": Quality Uncertainty and the Market Mechanism. In: Quarterly Journal of Economics, Vol. 84(3), S. 488-500.
- Bachmann, R., Zaheer, A. (Hrsg.) (2006): Handbook of Trust Research, Cheltenham und Northampton.
- Balkin, J. M. (1999): How Mass Media Simulate Political Transparency. Cultural Values, Vol. 3. Nr. 4, S. 393-413.
- BDO Deutsche Warentreuhand AG (2008): Studie zum Thema Vertrauen als Wirtschaftsfaktor, Hamburg.
- Bentele, G., Seiffert, J. (2009): Organisatorische Transparenz und Vertrauen. In: Klenk, V., Hanke, D. J. (Hrsg.) (2009): Corporate Transparency – Wie Unternehmen im Glashaus-Zeitalter Wettbewerbsvorteile erzielen, Frankfurt am Main, S. 42-61.
- Brady, K. (2009): Transparency Project Management. Online: http://www.claretyconsulting.com/it/comments/transparency-project-management/2009-12-01 (Zgr. 06.01.2010).
- Brinkkötter, C. J. (2007): Rating im Mittelstand – Eine empirische Analyse qualitativer Kriterien, Lohmar.
- Brodbeck, K.-H. (2004): Warum ist Transparenz der einzig richtige Weg zum Erfolg?. Vortrag vom 29.09.2004, Diex: 2. Finance & Ethics Kongress.
- Buchert, R. (2009): Transparenz ist der Anfang - Wirtschaftskriminalität wirksam bekämpfen. In: Corporate Transparency: Wie Unternehmen im Glashaus-Zeitalter Wettbewerbsvorteile erzielen, Frankfurt am Main, S. 62-71.
- Camphausen, B. (2007): Strategisches Management – Planung, Entscheidung, Controlling. 2. Auflage, München.
- Christensen, L. T. (2002): Corporate communication: the challenge of transparency. Corporate Communications: An International Journal. Vol. 7. Nr. 3, S. 162-168.
- Cummings, R., Schaffer, S. (2006): Managing Transparency in Complex Organizations, Vortrag an der Universität Mannheim am 18.10.2006, Mannheim.

- Dando, N., Swift, T. (2003): Transparency and Assurance: Minding the Credibility Gap, Journal of Business Ethics, Vol. 44. Nr. 2-3.
- Deephouse, D. L. (2000): Media reputation as a strategic resource: An integration of mass communication and resource-based theories. Journal of Management, Vol. 26. No.6, S. 1091-112.
- DIHK (2010): Transparenz oder Verwirrung? Neuer Vorstoß zur „Made in ...“-Kennzeichnung. Newsletter Nr. 10 vom 11.03.2010.
- Duden (2012): Das Bedeutungswörterbuch, Mannheim.
- Eckert, C. (2009): IT-Sicherheit: Konzepte, Verfahren, Protokolle, 6. Auflage, München.
- Ehrmann, T. (2007): Strategische Planung – Methoden und Praxisanwendungen. 2. Auflage, Berlin u. a..
- Gabler Verlag (Hrsg.) (2010): Gabler Wirtschaftslexikon. Stichwort: Glaubwürdigkeit. Online: http://wirtschaftslexikon.gabler.de/Archiv/7523/glaubwuerdigkeit-v7.hTransparenzmanagementl
- Gleich, R., Hofmann, S. (2006): Controlling. In: Pfohl, H.-C. (Hrsg.) (2006): Betriebswirtschaftslehre der Mittel- und Kleinbetriebe, Berlin, S. 331 – 355.
- Hanke, D. J. (2009): Nicht ohne meine Werte. In: Klenk, Volker/Hanke, Daniel J. (Hrsg.) (2009): Corporate Transparency – Wie Unternehmen im Glashaus-Zeitalter Wettbewerbsvorteile erzielen, Frankfurt am Main, S. 72-88.
- Helm, S. (2007): Unternehmensreputation und Stakeholder-Loyalität. 1. Auflage, Wiesbanden.
- Hermalin, B. E., Weisbach, M, S. (2007): Transparency and Corporate Governance, University of California and University of Illinois Working Paper, Urbana-Champaign.
- Hofmann, Y. E. (2007): Transparenz in Unternehmen. Zeitschrift für Management,Heft 1. Jan. 2007, S. 6-27.
- Holler, M. J., Illing, G. (2006): Einführung in die Spieltheorie. 6. Auflage, Berlin u. a..
- Horvath, P. (2004): Controlling. Wiesbaden.
- Hutzler, K. (2009): Forschung zu Transparenz gibt es kaum. Interview mit Prof. Dr. Günter Bentele. Online: http://www.transparenz.net /de/interviews_guenter-bentele/ (Zgr. 04.03.2010).

- IWF Bericht der Arbeitsgruppe für Transparenz & Verantwortung (1998). Internationaler Währungsfonds, Washington DC.
- Kaack, J. (2009): Das Ende der Geheimniskrämer, Erftstadt.
- Klenk, V. (2009a): Transparenz – Definition. Online: http://transparenz.net/de/transparenz_definition/ (Zgr. 01.03.2010).
- Klenk, V. (2009b): Gründe für Transparenz. Online: http:// transparenz.net/de/ transparenz_gruende_fuer_transparenz/?PHPSESSID=fe09bbdf117cef9f58406c97034f6377 (Zgr. 01.03.2010).
- Klenk, V. (2009c): Corporate Transparency – Erfolgreich handeln im Glashaus. In: Klenk, V., Hanke, D. J. (Hrsg.) (2009): Corporate Transparency – Wie Unternehmen im Glashaus-Zeitalter Wettbewerbsvorteile erzielen. Frankfurt am Main: F.A.Z.-Institut, S. 16-41.
- Klenk, V. (2009d): Corporate Transparency – Wege aus der Vertrauenskrise. In: Handbuch Kommunikationsmanagement, Nr. 49, Frankfurt am Main.
- Klenk, V., Hanke, D. J. (Hrsg.) (2009): Corporate Transparency – Wie Unternehmen im Glashaus-Zeitalter Wettbewerbsvorteile erzielen, Frankfurt am Main.
- Kommission der Europäischen Gemeinschaften (2006): Grünbuch Europäische Transparenzinitiative, Brüssel.
- Kotler, P., Keller, K. L., Bliemel, F. (2007): Marketing-Management. Strategien für wertschaffendes Handeln. 12. Auflage, München:.
- Luhmann, N. (2000): Vertrauen – Ein Mechanismus der Reduktion sozialer Komplexität. 4. Auflage, Stuttgart.
- Melzer-Andelberg, C. (2007): Identity Management – eine Einführung, Heidelberg.
- Meyer, J.-A. (2010): Transparenzmanagement – Grundgedanken, Konzept und betriebliche Umsetzung, Lohmar.
- Meyer, J.-A. (Hrsg.) (2007): Planung in kleinen und mittleren Unternehmen. Jahrbuch der KMU-Forschung und -Praxis 2007, Lohmar.
- Mock, W. B. T. (1999): On the centrality of information law: A rational choice discussion of information law and transparency. John Marshall Journal of Computer and Information Law, Vol. 17, S. 1069-1100.

- Pfohl, H.-C. (2006): Unternehmensführung. In: Pfohl, H.-C. (Hrsg.) (2006): Betriebswirtschaftslehre der Mittel- und Kleinbetriebe, Berlin, S. 79-111.
- Picot, A., Theurl, T., Dammer, A., Neuburger, R. (2007): Transparenz in Kreditmärkten – Auskunfteien und Datenschutz vor dem Hintergrund asymmetrischer Information, Frankfurt am Main.
- Prat, A. (2005): The Wrong Kind of Transparency. American Economic Review, Vol. 95, Nr. 3, S. 862-877
- Rawlins, B. L. (2008): Measuring the relationship between organizational transparency and employee trust, Public Relations Journal, Vol. 2. Nr. 2.
- Rawlins, B. L. (2009): Give the emperor a mirror: Toward developing a stakeholder measurement of organizational transparency. Journal of Public Relations Research, Vol. 21, Nr. 1, S. 71-99.
- Regierungskommission Deutscher Corporate Governance Kodex (2009): Deutscher Corporate Governance Kodex. Fassung vom 18.06.2009. Online: http://www.corporate-governance-code.de/ger/download/kodex_2009/D_CorGov_Endfassung_Juni_2009.pdf (Zgr. 03.03.2010).
- Rekosh, E. (1995): In the Public Eye: Parliamentary Transparency in Europe and North America, Papers of The International Human Rights Law Group, Washington.
- Rosenbach, M. (2010): Das Netz im Netz. Spiegel Online vom 31.05.2010. Online: http://www.spiegel.de/spiegel/0,1518, 698237,00. hTransparenzmanagementl (Zgr. 03.06. 2010)
- Schottenloher, M. (2004): Das Trittbrettfahrerproblem im Kontext von Einsatzbereitschaft und Vertrauen in einer Kooperation, Working Paper Universität München.
- Steinmann, H., Schreyögg, G. (2005): Management – Grundlagen der Unternehmensführung. 6. Auflage, Wiesbaden.
- Tapscott, D., Ticoll, D. (2003): The Naked Corporation – How the Age of Transparency Will Revolutionize Business, New York.
- Van Riel, C. B. M. (2000): Corporate communication orchestrated by a sustainable corporate story. In: Schultz, M., Hatch, M. J., Larsen, M. H. (Hrsg.): The Expressive Organization, Oxford, S. 157-81.
- Williams, C. C. (2005): Trust diffusion: The effect of interpersonal trust on structure, function, and organizational transparency. Business & Society, Vol. 44. Nr. 3, S. 357-368.

- Williamson, G., Yip, D., Sharoni, I., Spaulding, K. (2009): Identity Management: A Primer, Lewisville.

VI Vertraulichkeit in der mobilen Kommunikation – Leckagen und das Management des Schutzes der Unternehmen

VI.1 Einführung

Unternehmen verfügen über große Mengen an vertraulichen Informationen. Diese sensiblen Informationen wecken bei vielen Gruppen (z. B. Wettbewerber, Staat, Öffentlichkeit, Mitarbeiter) Interessen. Auf der anderen Seite werden – nicht zuletzt durch moderne elektronische Kommunikationstechnologien – zunehmend Informationen über die physischen Unternehmensgrenzen hinweg transportiert, sind für Mitarbeiter wie Geschäftspartner mobil verfügbar und werden auch mobil miteinander ausgetauscht. Handy und Internet sind nahezu überall erreichbar und werden auch so genutzt. Mit diesem zunehmenden, mobilen Informationsaustausch steigt aber auch die Gefahr, dass dabei Informationen an Dritte gelangen, die eigentlich vertraulich bleiben sollten. In sofern geht der Sichtkreis für diese Gefahren über den Kern der (technischen) mobilen Kommunikation hinaus, auch persönliche Gespräche im öffentlichen oder halböffentlichen Raum und das Vorhalten von Informationen in und um die mobile Kommunikation müssen einbezogen werden. Gelegenheiten, dass diese Informationen verloren gehen können, gibt es reichlich: z. B. Mithören von Telefonaten am Handy und persönlichen Gesprächen in Reisezügen oder Wartebereichen von Flughäfen, im Café liegen gelassene Unterlagen, abgefangene Informationen in WLAN-Netzen, fehlgeleitete SMS und Faxsendungen und auch der Verlust von klassischen Briefsendungen. Alles dies sind Leckagen der mobilen Kommunikation (i. w. S.).

Hieraus ergibt sich für die Unternehmen ein steigender Bedarf zum Schutze der Vertraulichkeit in der mobilen Kommunikation, sei es mit technischen Mitteln (z. B. Verschlüsselungen) oder durch Sensibilisierung und Änderung des Verhaltens der Mitarbeiter. Während der Schutz des Computers während der Internetnutzung im Privaten wie im Beruflichen gängige Praxis ist, ist scheinbar die Sensibilisierung für den Schutz mobiler Kommunikation gerade in kleinen und mittleren Unternehmen noch wenig vorgedrungen (Novell 2009) – trotz spektakulärer, öffentlich gewordener Diskretionsverstöße. Auch scheinen die Gefahren und Leckagen nur zum Teil bekannt und bewusst, Schutzmaßnahmen werden noch zu wenig ergriffen. In der Vergangenheit kamen mehrere spektakuläre Missbrauchsfälle in die Schlagzeilen, als vertrauliche Informationen von Unternehmen nach außen gedrungen sind.

Im Jahr 2006 wurde bei der Deutschen Telekom aufgedeckt, dass persönliche Informationen von 17 Millionen Kunden gestohlen wurden. Darunter befanden sich neben privaten Handynummern, Adress- und Geburtsdaten auch persönliche Email-Adressen. Diese streng vertraulichen Daten wurden aus den Rechenzentren von T-Mobile entwendet. Anschließend wurden die Daten kriminellen Kreisen zum Kauf angeboten. Der Vorfall hatte für die Deutsche Telekom weit reichende Konsequenzen, er führte zu Imageschäden und hohen Umsatzverlusten (Ponemon 2009, S. 6). Ein anderes Beispiel ist der Verkauf der so genannten „Steuersünder-CD" Anfang 2010. Kundendaten von Bankkonten wurden bei der Schweizer Bank Credit Suisse entwendet. Sie lagen im elektronischen Netzwerk der Bank vor und verließen die Bank durch Auslesen der Daten von einem Laptop aus. Diese wurden anschließend auf einer üblichen CD den Steuerbehörden zum Kauf angeboten. Der Wechseldatenträger enthielt rund 1.500 Namen von mutmaßlichen Steuerhinterziehern aus Deutschland und wurde den deutschen Steuerbehörden für 2,5 Millionen Euro angeboten und schließlich auch angekauft. Auch international gibt es immer wieder Beispiele, wie vertrauliche Informationen an die Öffentlichkeit gelangen. So erregte im Frühjahr 2010 ein abgefangenes Telefonat des italienischen Ministerpräsidenten Silvio Berlusconi große öffentliche Aufmerksamkeit. Das Telefonat wurde in einer anderen strafrechtlichen Ermittlung zufällig mit abgehört und gelangte an die Öffentlichkeit. Darin forderte der damalige italienische Regierungschef die Streichung mehrerer regierungskritischer Programme eines öffentlich-rechtlichen Senders (Handelsblatt 2010b). Inhalt wie auch der Umstand des Abhörens lösten heftige Reaktionen und Diskussionen aus.

Diese Beispiele verdeutlichen, dass immer wieder und vermeintlich auch gut geschützte vertrauliche Informationen an Dritte gelangen können. Die Vorfälle haben für Unternehmen nicht nur direkte finanzielle Konsequenzen, sie bewirken auch langfristige Imageschäden bei Kunden und Geschäftspartnern.

Mit mobilen elektronischen Geräten wie Handys, Personal Digital Assistants (PDAs) oder Wechseldatenträgern gelangen sensible Informationen heute sehr leicht über die Grenzen des Unternehmens hinaus. Trotz dieser Gefahr ist die mobile Kommunikation in Unternehmen aus dem täglichen Leben und Arbeiten nicht mehr wegzudenken. Mobilität und mobile Kommunikation stellen für deutsche Unternehmen einen Wettbewerbsfaktor dar. So können und müssen Mitarbeiter im Außendienst stets erreichbar sein (SIS 2009, S. 11, Techconsult 2002, S. 23). Und der Einsatz mobiler Geräte steigert auch die Produktivität und die Effizienz des Unternehmens (Bentel 2006, S. 28, Ponemon 2009, S. 6, Stone 2007, S. 46). Mobile Kommunikation verbessert nicht nur die Informationsversorgung der eigenen Mitarbeiter. Sie ermöglicht zusätzlich ein effizienteres Arbeiten mit den Kunden und auch betriebliche Abläufe können beschleunigt werden (Krybus 2008, S. 376).

Wie die obigen Beispiele andeuten, ist die mobile Kommunikation die Achillesverse der Vertraulichkeit in Unternehmen. Im Unternehmen lassen sich sensible Informationen im Vergleich zur mobilen Kommunikation leicht durch Zutrittsbeschränkungen oder technische Vorkehrungen (Firewall, Verschlüsselung etc.) absichern. Außerhalb des Unternehmens sind sie aber schwerer zu schützen als im sicheren Firmennetzwerk. Informationen, wie sie sich z. B. auf mobilen Geräten befinden, können leicht verloren gehen (Garlick 2005, S. 45). Verlieren Mitarbeiter mobile Geräte oder sind die Geräte ungeschützt, können Dritte an diese Informationen kommen (Ponemon 2009, S. 6). Oder Angreifer können aufgrund mangelhafter Sicherheitsvorkehrungen auf diese vertraulichen Informationen von außen über elektronische Netze zugreifen.

Während der Schutz vor Viren, Phishing und anderen Angriffen auf die Informationen stationärer Computer mit Firewall etc. privat wie auch in Unternehmen weit voran geschritten und die Nutzer des Internets für die Gefahren sensibilisiert sind, fehlt sowohl im Privaten wie in Unternehmen noch dieses Bewusstsein beim mobilen Arbeiten (Novell 2009). Zu dieser Fehlentwicklung führten u. E. folgende Gründe: Auf der einen Seite leidet der Mittelstand in der IT-Sicherheit unter einer mangelnden Erfahrung und an zuständigem Fachpersonal. Mittelständische Unternehmen in Deutschland verfügen i. d. R. nicht über einen Sicherheitsbeauftragen, (Deutsche Handwerkszeitung 2007, Krybus 2008, S. 377). Auch lassen die Budgets der Unternehmen oft keinen Spielraum, um zusätzlich in der mobilen Kommunikation die Vertraulichkeit von Informationen zu sichern (Deutsche Handwerkszeitung 2007, Krybus 2008, S. 377). Gleichzeitig lassen sich die Sicherheitsstandards mobiler Geräte mit den Standards von PCs aus den 80er Jahren vergleichen (KI 2007, S. 17).

Die beste Technik kann vertrauliche Informationen auf den mobilen Geräten nicht schützen, wenn es den eigenen Mitarbeitern am nötigen Sicherheitsbewusstsein fehlt (Büllingen 2009 et al., S. 615, Garcia-Marshall 2007,

S. 41). Vielfach ist es den Nutzern mobiler Internetzugänge nicht bewusst, dass sie mit ihrem Smartphon einen vollwertigen Computer in den Händen halten, der genauso zu schützen ist, wie der Laptop oder Desktop Computer im Büro.

Alles dies führt oftmals dazu, dass mobile Geräte auch im Unternehmen nicht bzw. nur unzureichend geschützt sind (Botha et al. 2009, S. 135, BSI 2008, S. 129, Geldermann 2006, S. 1). Unternehmen führen die notwendigen Sicherheitsmaßnahmen selbst noch nicht einmal dann durch, wenn bereits ein Schaden eingetreten ist. So hatten solche Unternehmen in einer Untersuchung zu über 39% erneute Datenverluste zu beklagen (Ponemon 2009, S. 14). Unternehmen, die einmal von einer „Datenpanne" betroffen waren, werden also auch in Zukunft mit diesem Problem zu kämpfen haben (KES 2008a, Krybus 2008, S. 377). Im Gegensatz hierzu zeichnet sich international ein allmählicher Wandel ab. So stiegen die weltweiten Ausgaben für IT-Sicherheit in der mobilen Kommunikation zwar langsam aber kontinuierlich an. So planten rund zwei Drittel der Unternehmen im Jahr 2010 deutlich mehr Investitionen in der mobilen Datensicherheit als 2009 (Handelsblatt 2010a, S. 1, Meetbiz Research 2010, PWC 2010a, S. 35). Ungeachtet dessen bestehen im deutschen Mittelstand aber nach wie vor erhebliche Defizite in der Sicherheit mobiler Kommunikation.

VI.2 Vertrauliche Informationen und Leckagen in der mobilen Kommunikation

Vertraulichkeit

Der Begriff „Vertraulichkeit" ist nicht nur umgangssprachlich sondern auch in der Literatur weit gefasst. Grund hiefür sind die drei Sichten, die technische, die juristische und die gesellschaftliche Sicht auf Vertraulichkeit:

- *Technisches Verständnis von Vertraulichkeit:* Aus der technischen Sicht zählt die Vertraulichkeit, neben der Integrität und Verfügbarkeit, zu den drei Zielgrößen der Datensicherheit (Witt 2006, S. 85, Federath/Pfitzmann 2002). Der Schutz vertraulicher Informationen kann entweder durch Software als technische Lösung (Bertram 2000, Müller et. al. 2007, Büllingen et al. 2009, S. 613) oder z. B. durch Verhaltensrichtlinien für die Mitarbeiter erfolgen. Zu letzterem gehören z. B. der IT-Grundschutzkatalog vom Bundesamt für Sicherheit in der Informationstechnik (BSI), die Grundsätze zum Datenzugriff und zur Prüfbarkeit digitaler Unterlagen (BMF 2001) sowie internationale Normen: ISO 20000, ISO 13335-1, ISO 17799, ISO 27001, ISO 27002 und ISO 7005 (Goode 2010, S. 13).

- *Juristisches Verständnis von Vertraulichkeit:* Weiter wird im juristischen Sinne Vertraulichkeit per Gesetz und durch spezifische Rechtsverordnungen definiert. Zum Beispiel das Recht auf informelle Selbstbestimmung durch das Bundesdatenschutzgesetz (BDSG). Weitere relevante Gesetze und Verordnungen sind u. a. das Gesetz zur Kontrolle u. Transparenz im Unternehmensbereich (KonTraG), die Telekommunikations-Überwachungsverordnung (TKÜV), das Telekommunikationsgesetz (TKG) sowie das Telemediengesetz (TMG). 1998 wurde vom Deutschen Bundestag das Gesetz zur Kontrolle und Transparenz im Unternehmensbereich verabschiedet (KonTraG). Hiermit wird das Management von Kapitalgesellschaften gezwungen, Risikomanagementsysteme einzuführen. Das TKÜV aus dem Jahre 2002 regelt technische und organisatorische Maßnahmen zur Überwachung der Telekommunikation. Im Telekommunikationsgesetz wird der Wettbewerb in der Telekommunikation geregelt, z. B. das Verbot des unbefugten Abhörens von Telefonaten. Das Telemediengesetz bestimmt hingegen den Datenschutz beim Betrieb von Informations- und Kommunikationsdiensten.
- *Gesellschaftliche Sicht von Vertraulichkeit:* Es gibt eine dritte Sicht, das gesellschaftliche Verständnis von Vertraulichkeit: Es wird synonym mit Diskretion verstanden, der Fähigkeit und Fertigkeit, Vertraulichkeit stets zu schützen: „Vertraulichkeit ist der Schutz vor unbefugter Preisgabe von Informationen. Vertrauliche Daten und Informationen dürfen ausschließlich Befugten in der zulässigen Weise zugänglich sein." (BSI 2009b, S. 56). Welche Bedeutung Vertraulichkeit im gesellschaftlichen Kontext erlangt, ist nicht nur ein Frage der persönlichen Einstellungen jedes Einzelnen, sondern auch durch kulturgeprägte Werte bestimmt – was sich auch auf das Verhalten der Mitarbeiter und damit auch auf den Geschäftsverkehr auswirkt. Zum Beispiel beklagen Unternehmen im Maschinenbau immer häufiger den Diebstahl von Know-how, vorwiegend durch Konkurrenten aus China (Fuchs 2010), wo das Kopieren von Ideen, Know-how/Konzepten oder Produkten nicht als so anrüchig oder kriminell angesehen wird, wie in westlichen Kulturkreisen.

Alle drei Verständnisse sind im Folgenden zu berücksichtigen: So sind Unternehmen einerseits zur Einhaltung von Gesetzen verpflichtet, andererseits sind hierfür technische Vorkehrungen zu treffen, um sich vor dem Abfluss sensibler Informationen zu schützen. Mit dem gesellschaftlichen Verständnis von Vertraulichkeit sind die Mitarbeiter anzusprechen und zum diskreten Umgang mit sensiblen Informationen zu bewegen. Dabei sind es gerade innovative und international tätige mittelständische Unternehmen, die vertrauliche Informationen vor Dritten auch aus anderen Kulturkreisen schützen müssen (Liebisch 2007, S. 46).

Vertrauliche Informationen und Leckagen

Vertraulich sind somit diejenigen Informationen, für die Diskretion – jenseits eines eingeweihten Kreises – zu bewahren ist. Welche Informationen für wen vertraulich sind, muss das Unternehmen im konkreten Fall individuell entscheiden. Eine allgemeingültige Bestimmung kann hier nicht vorgenommen werden, für die folgenden Ausführungen muss es bei einer allgemeinen Definition bleiben. Können Informationen an – unbefugte – Dritte gelangen, so soll im Folgenden von „Leckagen“ gesprochen werden. Zwar erscheint es für das Verständnis von Leckagen unerheblich, ob die „abfließende“ Information vertraulich ist oder nicht, allerdings wird die Leckage nur dann zu einem Problem für das Unternehmen, wenn es sich um vertrauliche Informationen handelt, deren Kenntnis bei Dritten Schaden für das Unternehmen verursachen kann (hier soll es sich im Folgenden implizit immer um vertrauliche Informationen handeln, auch wenn generell vereinfacht von Informationen gesprochen wird). Die Leckagen stellen auch nur dann ein Problem für das Unternehmen dar, wenn die vertraulichen Informationen an Personen/Institutionen („Dritte“) gelangen, die mit den Informationen dem Unternehmen Schaden zufügen können und wollen. Gelangen vertrauliche Informationen zufällig an Dritte, die diese nicht verstehen, nicht selbst verwenden oder weiterreichen können, so ist zwar eine Leckage vorhanden, ein Schaden tritt aber nicht ein.

Eine Leckage führt also nicht zwangläufig zu einem Schaden. Ob eine Leckage auch zu einem Schaden führt, ist vom Zufall, von der Kompetenz und der Schädigungsabsicht des Verwenders der Informationen abhängig. Und das ist von Fall zu Fall unterschiedlich und kann nicht generell vorhergesagt werden. Die Verletzung der Vertraulichkeit und damit der Schaden sowie die Bedrohung für das Unternehmen kann also im Vorhinein nicht bestimmt werden, sondern nur im Nachgang zu einem Schadensfall bemessen werden.

Mobile Kommunikation und erweitertes Verständnis

Mobile Kommunikation wird heute vielfach sehr eng als besondere Form der Telekommunikation mit mobilen Endgeräten aufgefasst.

Die mobile Kommunikation bzw. Mobilkommunikation bezeichnet aus technischer Sicht die Sprach- und Datenübertragungen mit Hilfe mobiler und drahtloser Geräte. Solche mobilen Geräte speichern verschiedenartige Informationen und lassen sich aufgrund ihrer geringen Größe leicht transportieren (Büllingen et al. 2009, S. 614). Neben der Telekommunikation bieten mobile Geräte den Mitarbeitern zusätzlich den ortsungebundenen Zugriff auf Informationen im Internet und im Unternehmen per „Internetkommunikation". Grundsätzlich können mobile Geräte in zwei Gruppen eingeteilt werden: Im engeren Sinne sind das Geräte mit Kommunikations- und Verwaltungsfunktion (Handy, PDA, Smartphone, Notebook, Tablet-PCs/Pads) und im weiteren Sinne Wechseldatenträger (Diskette, Magnetband, USB-Stick, SD-Card, CD, DVD, externe Festplatte). Auf mobilen Geräten werden nicht nur Informationen gespeichert. Mit Hilfe der Geräte werden ebenso (auch vertrauliche) Informationen über verschiedene Kanäle & Schnittstellen übertragen. Im Wesentlichen lassen sich zwei Gruppen unterscheiden: öffentliche Mobilfunknetze (GSM GPRS, UMTS, WAP, LTE), Nahbereichs-Funknetzwerke (Bluetooth, Infrarot, WLAN) (BSI 2006, S. 6, BSI 2009a). Als Zugangspunkte in das Firmennetzwerk eignen sich neben üblichen Remote-Einwahlverfahren auch Virtual Private Networks (VPN) (Kölmel 2007, S. 23). Mit diesen beiden Schnittstellen kann auf das in sich geschlossenes Firmennetzwerk zugegriffen werden.

Derartige, rein technische Sicht auf mobile Kommunikation weist allerdings einige Schwächen auf: So ist z. B. zweifelhaft, ob der Fall, dass zwei Mitarbeiter eines Unternehmens im selben Bürotrakt statt mit Fest/Hausnetz per Handy miteinander telefonieren, tatsächlich mobile Kommunikation darstellt – was es nach der obigen Definition wäre. Ebenso kann die zur mobilen Kommunikation zählende „Internetkommunikation" nicht nur auf VoIP oder Email zwischen zwei Personen beschränkt bleiben. Vielmehr sind auch z. B. Twitter oder Blogs (die sich an eine Vielzahl Leser richten), wie auch das Internetsurfing (primär nur eine Kommunikationsrichtung) in das Verständnis mit einzubeziehen. Zudem ist (mobile) Kommunikation offensichtlich mehr als nur das Gespräch mit einem Handy. Jenseits von Tele- und Internetkommunikation findet mobile Kommunikation auch ohne elektronische Hilfsmittel statt – in Form persönlicher oder sogar postalischer Kommunikation: das klassische persönliche Gespräch, die Versendung von

Briefen und Paketen, Präsentationen vor Zuhörerkreis außerhalb des Unternehmens, die physische Weitergabe von Unterlagen und Datenträgern sind hierzu zu zählen. Dies kann u. E. ebenso der mobilen Kommunikation zugeordnet werden, wenn der Informationstransfer ortsungebunden, z. B. nicht im Unternehmen stattfinden muss. Die klassischen Formen der mobilen Kommunikation sind nicht durch modernde Kommunikationstechnologien ersetzt sondern vielmehr ergänzt worden.

Um die technische Kernfunktion mobiler Kommunikation herum sind also auch andere Kommunikationsformen (was später als Handlungsfelder aufgefasst werden soll) zu berücksichtigen, die untrennbar mit der Kommunikation in einer mobilen Gesellschaft verbunden sind (persönliche, postalische Kommunikation) sowie die Kommunikation über das Internet. Ebenso sind bei der Identifizierung von Leckagen auch vorbereitende Tätigkeiten und Einrichtungen zu betrachten, die für die mobile Kommunikation notwendig bzw. nicht von ihr zu trennen sind (z. B. elektronische Datenhaltung im Laptop).

Dem Begriff sind in den letzten Jahrzehnten eine große Vielfalt an Interpretationen und Spezifikationen widerfahren. Ein allgemeingültiges Verständnis kann es daher auch nicht geben, Kommunikation erhält damit eine sehr breite und vielfältige Realdefinition (dazu u. a. Maletzke 1998, Burkhart 2002, Beck 2007).

Das Verständnis von mobiler Kommunikation stößt nur dann an Grenzen, wenn die Mobilität nicht sinnhaft erkennbar ist (persönliches Gespräch in der Lobby des Unternehmens) oder die Kommunikation nicht erkennbar ist (Mitarbeiter lässt Unterlagen auf dem Rückweg von einem Kundengespräch im Restaurant liegen). Die enge technische Sicht auf die mobile Kommunikation soll daher hier durchbrochen und ein breiteres Verständnis der mobilen Kommunikation in einer mobilen Gesellschaft gewählt werden. Es wird hier vielmehr zwischen mobiler Kommunikation „im engeren Sinne" und der „im weiteren Sinne" unterschieden, wobei sich anschließend alle weiteren Ausführungen auf Letzteres beziehen. Mobile Kommunikation i. w. S. soll hier jegliche Kommunikation (inkl. einseitiger, wie z. B. Surfen, Vorträge) von Unternehmensmitgliedern untereinander und mit Dritten umfassen, die nicht ortsgebunden ist und die Unternehmensgrenzen überschreitet. Mobile Kommunikation vereinigt dabei drei Handlungsfelder: Telekommunikation, Internetkommunikation und persönliche/postalische Kommunikation. Für die Analyse der Leckagen ist zudem die Kommunikation unterstützenden Prozesse und Einrichtungen zu berücksichtigen.

Mobile Kommunikation und Leckagen

Für Unternehmen bringt das mobile Arbeiten zwar Kosten- und Zeitersparnisse, allerdings entstehen auch hier Leckagen für vertrauliche Informationen: Informationen, die auf den mobilen Geräten gespeichert sind und mit denen kommuniziert wird, können bei Verlust des Gerätes von Dritten ausgelesen werden (Annuscheit 2008). Information, die über mobile Netze gesendet werden, können fehlgesendet, mitgelesen, mitgehört oder sogar umgeleitet werden. Auch können u. U. persönliche, vertrauliche Informationen, die im Internet gespeichert werden, von Dritten erlangt und genutzt werden (z. B. bei Google, Facebook, Cloud Storages). Ebenso ist es möglich, dass Mitarbeiter bei Ihrer Arbeit an den mobilen Geräten beobachtet (Shoulder Surfing) oder abgehört werden (Mithören von Telefongesprächen). Darüber hinaus sind persönliche und Tele- sowie Internetkommunikation in einer mobilen Gesellschaft kaum mehr zu trennen, die Leckagen für Informationen vermischen sich somit, treten vielfach bei den selben Anlässen auf.

Die Leckagen entstehen dabei durch die Mängel der Technik (z. B. unverschlüsseltes Netzwerk, Handy ohne Passwort) oder liegen im Verhalten der Mitarbeiter (z. B. unbedachtes, lautes Telefonieren in der Öffentlichkeit). So wird deutlich, dass die Leckagen entweder bei der Technik (z. B. Verschlüsselung) oder beim Verhalten der Mitarbeiter zu finden sind. So sind die Leckagen in persönlichen Gesprächen und bei postalischer Vermittlung denen in der elektronischen Kommunikation ähnlich: Gespräche und Post können fehlgesendet, mitgelesen, mitgehört oder sogar umgeleitet werden. Diese Leckagen entstehen durch das Verhalten der Mitarbeiter, selbst wenn z. B. Briefsendungen abgefangen werden.

Will man also zum Schutz der Vertraulichkeit in der mobilen Kommunikation die Leckagen und Schutzmaßnahmen umfassend identifizieren, ist das Verhalten der an der Kommunikation beteiligten Personen, alle vorbereitende Tätigkeiten sowie unterstützende Einrichtungen/Ausstattungen (elektronische Datenhaltung im Laptop, auf Sticks etc. sowie Unterlagen/Dokumente) zu berücksichtigen. Sie stellen zwar für sich nicht eine mobile Kommunikation dar, sind aber als Hilfsmittel und personale Bestandteile der Kommunikation untrennbar hiermit verbunden.

VI.3 Leckagen, Schäden und Schutzmaßnahmen in der mobilen Kommunikation

Leckagen in der mobilen Kommunikation

Zuvor wurden grundsätzlich die Gefahren von Leckagen in der mobilen Kommunikation aufgezeigt. Hier nun sollen alle denkbaren Leckagen zusammengetragen und systematisiert werden. Dabei ist es zunächst unerheblich, an wen und mit welcher Konsequenz die Informationen abfließen, ob sie vertraulich oder nicht sind, hier interessiert zunächst nur der Anlass für die Leckage, woraus sich folgende Gruppen ergeben:

- *Gezielter Informationsdiebstahl durch Mitarbeiter:* Unternehmen sind stets der Gefahr ausgesetzt, illoyale oder kriminelle Mitarbeiter zu beschäftigen. Diese können u. U. gezielt auf Informationen zugreifen, für die sie keine Berechtigung besitzen. Das gilt nicht nur für Daten auf Computern in den Unternehmen, sondern gleichermaßen für mobile Geräte. Von 2006 bis 2009 war jedes dritte mittelständische Unternehmen hiervon betroffen (Corporate Trust 2009, S. 17, KPMG 2010, S: 23, Deutsche Handwerkszeitung 2007, BfV 2009). Diese Gefahren ergeben sich u. a. dann, wenn die mobilen Geräte der Mitarbeiter unbeaufsichtigt sind und kein ausreichender Zugriffsschutz besteht. Zudem können mit Hilfe von mobilen Geräten in kurzer Zeit große Datenmengen aus dem Firmennetzwerk entwendet und auf ein anderes Gerät übertragen werden (Heikkila 2007, S. 22).
- *Zufälliger Datenzugriff durch Mitarbeiter:* Des Weiteren entsteht den Unternehmen ein Schaden, wenn Mitarbeiter zufällig oder ohne Wissen um das Unrecht auf vertrauliche Daten zugreifen oder diese ungewollt ändern bzw. löschen (Wiele 2009). Durchschnittlich werden mehr als die Hälfte unberechtigter Datenzugriffe durch Angestellte und externe Mitarbeiter durchgeführt (Schill 2007, S. 24, BSI 2008, S. 114). Nur knapp 40% der Mitarbeiter schützen ihr Mobiltelefon mit einem Passwort und viele lassen zudem ihre Passworte ungeschützt herumliegen (Credant 2009, Davis 2006, S. 42). Aber auch die IT-Verantwortlichen sind kein besseres Vorbild. Sogar IT-Verantwortliche lassen ihre eigenen Smartphones genau so mangelhaft schützen, wie der Großteil der Bevölkerung (Credant 2009, Knight 2004, S. 17). Durch die Nutzung des Geräte für berufliche wie private Zwecke erhöht sich zudem das Risiko, dass wichtige Informationen an Dritte gelangen können (Annuscheit 2008, Büllingen et al. 2009, S. 612, Credant 2009, McAfee 2009, S. 4, Goode 2010,

S. 13). Weiter kann Schadsoftware in das Firmennetzwerk gelangen (Heikkila 2007, S. 22, Kinzel 2009, Mitroussi 2007, S, 41).

- *Zufälliger Informations- und Geräteverlust durch Mitarbeiter:* Die mobilen Geräte gehen aufgrund ihrer geringen Größe schnell verloren. Im günstigsten Fall verlieren die Unternehmen lediglich das Gerät bzw. die darauf befindlichen Informationen und es kommt zu keinem Datenmissbrauch (Botha et al. 2009, S. 130, BSI 2006, S. 16, McAfee 2009, S.3, Siemens 2007, S. 14). Dabei verschlüsselt lediglich 40% der Unternehmen vertrauliche Daten auf den mobilen Geräten (KES 2008a, Annuscheit 2008, Büllingen et al. 2009, S. 614). Die Gefahr ist beachtlich: In Großbritannien ging im Jahr 2005 innerhalb von sechs Monaten allein in jedem dritten Taxi ein Handy verloren, insgesamt waren es 63.135 Stück. Darüber hinaus verloren Reisende dort zusätzlich fast 6.000 PDAs und 5.000 Laptops (Everett 2007, S. 16).
- *Gezielter Informationsdiebstahl durch Fremde:* Neben den bereits geschilderten Gefahren, die von eigenen Mitarbeitern ausgehen, bestehen in der mobilen Kommunikation noch weitere Risiken. Zum Beispiel dann, wenn mobile Geräte mit vertraulichen Informationen durch gezielten Diebstahl an die Konkurrenz oder Kriminelle gelangen. Beispielsweise könnten ehemalige Mitarbeiter noch in das Firmennetzwerk eindringen, sofern ihre alten Zugangsdaten nicht gelöscht wurden (Wiele 2009). Ein weiteres Problem besteht in der Tatsache, dass Mitarbeiter die Sicherheitsmaßnahmen (Passwortschutz, Verschlüsselung etc.) auf ihren mobilen Geräten aus Bequemlichkeit ausschalten könnten (Handelsblatt 2010a, S. 2). Das würde es Hackern noch einfacher machen, die vermeintlichen Sicherheitsbarrieren zu überwinden und auf vertrauliche Informationen zuzugreifen.
- *Gezielte Manipulation oder Einschleusung von Schadprogrammen:* Es wurde bereits erwähnt, dass Mitarbeiter mit ihren mobilen Geräten oft fahrlässig umgehen. Die Geräte werden aber nicht ausschließlich gestohlen. Hacker und Kriminelle können durch fahrlässiges Handeln seitens der Mitarbeiter bzw. durch ungenügende Sicherheitsvorkehrungen gezielt einen Schaden anrichten, indem sie Informationen auf den mobilen Geräten gezielt manipulieren (BSI 2006, S. 17). Die Vertraulichkeit in der mobilen Kommunikation wird vor allem gefährdet, wenn Geräte mit Kommunikationsfunktion keine Firewall und Antiviren-Software besitzen. Aktuell besteht in den Unternehmen ein großer Nachholbedarf, da nur wenige Unternehmen hiervon ausreichend Gebrauch machen. Nur 56% haben auf ihren mobilen Geräten eine Firewall eingerichtet (KES 2008a).

Ein Virenschutz liegt lediglich bei 68% der Unternehmen vor (KES 2008a, Meyer 2007, S. 2). So existieren für mobile Geräte wie z. B. PDAs oder Smartphones 500 bis 1000 Viren und Trojaner (Brinkschulte 2007, S. 45, Burkitt 2010, S. 14, Hesse et al. 2007, S. 18). Ebenso können sie unbewusst durch die Mitarbeiter installiert werden. Zum Beispiel dann, wenn auf dem Smartphone eine vermeintlich sichere Anwendung installiert wird, in der sich jedoch Schadsoftware befindet (Hesse et al. 2007, S. 18). Schadprogramme können somit auf unterschiedlichem Wege auf das mobile Gerät und von dort aus direkt in das Firmennetzwerk gelangen (BSI 2006, S. 19, BSI 2008, S. 126, Heikkila 2007, S. 22, Kinzel 2009).

- *Gezielter Angriff durch Observation oder zufälliges Abhören/Mitlesen:* Darüber hinaus ermöglichen mobile Geräte eine gezielte Überwachung der Mitarbeiter durch Fremde (McAfee 2009, S. 4). Selbst eine Deaktivierung von GPS bringt hier keine Abhilfe. Auch dann, wenn gleichzeitig das Gerät ausgeschaltet ist, wird die Lokalisierung durch das Netz oder durch das Endgerät ermöglicht (BSI 2008, S. 103). Hierdurch lassen sich komplette Bewegungsprofile von Mitarbeitern erstellen, die dann für weitere Zwecke missbraucht werden könnten. Ebenso ist es möglich, dass vertrauliche Informationen durch Telefonate im öffentlichen Raum (Café, Wartebereich am Flughafen/Hotel) nach außen gelangen, wenn Fremde bewusst oder unbewusst mithören. Oder Konkurrenten erhalten einen Einblick auf Präsentationsfolien einer neuen Produktvorstellung, während von außen durch das Fenster geschaut wird. Das gleiche Problem besteht im öffentlichen Nahverkehr, wenn Fremde den Bildschirm des mobilen Geräts betrachten können.

- *Gezielter Angriff auf Schnittstellen:* Mobile Geräte sind aber nicht die einzigen Angriffziele, denn Informationen können auch über die Kommunikationskanäle und Schnittstellen abgefangen werden. Über eine Absicherung der eigenen Schnittstellen in der mobilen Kommunikation ist allerdings nur jedes zweite Unternehmen informiert (BSI 2009c, S. 43). Häufig besteht keine Kenntnis darüber, ob sichere Einstellungen für das WLAN oder Bluetooth von den Mitarbeitern genutzt werden (BSI 2008, S. 117, Geldermann 2006, S. 2). Bei geschäftlichen Telefonaten besteht ebenfalls das Risiko, dass Inhalte dieser Gespräche durch so genannte Man-in-the-Middle-Attacken an Dritte gelangen. Während dessen wird beiden Gesprächspartnern Vertraulichkeit vorgetäuscht.

	Handlungsfeld	Grundform	Leckage	Chr.
← „mobile Kommunikation"	Telekommunikation (Handy)	Auslesen	Auslesen von Daten aus verlorenen oder liegen gebliebenen Handys, Sticks etc.	t
			Auslesen durch Hacker über Bluetooth-Einwahl	t
		Mithören /-lesen	Mithören/-schneiden von Telefonaten im öffentlichen Raum	v
			Mithören/-schneiden von Telefonaten im nichtöffentlichen Raum (Büro vs. privat)	v
			Mitlesen von SMS	t
		Umleiten	Abfangen von fehlgeleiteten Fax-Sendungen	t/v
			Abfangen von umgeleiteten SMS ohne Weiterleiten	t
	Internetkommunikation (Laptop, Netbook + Hardware, Smartphone, TabletPCs/Pads)	Auslesen	Auslesen durch Hackereinwahl	t
			Auslesen über Trojaner/Viren etc.	t
			Auslesen von verlorenen/gestohlenen oder liegen gebliebenen Laptops, Smartphones, Sticks etc.	v
		Mitlesen /-hören	Aufzeichnen des Datenflusses aus ungesicherten WLAN -, UMTS-, GPRS-, Bluetooth-Verbindungen	t
			„Abhören"/Mitschneiden VoIP-Kommunikation	t
			Mitlesen von Emails	t
			Mitlesen von FTP-Datensendungen	t
			„Shoulder Surfing"	v
		Umleiten	Phishing	v/t
			Auslesen von umgeleiteten Emails	t
			Auslesen von umgeleiteten FTP-Sendungen	t
„immobile Kommunikation" →	Persönliche & postalische Kommunikation: Gespräche, Präsentationen Datenträgerweitergabe (CDs, Sticks etc.)	Mithören	Mithören von Gesprächen im öffentlichen Raum (z. B. Flugzeug, Zug, Café, Outdoor-Präsentation)	v
			Mithören von Gesprächen im nichtöffentlichen Raum (Büro vs. privat)	v
		Mitlesen	Mitlesen im öffentlichen Raum, (z. B. Flugzeug, Zug, Café, Outdoor-Präsentation)	v
			Mitlesen von geöffneten, aber dennoch weitergeleiteten oder fehlgeleiteten Postsendungen	v
			Mitlesen im nichtöffentlichen Raum (z. B. Büro vs. privat)	v
		Auslesen / Kopie	Lesen liegen gebliebener nichtelektron. Unterlagen im öffentl. Raum (Windstoß, Flugzeug, Zug, Café)	v
			Lesen liegen gebliebener nichtelektronischer Unterlagen im nichtöffentlichen Raum (Büro vs. privat)	v
		Umleiten	Abfangen von um- oder fehlgeleiteten Postsendungen (ohne Weiterleitung)	v

Tab. VI.1: Zusammenstellung der Leckagen in der mobilen Kommunikation

Allerdings schaltet sich von beiden unbemerkt ein Mithörer zwischen die Gesprächspartner und kann das Gespräch mitverfolgen (Geldermann 2006, S. 3). Ebenfalls lassen sich vertrauliche Telefonate durch den Zugriff auf das entsprechende Providernetz abhören (BSI 2008, S. 25, 114).

Was zuvor im Unternehmenskontext illustriert wurde, kann nunmehr auf die Gleichartigkeit der Kommunikation und deren Leckagen hin zusammengestellt und systematisiert werden: Tabelle VI.1 stellt einen umfassenden Katalog aller denkbaren Grundformen von Leckagen in der mobilen Kommunikation dar. In der rechten Spalte wird zudem zu jeder Leckage ein Hinweis gegeben, ob diese verhaltens- oder technisch bedingt ist. Die Beschreibungen der Leckagen dürften – auch im Lichte der Illustrationen zuvor – selbsterklärend sein, so dass hier auf eine weitergehende Beschreibung verzichtet werden kann.

Konsequenzen aus Leckagen: Image- und Vertrauensverlust sowie finanzielle Schäden

Gelangen vertrauliche Informationen über die Leckagen an – unbefugte – Dritte, können daraus – auch erhebliche – Konsequenzen für die Unternehmen entstehen. Eine Konsequenz aus den Leckagen ist es, wenn Schutzmaßnahmen ergriffen werden. Daher werden im späteren Verlauf dieses Beitrages noch alle denkbaren Schutzmaßnahmen gegen Leckagen zusammengefasst und systematisiert.

Die i. d. R. erste Konsequenz ist allerdings zunächst einmal ein Schaden, er sich aus den Leckagen ergeben. So wurden z. B. die durchschnittlichen Kosten einer „Datenpanne" in deutschen Unternehmen mit 2,41 Mio. Euro abgeschätzt (Ponemon 2009, S. 11).

Nachdem der Verlust vertraulicher Informationen an die Öffentlichkeit gelangt ist, kann es in Abhängigkeit vom Ausmaß des Schadens zu einem Vertrauensverlust bei Kunden und Geschäftspartnern aber auch in der Öffentlichkeit kommen (Wiele 2009). Dabei schädigt sowohl das Faktum des Verlustes das Image, wie ggf. auch die nach außen gelangten vertraulichen Informationen selbst. Letzteres bedeutet, dass...

- Konkurrenten an strategische Informationen des Unternehmens gelangen,
- Mitarbeiter, Kunden und Geschäftspartner erkennen, dass Ihre persönlichen Daten öffentlich werden oder an Dritte gelangen,

- andere Einrichtungen Informationen erhalten, die sie so nicht besitzen sollten (z. B. interne Bewertungen von Vermögensgegenständen des Unternehmens gelangen an den Fiskus oder Ratingagenturen),
- Informationen über neue Produkte zu früh in die Öffentlichkeit gelangen und die bestehenden Produkte – im Lichte der kommenden Neuerungen – nicht mehr aktuell wirken und auch nicht mehr zu den bisherigen Preisen veräußert werden können.

Hinzu kommen Folgeschäden, so z. B. (u. a. Kölmel 2007, BSI 2010b, Cordial 2010):

- Verlust von Kunden und damit von Umsatz und Gewinn. Nicht nur bestehende Kunden können abwandern, auch potentielle Neukunden können abgeschreckt werden (Geldermann 2006, S. 5).
- Desgleichen bei Kooperationspartnern, Lizenzgebern oder auch Zulieferern. Wenn vertrauliche Informationen über Geschäftspartner verloren gehen, kann dies zur sofortigen Beendigung der Geschäftsbeziehung führen (Handelsblatt 2010a).
- Kenntnis der Kunden über die Preiskalkulation des Unternehmens und damit erhöhter Preisdruck.
- Die Kosten für vertraulich erhobene Informationen, die nun nicht mehr vertraulich und daher werthaltig sind, da anderen (z. B. Konkurrenten) zugänglich.
- Neubewertungen und Nachversteuerungen durch den Fiskus.
- Verschlechtertes Rating durch Banken und Agenturen und daraus folgend verschlechterte Kreditkonditionen.
- Kosten für die Vergabe neuer Passwörter und Zugangsberechtigungen.
- Desgleichen für die Entwicklung neuer Technologien, Produkte, Produktionsverfahren und Strategien.
- Verluste durch Neubeschaffung von Mitarbeitern als Ersatz für Mitarbeiter, die aufgrund des o. g. Vertrauensverlustes das Unternehmen verlassen haben.
- Investitionen in Marketingmaßnahmen, um die vorherige Reputation wiederherzustellen.
- Gesetzlich vorgegebene Strafen bei Verletzung des Datenschutzes und der Vertraulichkeit, Steuerstrafen bei Nachversteuerung und der Annahme von Steuerhinterziehung. Ist ein Unternehmen vom Verlust vertrauli-

cher Informationen betroffen, müssen die Betroffenen gemäß §42a BDSG informiert werden. Dies kann entweder persönlich oder durch eine Veröffentlichung erfolgen (Kinzel 2009), was ebenso Imageschaden und Kosten verursacht.

Jenseits von dem Image- und Vertrauensschaden können auch Regressansprüche der Betroffenen entstehen. Allerdings ist es häufig für die Betroffenen hingegen schwer, einen Schaden aus dem Verlust zu benennen und hierfür Regress gegenüber dem Unternehmen zu nehmen.

Zur Bemessung von Schäden aus der Verletzung der Vertraulichkeit

Ob die oben genannten Leckagen auch zu einem Schaden führen, ist vom Zufall, von der Kompetenz und der Schädigungsabsicht des Verwendenden der – vertraulichen - Informationen abhängig. Leckagen können nur dann zu einem Schaden führen können, wenn die „abfliesenden" Informationen generell oder zumindest ggü. ausgewählten Interessengruppen vertraulich sind, die Rezipienten die erhaltenen Informationen verstehen und interpretieren können sowie diese Informationen direkt gegen das Unternehmen verwenden oder an Dritte weitergeben (die diese gegen das Unternehmen verwenden können) und die Rezipienten zudem gewollt sind, bewusst dem Unternehmen Schaden zuzufügen oder zumindest dies billigend in Kauf zu nehmen.

Dabei erscheint es nahezu unmöglich, zu bestimmen, mit welcher Wahrscheinlichkeit die Informationen zu einer Person gelangen, die diese versteht, interpretiert und auch noch gegen das Unternehmen bewusst oder aus Nachlässigkeit nutzt. Das sollen folgende Beispiele illustrieren:

Ist ein Handygespräch oder ein persönliches Gespräch in einem Restaurant mitzuhören, in dem vorwiegend fremdsprachige Touristen verkehren, so dürfte es wenig wahrscheinlich sein, dass die Information von Letzteren überhaupt verstanden oder gar genutzt werden. Selbst in einem Reisezug wäre es ein großer Zufall, wenn sich just ein Mitarbeiter eines Wettbewerbers zur gleichen Zeit am gleich Ort befindet, so dass er ein vertrauliches Telefonat mithören kann. Anders stellt sich die Situation dar, wenn im Reisezug zu einer Fachmesse telefoniert wird. Hier erscheint die Wahrscheinlichkeit hoch, dass Fachkollegen und Fachjournalisten in der Nähe sitzen. Desgleichen kann in der Kantine eines Technologieparks mit Unternehmen aus der gleichen Branche vorkommen.

Der Rezipient, der die Informationen zufällig erlangt, muss die Informationen gegen das Unternehmen nicht nur nutzen können, sondern auch wollen. Selbst wenn die Informationen ihn interessieren mögen, so mag es Personen geben, die aus der Leckage „kein Kapital schlagen" wollen. Allerdings könnte der Rezipient auch an die Informationen nicht nur zufällig, sondern gezielt gelangen: Die Wahrscheinlichkeit, dass Leckagen zu Schäden führen, ist dann besonders hoch, wenn durch Observation oder mit technischen Hilfsmitteln die Gespräche abgehört oder Internetverbindungen ausgelesen werden. Aber auch dann kann nicht jede Information genutzt werden: So kann die Weitergabe der vertraulichen Information bereits zu spät erfolgen (z. B. bei Börsengeschäften) oder die Informationen nicht so vollständig sein, als dass der Rezipient mit diesen etwas anfangen könnte (z. B. Zahlen zur Preiskalkulation).

Eine Leckage führt also nicht zwangläufig zu einem Schaden. Die Wahrscheinlichkeit, dass es zum Schaden kommt ist im Vorhinein kaum oder nicht bestimmbar. Ebenso ist es nicht einfach, den Schaden in seiner Höhe zu bestimmen – wenn er eintritt. Die Ausführungen zuvor können nur einen Hinweis geben, welche Schänden auftreten können, ihre – monetäre – Bemessung ist gleichwohl schwierig und nur im Einzelfall bestimmbar.

Als Konsequenz muss angestrebt werden, jegliche Leckagen in der mobilen Kommunikation und damit jeglichen Verlust von Informationen durch Schutzmaßnahmen zu vermeiden. Die Frage des tatsächlich eintretenden Schadens (in Eintrittswahrscheinlichkeit und Umfang) bleibt dabei für dieses Ziel unerheblich, wie auch die Frage, wer die „Dritten" sind, die die Informationen erhalten.

Konsequenz: Schutzmaßnahmen

Jenseits der deskriptiven Sicht auf die Konsequenzen (Art und Bewertung der Schäden) ergibt sich aus der Kenntnis der Leckagen nun auch die Frage nach dem Schutz vor den Leckagen bzw. dem Schutz der Vertraulichkeit. Es bietet sich hierfür eine Fülle von Maßnahmen an:

- *Einsatz von Software*: Hierzu gehören neben Zugangsschranken und (aufwändiger) Identity Management Software auch Verschlüsselung von auf den mobilen Geräten befindlichen Informationen, Verschlüsselung und Tunnelung der Übertragung der Informationen (Daten, Sprache) Firewalls und Schutzsoftware gegen Hackerangriffe sowie Software zur Identifizierung und Beseitigung von Viren und Trojanern. Letztendlich gehört hierzu auch der häufig genutzte Bildschirmschoner sowie Software zum Sperren des versehentlichen Zugangs zu ungeschützten oder zu Phishing-Seiten im Internet.

- *„Mechanische" und „bauliche" Maßnahmen:* Hier handelt es sich um jegliche Maßnahmen, die geeignet sind, auf mechanischem Wege, mobile Geräte zu schützen und Leckagen zu vermeiden. Hierzu gehören u. a. Sichtschutzen(folien) auf dem Laptopbildschirm (gegen Shoulder Surfing), Laptopketten gegen Diebstahl, verschlossene Handy-Etuis oder auch – wenn doch ungewöhnlich – der schallgeschlossene Raum nur für Handytelefonate (eine neue Nutzung der früheren Telefonzelle). Ebenso Schall und Sichtschutz in Tagungsräumen.
- *Richtlinien* sollen den Mitarbeitern verbindliche Verhaltensvorgaben geben, die Leckagen vermeiden sollen, so z. B. wo und wie (laut) im öffentlichen Raum telefoniert oder gesprochen werden soll oder wie der Verlust von mobilen Geräten verhindert werden kann. Weiter sind auch Vorgaben zum Umgang mit Internet und SMS, Fax sowie Postversand darunter zu subsumieren. Ebenso das Verbot der Mischnutzung der Geräte im Privaten und Beruflichen, also z. B. keine Überlassung an die Kinder.
- *Mitarbeiterschulung und Workshops*: Hierunter sind alle Veranstaltungen zu subsumieren, die die Mitarbeiter für den Schutz der Vertraulichkeit sensibilisieren und anleiten (z. B. in die Schutzsoftware oder Richtlinien).
- Der *Einsatz eines Verantwortlichen für den Schutz der Vertraulichkeit* in der mobilen Kommunikation (Sicherheitsbeauftragter) kann hier nur als begleitende Maßnahme zu den zuvor genannten angesehen werden, da dieser die Maßnahmen anstoßen, planen und ggf. sogar umsetzen sowie deren Einhaltung kontrollieren muss. Solche Aufgaben wird ein Verantwortlicher allerdings in kleinen und mittleren Unternehmen wahrscheinlich nur als Teil anderer Datenschutz- und Sicherungsaufgaben bearbeiten.

In der Literatur wird wiederholt darauf hingewiesen, dass derzeit nur wenige deutsche Unternehmen die oben genannten und eingesetzten Maßnahmen in ein geschlossenes Sicherheitskonzept einfügen (Buschmann 2007, S. 8), gleichwohl bedarf es eines „Mobil Security Managements".

Zur Messung von Bedrohung und Bedeutung der Leckagen für die Unternehmen

Es ist offensichtlicht, dass die Schäden aus Leckagen in der mobilen Kommunikation nicht nur sehr vielfältig sind (Image- und Vertrauensverlust, Umsatz- und Gewinneinbussen, zusätzliche Kosten für Schutz und Rehabilitierung, Regressansprüche und ggf. Strafen) sondern auch in ihrem Umfang das Unternehmen ernsthaft bedrohen können. So berichtet Kölmel, dass es bereits in einigen deutschen Unternehmen zur Insolvenz infolge schwerwiegender Verletzungen des Datenschutzes gekommen sei (Kölmel 2007, S. 22). Zudem haftet bei der GmbH ggf. auch die Geschäftsführung bei Schadensersatzansprüchen (BSI 2010b, S.8). In Großbritannien drohen den Unternehmen bei groben Verstößen gegen das dortige Datenschutzgesetz sogar Geldstrafen bis zu 500.000 Pfund (Cordial 2010, S. 42). Zuvor wurde aber auch ausgeführt, dass die Eintrittswahrscheinlichkeit und der Umfang eines Schadens nur im Nachhinein und nicht im Vorhinein und allgemeingültig für Leckagen bemessenen werden kann, was im Wesentlichen den zufälligen Bedingungen der Leckagefalls im Unternehmen geschuldet ist. Dies erscheint unbefriedigend, möchte man doch die verschiedenen Leckagen in ihrer Bedrohung und damit in ihrer generellen Bedeutung für die Unternehmen einschätzen und vergleichen. Diese Bedrohung für die Unternehmen ergibt sich aus

- der Wahrscheinlichkeit des Eintritts einer Leckage oder eines Schaden und
- aus dem Umfang des Schadens bei Eintritt dessen.

Nun bietet sich als Ausweg an, die Bedrohung/Bedeutung empirisch zu bestimmen, indem Mitarbeiter nach ihren Erfahrungen und Einschätzungen aus dem Unternehmenskontext heraus befragt werden: Sie sollen die Eintrittswahrscheinlichkeit des Auftretens eines Schadens aus der Leckage und das Ausmaß des Schadens für das Unternehmen im Eintrittsfalle abschätzen. Die Bedrohung und damit die Bedeutung der Leckage für die Unternehmen werden somit nicht normativ sondern empirisch bestimmt (je größer die Bedrohung, desto größer ist auch die Bedeutung, die die Leckage für das Unternehmen hat bzw. haben muss. Aus pragmatischen Gründen soll daher im Folgenden undifferenziert nur noch von „Bedeutung" gesprochen werden). Die beiden empirisch bestimmbaren Variablen erscheinen uns als valider Indikator für die Summe der zu erwartenden Schäden durch Leckagen mobiler Kommunikation im Unternehmen. Je größer das Eintrittsrisiko und je größer der Schaden bei Eintritt eines Verlustfalles, desto größer ist die Bedrohung und damit die Bedeutung der Leckage für das Unternehmen. Dies kann wie folgt in einem Diagramm – vergleichbar den bekannten Portfoliodarstellungen – visualisiert werden (Abbildung VI.1). Die Einschätzung zu beiden Variablen können an Ratingskalen entlang abgefragt werden (im der folgenden Abbildung VI.1 wurde jeweils ein Rating von 0 (= Risiko faktisch nicht gegeben, „nicht zu erwarten“ bzw. = unerheblicher/kleiner Schaden) bis 4 (= Eintritt faktisch wahrscheinlich (100%), „nicht zu verhindern“ bzw. = sehr großer Schaden, unternehmensgefährdend) verwendet).

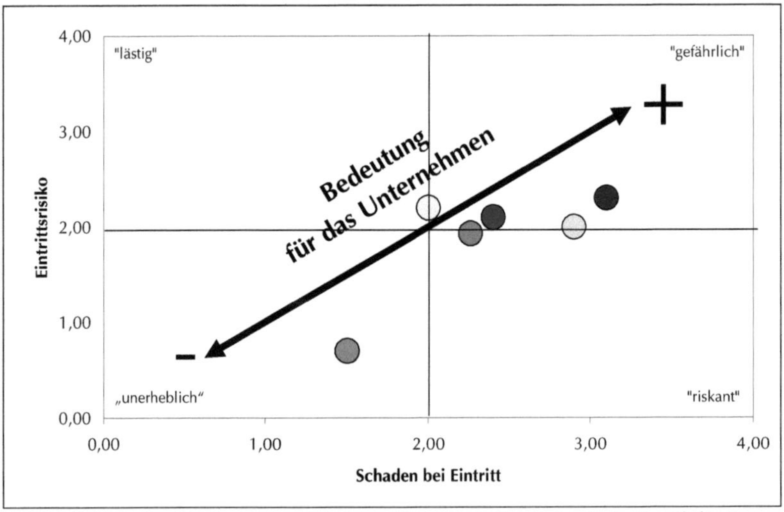

Abb. VI.1: Bedeutung der Leckagen: „Eintrittsrisiko-Schadens-Portfolio“

Auf diese Weise kann einfach und nachvollziehbar dargestellt werden, wie die Bedrohung und damit die Bedeutung einer Leckage für die Unternehmen zu bewerten ist. Im obigen Diagramm sind hierzu Beispiele als Punkte/Kreise eingetragen. Die Diagramme können je nach Teilgruppe unter den Befragten (z. B. nach Größenklassen oder Branchen/Sektoren) differenziert werden. Sie können darin z. B. die Mittelwerte der Ratings zu den beiden Variablen „(Eintritts-)Risiko“ und „Schaden bei Eintritt“ von Handwerks-, Industrie- und Handelsbetrieben sowie Freiberuflern – jeweils zu einer Leckage gegenübergestellt werden. Die Position, die sich aus der Kombination der beiden Werte im Diagramm ergibt, lässt darüber hinaus folgende grobe Bewertung bzw. Einordnung zu:

- „Gefährlich“: Rechts oben im Diagramm befinden sich Leckagen, die sowohl hohes Eintrittsrisiko für einen Schaden wie auch großen Schaden im Falle eines Eintritts aufweisen. Solche Leckagen stellen eine besonders große Bedrohung und somit auch Bedeutung für die Unternehmen dar.
- „Unerheblich“: Links unten im Diagramm befinden sich Leckagen, die sowohl geringes Eintrittsrisiko für einen Schaden wie auch geringen Schaden im Falle des Eintritts aufweisen. Solche Leckagen stellen nur eine geringe Bedrohung und somit auch Bedeutung für die Unternehmen dar.
- „Lästig“ und „riskant“: Die Bedeutung derjenigen Leckagen, die sich in den Quadranten links oben und rechts unten wieder finden, wird nur von einer der beiden Variablen (Eintrittsrisiko für Schäden oder Schaden) angetrieben. Entweder entsteht die Bedrohung durch das hohe Eintrittsrisiko bei vergleichsweise geringem Schaden pro Fall: Die Zahl der zu erwartenden Fälle macht die Bedrohung aus. Oder es sind zwar recht unwahrscheinliche, aber bei Eintritt mit erheblichen Konsequenzen verbundene, seltene Fälle, die die Bedrohung ausmachen.

Exkurs

Jenseits der „Portfoliodarstellung“ erscheint es weiterhin sinnvoll, aus den beiden Variablen einen gemeinsamen, singulären Indikator für die Bedeutung abzuleiten. So kann entlang eines einzelnen Maßstabes eine Rangfolge der am meisten und der am wenigsten bedrohlichen und damit bedeutenden Leckagen für die Unternehmen aufgestellt werden. Als Maßstab bieten sich – in Anlehnung an die clusteranalytischen Proximitätsmaße – die einfache Addition der o. g. Mittelwerte (City-Block-Distanz) oder die Länge der Strecke vom Nullpunkt bis zu der, sich aus den Mittelwerten ergebenden, Position im Diagramm an (Quadratwurzel aus den Quadratsummen, euklidische Distanz):

- Wert per einfacher Addition $= \overline{X} + \overline{Y}$ (mit $\overline{X}$ = Mittelwert Variable (Eintritts-)Risiko, $\overline{Y}$ = Mittelwert Variable Schaden bei Eintritt)
- Wert per euklidischer Distanz $= \sqrt{\overline{X}^2 + \overline{Y}^2}$ (mit $\overline{X}$ = Mittelwert Variable (Eintritts-)Risiko, $\overline{Y}$ = Mittelwert Variable Schaden bei Eintritt)

Beide Berechungen gehen implizit von der Annahme aus, dass beide Variablen inhaltlich wie mathematisch gleichgewichtig zur Bedeutung (auch Bedrohung) beitragen. Da aber beide Variablen völlig unterschiedliche

Sachverhalte abbilden, ist eine solche Annahme problematisch. Gleichwohl erscheinen beide Maße für eine Bewertung der Bedeutung der Leckage für die Unternehmen geeignet, da sie für sich je eine stetige Funktion als Maß der Bedeutung abbilden. Dabei betont die euklidische Berechnung die Bedeutung bei Leckagen mit symmetrischen Mittelwertpaaren. Der Vergleich der beiden Maße muss sich daher auf den Vergleich der Rangfolgen der sich ergebenden Werte für die Leckagen beschränken. Dies aber erscheint hinreichend, um diese Rangfolge der Bedrohung der Unternehmen durch die Leckagen zu erstellen.

VI.4 Neuere empirische Beiträge zur Vertraulichkeit und Leckagen in der mobilen Kommunikation

Im Jahr 2010 wurden im Deutschen Institut für kleine und mittlere Unternehmen mehrere umfassende Untersuchungen zum vorliegenden Thema durchgeführt (ausführliche Darstellung siehe Meyer 2010):

(1) Befragung von kleinen und mittleren Unternehmen zu deren Einschätzung der Häufigkeit und Schäden von Leckagen in der mobilen Kommunikation, also welche Bedeutung den verschiedenen Leckagen der mobilen Kommunikation in den Unternehmen beigemessen wird.

(2) Befragung von kleinen und mittleren Unternehmen zum Umgang der Unternehmen mit vertraulichen Daten in der mobilen Kommunikation zu ermitteln (Erfahrungen, Schutzmaßnahmen, Bewusstsein bei Management und Mitarbeitern für das Thema, ggf. institutionelle Umsetzung (z. B. Sicherheitsbeauftragter), zur unternehmensinternen Nutzung und Planung des Schutzes von Informationen und eine Bewertung von Maßnahmen zum Schutz von vertraulichen Informationen in der mobilen Kommunikation.

Befunde aus der ersten Studie

In der ersten Befragung (Meyer 2010) wurden die Gefahren der Leckagen für die Unternehmen abgefragt. Dabei wurde entsprechend dem Modell aus Kapitel VI.4 die Bedeutung/Bedrohung durch die zwei Variablen operationalisiert: „Eintrittsrisiko" (Wahrscheinlichkeit) eines Schadens aus der Leckage im Unternehmen und „Schaden bei Eintritt", also die Konsequenzen für das Unternehmen, wenn die Leckage tatsächlich auftritt bestimmt. Beide Variablen wurden entlang eines 5-Stufen-Ratings bei den Unternehmen als subjektive Einschätzung für jede der 26 Leckagen der mobilen Kommunikation abgefragt. Die Leckagen konnten so aus den Mittelwerten der Antworten der Befragten zu Eintrittsrisiko und zum Schaden bei Eintritt im oben vorgestellten Diagramm eingetragen werden, was die folgende Abbildung VI.2 zeigt. Es wird darin offensichtlich:

- Quadrant „gefährlich“: Die Leckagen „Mitlesen von SMS“ (Nr. 3) und „Auslesen von Daten aus verlorenen Handys, Sticks etc.“ (Nr. 16) haben eine sehr große Bedeutung für die Unternehmen. Sie weisen sowohl ein erhöhtes Eintrittsrisiko für einen Schaden als auch einen großen Schaden bei Eintritt auf.
- Quadrant „lästig“: Die Leckagen „PC Auslesen über Trojaner/Viren etc.“ (Nr. 15), „Mitlesen von geöffneten, aber dennoch weitergeleiteten oder fehlgeleiteter Postsendungen“ (Nr. 19) und „Auslesen von verlorenen/gestohlenen Laptops, Smartphones, Sticks etc.“ (Nr. 21) bedeuten nur mäßig großen Schaden bei Eintritt. Dagegen ist ein Schaden in den Unternehmen wahrscheinlich. Somit haben diese Leckagen eine große Bedeutung für die Unternehmen.
- Quadrant „riskant“: Gleiche Bedeutung ist den Leckagen „Mitlesen von Emails“ (Nr. 10), „Mithören von Gesprächen im nichtöffentlichen Raum (Büro vs. privat)“ (Nr. 11), „Mitlesen im öffentlichen Raum, (z. B. Flugzeug, Zug, Café, Outdoor-Präsentation)“ (Nr. 22) und „Mithören/-schneiden von Telefonaten im öffentlichen Raum“ (Nr. 26) zuzumessen, die zwar nur ein geringes Eintrittsrisiko, aber im Eintrittsfall einen großen Schaden mit sich bringen.
- Quadrant „unerheblich“: Die Leckagen „„Abhören“/Mitschneiden VoIP-Kommunikation“ (Nr. 5), „Mitlesen im nichtöffentlichen Raum (z. B. Büro vs. privat)“ (Nr. 7), „Abfangen von fehlgeleiteten Fax-Sendungen„ (Nr. 12), „Mithören/-schneiden von Telefonaten im nichtöffentlichen Raum (Büro vs. privat)“ (Nr. 14) und „Abfangen von um- oder fehlgeleiteten Postsendungen (ohne Weiterleitung)“ (Nr. 18) besitzen aufgrund des geringen Eintrittsrisikos und des geringen Schadens im Eintrittsfall keine Bedeutung für die Unternehmen.

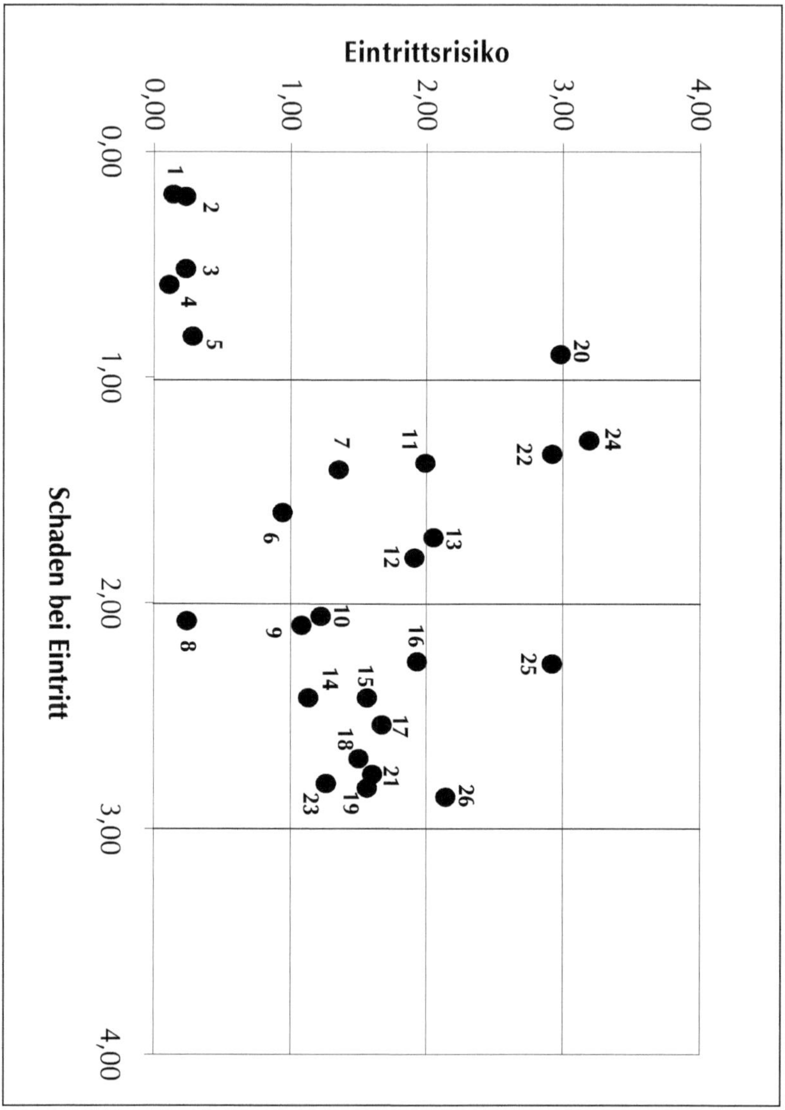

Abb. VI.2: Mittelwerte der Ratings aller Befragten zu den Variablen Eintrittsrisiko und Schaden bei Eintritt (Basis Rating 0 (gering) bis 4 (sehr groß), die Zahlen korrespondieren mit den lfd. Nummern der nebenstehenden Tabelle, vgl. Meyer 2010) Agenda folgend…

Agenda zur Abbildung VI.2:	
1	Auslesen von umgeleiteten FTP-Sendungen
2	Mitlesen von FTP-Datensendungen
3	Mitlesen von SMS
4	Abfangen von umgeleiteten SMS ohne Weiterleiten
5	„Abhören"/Mitschneiden VoIP-Kommunikation
6	Auslesen von liegen gebliebenen nichtelektronischen Unterlagen im nichtöffentlichen Raum (Büro vs. privat)
7	Mitlesen im nichtöffentlichen Raum (z. B. Büro vs. privat)
8	Auslesen durch Hacker über Bluetooth-Einwahl
9	Auslesen von umgeleiteten Emails ohne Weiterleitung
10	Mitlesen von Emails
11	Mithören von Gesprächen im nichtöffentlichen Raum (Büro vs. privat)
12	Abfangen von fehlgeleiteten Fax-Sendungen
13	Auslesen von liegen gebliebenen nichtelektronischen Unterlagen im öffentlichen Raum (Windstoß, Flugzeug, Zug, Café)
14	Mithören/-schneiden von Telefonaten im nichtöffentlichen Raum (Büro vs. privat)
15	PC Auslesen über Trojaner/Viren etc.
16	Auslesen von Daten aus verlorenen Handys, Sticks etc.
17	PC Auslesen durch Hackereinwahl
18	Abfangen von um- oder fehlgeleiteten Postsendungen (ohne Weiterleitung)
19	Mitlesen von geöffneten, aber dennoch weitergeleiteten/fehlgeleiteten Postsendungen
20	„Shoulder Surfing"
21	Auslesen von verlorenen/gestohlenen Laptops, Smartphones, Sticks etc.
22	Mitlesen im öffentlichen Raum (z. B. Flugzeug, Zug, Café, Outdoor-Präsentation)
23	Aufzeichnen des Datenflusses aus ungesicherten WLAN-, UMTS-, GPRS- und Bluetooth-Verbindungen
24	Mithören von Gesprächen im öffentlichen Raum (z. B. Flugzeug, Zug, Café, Outdoor-Präsentation)
25	Phishing
26	Mithören/-schneiden von Telefonaten im öffentlichen Raum

Zusammenfassend stellen also die Leckagen „Mithören/-schneiden von Telefonaten im öffentlichen Raum, Phishing, Mithören von Gesprächen im öffentlichen Raum (z. B. Flugzeug, Zug, Café, Outdoor-Präsentation), Aufzeichnen des Datenflusses aus ungesicherten WLAN -, UMTS-, GPRS- und Bluetooth-Verbindungen, Mitlesen im öffentlichen Raum (z. B. Flugzeug, Zug, Café, Outdoor-Präsentation) sowie Auslesen von verlorenen/gestohlenen Laptops, Smartphones, Sticks etc." die größten Bedrohungen für die Unternehmen dar und sollten damit die größte Beachtung beim Schutz der mobilen Kommunikation erfahren.

Dem gegenüber stellen „Auslesen von liegen gebliebenen nichtelektronischen Unterlagen im nichtöffentlichen Raum (Büro vs. privat), Abhören/Mitschneiden VoIP-Kommunikation, Abfangen von umgeleiteten SMS ohne Weiterleiten, Mitlesen von SMS, Mitlesen von FTP-Datensendungen und Auslesen von umgeleiteten FTP-Sendungen die geringste Bedrohung und damit Bedeutung für die Unternehmen dar.

In der Studie konnte ferner ein Einfluss der Sektorenzugehörigkeit auf die Ergebnisse festgestellt werden:

- Bei fast allen Leckagen nannten die Freiberufler signifikant größere Bedeutung auf, als alle anderen Gruppen, die Handwerksbetriebe in gleicher Weise geringere Bedeutung. Freiberufler scheinen somit den Gefahren durch Leckagen in der mobilen Kommunikation mehr Bedeutung beizumessen, als die anderen Unternehmen. Entsprechend umgekehrt verhält es sich bei den Handwerksbetrieben.
- Dabei ist auffällig, dass die Freiberufler insbesondere den Schaden für das Büro durchgängig größer einschätzen, als andere Betriebe. Dies mag darin begründet sein, dass Freiberufler mobil häufig mit vertraulichen/brisanten Informationen umgehen – im Gegensatz zum Handwerk.
- Unternehmen des Handels und der Industrie weichen generell bei allen Leckagen nur gering von der Position aller Befragten ab. Dies mag durch den hohen Anteil von Handels- bzw. Industriebetrieben im Sample und damit durch die Dominanz dieser Gruppen bedingt sein. Gleichwohl fällt auf, dass sich Industrie und Handel sehr ähnlich zum Risiko äußern, die Einschätzung zum Schaden in der Industrie - erwartungsgemäß – generell etwas über der aus dem Handel liegt.
- Weiter ist bei einigen Leckagen (z. B. Shoulder Surfing, Mitlesen von Emails, Auslesen umgeleiteter Emails ohne Weiterleitung) eine große Streuung zwischen den Gruppen auffällig. Diese Streuung zeigt sich aber weniger in den Mittelwerten zur Variable Eintrittsrisiko eines Schadens, sondern vielmehr zur Variable Schaden. Auch hier scheint das oben Gesagte zu gelten: Die Qualität, ggf. die Brisanz der Informationen in der mobilen Kommunikation ist zwischen den Gruppen unterschiedlich und

damit auch der mögliche Schaden bei Eintritt: Bei Freiberuflern und Dienstleistern ist er tendenziell hoch, im Handwerk tendenziell gering.

- Für diejenigen Leckagen, die ohnehin geringe Bedeutung erlangen (z. B. Mitlesen von FTP-Datensendungen) liegen die Positionen zu den einzelnen Sektoren/Gruppen erwartungsgemäß sehr nahe beieinander.

Dagegen konnte ein Einfluss der Unternehmensgröße auf die Einschätzungen der Unternehmen zu Eintrittsrisiko und Schaden bei Eintritt nicht festgestellt werden. Nur bei 14 der 26 Leckagen ist bei größeren Unternehmen ein – zudem sehr gering – höherer Wert für die Schadenseinschätzung gegenüber kleinen Betrieben zu erkennen (z. B. bei „Aufzeichnung des Datenflusses aus ungesicherten WLAN-, UMTS-, GPRS-, LTE- und Bluetooth-Verbindungen").

Befunde aus der zweiten Studie:

In der zweiten Studie wurden Unternehmen nach ihrem Umgang mit vertraulichen Daten in der mobilen Kommunikation befragt: Erfahrungen, Schutzmaßnahmen, Bewusstsein bei Management und Mitarbeitern für das Thema, ggf. institutionelle Umsetzung (z. B. Sicherheitsbeauftragter). Weiter wurde die unternehmensinterne Nutzung und Planung des Schutzes der vertraulichen Informationen sowie Gründe, warum Maßnahmen bisher noch nicht ergriffen wurden, erhoben (vgl. Meyer 2010). Folgende zentrale Ergebnisse konnten gewonnen werden:

- Je fast die Hälfte der Unternehmen verfügt über einen Verantwortlichen für den Schutz von Unternehmensinformationen bzw. verfügt nicht darüber. Im Lichte einer durchschnittlichen Mitarbeiterzahl von 159 erscheint der Anteil der Unternehmen mit einem solchen Verantwortlichen groß. Allerdings bleibt durch die Frage offen, welche Form von Verantwortlichem sich hinter der Auskunft verbirgt. Ein Verantwortlicher kann ein Mitarbeiter sein, der diese Funktion nur am Rande seiner sonstigen Aufgaben ausfüllt oder aber eine extra hierfür definierte Position besetzt.
- Die Unternehmen waren in etwa gleich großer Anzahl von einem Verlust eines mobilen Geräts betroffen bzw. sind bisher davon verschont geblieben. Auffallend ist dabei die große Zahl von Befragten, die keine Angaben machen konnten. Dieses Unwissen deutet darauf hin, dass der Verlust eines mobilen Geräts in den Unternehmen nur von geringer Beachtung oder Bedeutung ist – und damit auch die Gefahren, die mit dem Verlust von vertraulichen Daten einhergehen.

- Über die Hälfte der Befragten gab zu dieser Frage an, dass noch kein Verlust an externe Personen vorgekommen ist. In weniger als einem Sechstel der Fälle wurde ein solcher Verlust durch die Befragten gemeldet. In den 114 Unternehmen, in denen bereits betriebseigene Geräte abhanden gekommen sind, hatte dies bei 47 Unternehmen (41%) zur Folge, dass Informationen an Externe gelangten. In den Fällen, in denen kein mobiles Gerät abhanden gekommen ist oder die Befragten dies nicht wussten, konnte selbstverständlich auch kein Informationsverlust benannt werden. Auffällig ist der hohe Anteil der Befragten, die über einen Verlust von vertraulichen Informationen an externe Personen im Unternehmen keine Kenntnis besitzt (32%). Die Ergebnisse legen nunmehr den Eindruck geringer Sensibilisierung der Unternehmen nahe.
- Die Ergebnisse für alle Unternehmen zeigen, dass die Unternehmen der Vertraulichkeit in der mobilen Kommunikation einen „hohen" Stellenwert = große Bedeutung beimessen, das Sicherheitsbewusstsein der Mitarbeiter durch die Befragten im Durchschnitt weder hoch noch gering ist, das Risiko des Verlustes von vertraulichen Daten weder hoch noch gering bewertet wird und der Schutz des Unternehmens durch die Befragten im Mittel als gut angegeben wird.
- Den Unternehmen wurden vier Maßnahmen zum Schutz vertraulicher Informationen in der Kommunikation vorgestellt, die sie nach ihrem Nutzen bewerten sollten: Einführung von Richtlinien für die Mitarbeiter, Mitarbeiterschulungen zum Thema, Einsatz von Schutzsoftware und Datensicherung. Alle Maßnahmen werden von den Unternehmen im Mittel mit sehr gut oder gut bewertet. Datensicherung wird dabei als beste Maßnahme angesehen. Der Nutzen der Maßnahmen wurde umso höher eingeschätzt, je geringer der Aufwand ist, die Maßnahme zu installieren bzw. umzusetzen.
- Die Unternehmen wurden zudem gefragt, ob sie die o. g. Maßnahmen bereits nutzen bzw. dieses planen: 87% der Untenehmen nutzen bereits die Datensicherung und werden dies weiterhin tun. Weitere 5% planen diese Maßnahme einzusetzen. Zusammen werden in Zukunft also etwa 91% der Unternehmen die Datensicherung gegen Verlust vertraulicher Informationen nutzen. Schützende Software setzen bereits 64% der Unternehmen ein, weitere 14% wollen in Zukunft diese einsetzen. In Summe sind dies in Zukunft also 78%. Während 46% der Untenehmen bereits Richtlinien vorgegeben haben, wollen weitere 33% in Zukunft folgen (Summe 79%). Nur 27% der Unternehmen setzen bislang Mitarbeiterschulungen ein, aber zusätzliche 16% der Unternehmen planen, auch

diese Maßnahme zu ergreifen, was in Zukunft dazu führen wird, dass 43% aller Unternehmen Mitarbeiterschulungen zum Schutz vertraulicher Informationen in der mobilen Kommunikation einsetzen werden. 22 Unternehmen gaben an, dass sie Maßnahmen zur Sensibilisierung der Mitarbeiter ergreifen werden. Hierzu gehören Informationsveranstaltungen, Rundschreiben oder Aushänge. Weitere 36 Unternehmen wollen einmalig Workshops, ähnlich den Mitarbeiterschulungen durchführen. Bislang bevorzugen die Unternehmen technische Lösungen für einen verbesserten Schutz vertraulicher Informationen. Maßnahmen, die eine Verhaltensänderung der Mitarbeiter mit sich bringen sollen, werden sichtbar weniger eingesetzt. Doch dies scheint sich in Zukunft zu ändern. Die Unternehmen planen insbesondere verhaltensbezogen Maßnahmen statt technischer Lösungen zum Schutz vertraulicher Informationen.

- Besonders deutlich ist die Zunahme bei der Nutzung von Richtlinien. Hier mag aber allein die Befragung den Unternehmen die Anregung gegeben haben, diese Maßnahmen zu ergreifen – zumal sie mitunter auch leicht umzusetzen wäre.
- Die Unternehmen konnten zudem Gründe bewerten, warum sie nicht mehr (Maßnahmen) gegen den Verlust von vertraulichen Informationen in der mobilen Kommunikation angehen: Das fehlende Bewusstsein der Mitarbeiter wird als Hauptursache angesehen. Hingegen sehen die Befragten nur sehr selten sich selbst in der Pflicht. Über alle Unternehmen gesehen, sind fehlendes Budget bzw. Ressourcen keine wesentlichen Hinderungsgründe, eher schon die fehlende Zeit, sich mit der Thematik zu befassen.
- Die Unternehmensgröße hat einen sichtbaren Einfluss auf die Antworten der Befragten:
  - Der Anteil der Unternehmen mit einem Verantwortlichen steigt mit der Größe/Mitarbeiterzahl im Unternehmen.
  - Auch nimmt die Bedeutung der Vertraulichkeit in der mobilen Kommunikation im Betrieb mit der Größe des Unternehmens zu, wie auch das Sicherheitsbewusstsein der Mitarbeiter und die Qualität des Schutzes vertraulicher Informationen im Unternehmen.
  - Die Bewertung der Maßnahmen „Richtlinien“ und „Mitarbeiterbeteiligung“ wird mit der Unternehmensgröße positiver.
  - Trotz einiger Ausreißer kann für alle vier Maßnahmen beobachtet werden: Je größer die Unternehmen, desto mehr werden die Maßnahmen bereits genutzt oder sollen in Zukunft genutzt werden.

- Nur schwach ist ein Einfluss der Unternehmensgröße auf die Nennung von Gründen, warum nicht mehr für den Schutz vertraulicher Informationen getan wird, ausgeprägt. Generelle Tendenzen des Einflusses der Unternehmensgröße sind für die Gründe nicht erkennbar. Bei den Gründen „fehlende Ressourcen/Budget", „technische Komplexität", „kein Bedarf" und „fehlende Zeit" ist aber ein steigender Anteil der Nennungen zu erkennen, je kleiner die Unternehmen sind. Umgekehrt scheint der Anteil der Nennungen mit der Größe der Unternehmen für die Begründung „fehlendes Bewusstsein bei den Mitarbeitern" zu steigen.

- Der Einfluss der Sektorenzugehörigkeit wird hingegen von der Unternehmensgröße überlagert: Nicht die Zugehörigkeit zum Sektor, sondern die Unternehmensgröße bestimmen die Unterschiede zwischen den Unternehmen. Dies hat sich für alle analysierten Variablen bestätigt.

- Allerdings wird bei den Freiberuflern eine Besonderheit sichtbar: Sie zeigen sich bei der Bewertung der o. g. vier Maßnahmen so positiv, wie die großen Unternehmen und zeigen auch deren Umfang an bestehender und geplanter Nutzung dieser Maßnahmen. Der Grund für diese Abweichung mag in der Brisanz der vertraulichen Informationen für Freiberufler liegen, so dass diese jegliche Maßnahmen zum Schutze dieser begrüßen bzw. deshalb schon nutzen oder nutzen wollen.

VI.5 Ein Managementprozess zum Schutze der Vertraulichkeit in der mobilen Kommunikation

Ziel und Anwendungsbereich

Die Ausführungen in den Kapiteln zuvor zeigten, dass es in jeglicher Art der mobilen Kommunikation, sei es in der Tele-, der mobilen Internet- oder persönlichen bzw. postalischen Kommunikation Leckagen gibt, die zum Verlust vertraulicher Informationen an – unberechtigte – Dritte führen können. Die Leckagen sind in ihrer Art – jenseits der Grundformen Auslesen, Mithören/-lesen, Umleiten – sehr vielfältig wie auch die Gegebenheit, zu der die Leckage auftritt.

Doch obwohl die befragten Unternehmen zeigten, welche z. T. erheblichen Gefahren aus den Leckagen der mobilen Kommunikation entstehen können, zeigten die empirischen Erhebungen (Meyer 2010), dass gerade die kleinen Unternehmen in Deutschland nur vereinzelt und nicht systematisch Schutzmaßnahmen ergreifen, um die Vertraulichkeit in der mobilen Kommunikation zu erhalten und bis heute nur rudimentäre Schritte zu einer systematischen Sicherung der Unternehmen zu erkennen sind. Es bleibt bei Einzelmaßnahmen, die mehr oder weniger koordiniert sind.

Ein Grund hierfür mag sein, dass bislang kein Konzept für ein systematisches Management der Sicherheit in der mobilen Kommunikation vorhanden war. Es bedarf einer Anleitung, um in den Unternehmen systematisch die Leckagen zu identifizieren und geeignete Maßnahmen, auch übergreifend auszuwählen und zu installieren. Dies ist sowohl auf die verhaltens- wie technisch bedingten Leckagen anzuwenden. Zudem ist nach diesem einmaligen oder regelmäßig zu wiederholenden Vorgang die Umsetzung und Einhaltung der Schutzmaßnahmen kontinuierlich zu kontrollieren. In einem Projekt des deutschen Instituts für kleine und mittlere Unternehmen wurde allerdings ein solches Managementkonzept erarbeitet. Es umfasst einen Planungs-, Anwendungs- und Kontrollprozess. Dieser Prozess wird im Folgenden vorgestellt.

Der Management-Planungsprozess

Der Planungsprozess zum Schutz der Vertraulichkeit orientiert sich an den in der Literatur wiederholt vorgestellten Planungsprozessen und umfasst daher die Schritte (Abbildung VI.3): (1) Situationsanalyse, die hier um eine Risikoanalyse erweitert wird: Identifikation und Bewertung der unternehmensindividuellen Leckagen und Bewertung der Bedrohung dieser für das Unternehmen. (2) Festlegung der Schutzmaßnahmen und deren Umsetzung, sowohl als Gesamtmaßnahmenpakete wie auch als Einzelmaßnahmen passend zu jeder Leckage. (3) Kontinuierliche Kontrolle der Anwendung der Schutzmaßnahmen direkt bei den Mitarbeitern (bei verhaltensbedingten Leckagen) und der Technik (bei technisch bedingten Leckagen). Diesen Schritten ist noch der o. g. Vorabcheck voranzustellen, in dem grundsätzliche gefragt wird, ob sich der Aufwand für den Managementprozess im Unternehmen überhaupt lohnt.

(1) Situations- und Risikoanalyse

Der erste Schritt ist die Situations- und Risikoanalyse. Hier werden alle vorhandenen Leckagen der mobilen Kommunikation im Unternehmen identifiziert und bewertet. Dazu sind folgende Fragen zu stellen:

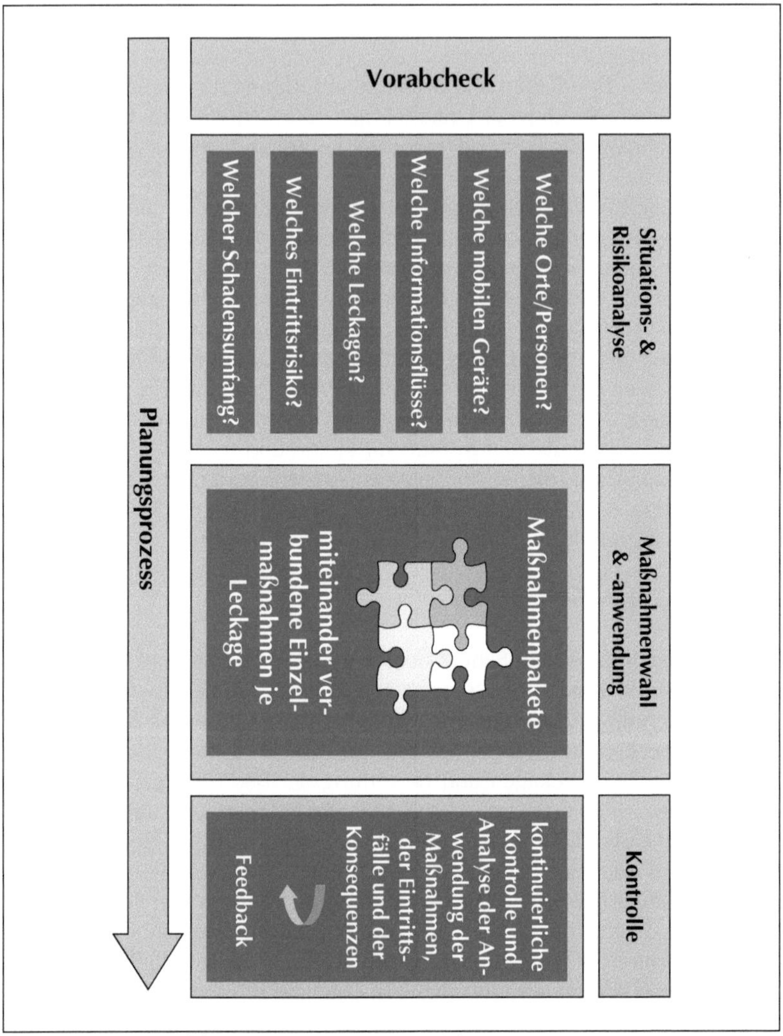

Abb. VI.3: Management – Planungsprozess

- Welche mobilen Geräte werden im Unternehmen für die Kommunikation genutzt und welche Personen nutzen diese Geräte zu welchem Zweck? Zunächst müssen sämtliche mobilen Geräte im Unternehmen katalogisiert werden. Es empfiehlt sich ebenso zu erfassen, inwiefern private Geräte im Firmennetzwerk genutzt werden (Wagner 2007, S. 26). Diese Erfassung dient im Schadensfall der nachträglichen Klärung, falls private und geschäftliche Informationen vermischt wurden. Dabei werden neben Geräten mit Kommunikationsfunktion auch Wechseldatenträger überprüft, inwiefern sie sich zur Kommunikation und Speicherung vertraulicher Informationen eignen. Weiter ist – im gleichen Katalog – festzuhalten, welche Personen die Geräte nutzen, wann und wo sie diese nutzen sowie für welche Aufgaben.

- Welche Personen treiben (mobile) persönliche/postalische Kommunikation für welche Aufgaben, an welchem Ort und zu welchem Zeitpunkt? Diese Angaben sind analog zu denen zur ersten Frage – im gleichen Katalog – zu erfassen und festzuhalten.
- Welche Informationen des Unternehmens sind typischerweise davon betroffen und welche Vertraulichkeit besitzen diese? Ferner ist zu fragen, welche Informationen typischerweise mit der (mobilen) Nutzung transportiert werden und welche Vertraulichkeit diese besitzen. Folgende Kategorien bieten sich dazu an: streng vertraulich, vertraulich, nicht vertraulich, sowie: nur für internen Gebrauch, nur für Kunden, nur für Geschäftspartner, nur für Geschäftsführung etc. (vgl. Annuscheit 2008).
- Welche Leckagen treten an dieser Stelle auf? Ebenso ist zu erfassen, welche Leckagen an der jeweiligen Stelle/am mobilen Gerät auftreten können. Hierzu kann die Aufstellung aus dem obigen Kapitel VI.3 (Tabelle VI.1 – strukturierte Übersicht über mögliche Leckagen in der mobilen Kommunikation) als Hilfsmittel herangezogen werden.
- Kann die Bedrohung durch die Leckage für die Unternehmen zumindest grob geschätzt werden? Die Einschätzung der Bedrohung/Bedeutung bzw. des Schadensrisikos der einzelnen Leckage vom Unternehmen ist – wie oben ausgeführt – sehr schwer. Orientierung kann allerdings das oben gezeigte Vorgehen (Kapitel VI.3) geben, in dem die Unternehmen aus ihrer individuellen Erfahrung heraus die Leckagen einschätzen und in das Eintritts-Risiko-Schadens-Portfolio eintragen (s. o. Abbildung VI.2). Für die Interpretation taugt ebenso die Beschreibung der vier Quadranten („lästig", „unerheblich", „gefährlich", „riskant"). Weiter können die obigen vorgestellten Ergebnisse der empirischen Untersuchungen Orientierung zur Bewertung der Bedrohung/Bedeutung

Alle Antworten auf diese Fragen sollten in einer gemeinsamen Übersicht dokumentiert werden, wie es der Katalog in Tabelle VI.2 beispielhaft darstellt. Über einen solchen einfachen Katalog hinaus bieten sich auch aufwändigere Verfahren der Bestandserfassung, -bewertung und -verwaltung an. So entwickelte z. B. die Open Mobile Alliance einen Standard, um eine mobile Geräteverwaltung im Unternehmen einzubinden (Bereszewski/ Schäfer 2009).

Gerät	Mitarbeiter	Anwendung im Betrieb	Information	Leckage	Bedeutung
Handy Nr. 3, Smartphone mit Datenbank und freiem Mobilnetzzugang, Zugangssperre und Verschlüsselung	Müller Schulze	Außendienst, Kundenbesuche, Rückrufe, Kundenanrufe	Prospekte (öffentlich) Preise (nur Kunde und Mitarbeiter) Kalkulation (vertraulich, nur Mitarbeiter)	Abhören im öffentlichen Raum, Datentransfer auslesen, Emails Datendiebstahl	sehr groß „Riskant"
...	...	...	...	...	...
...	...	...	...	...	...

Tab. VI.2: Beispiel für einen Katalog zur Erfassung mobiler Geräte und Leckagen

Die mobilen Geräte werden dabei ähnlich wie bei der Domain-Anmeldung von stationären PCs integriert. Sind die vorhandenen Geräte in die Verwaltung eingebunden, können durch das „Device Management" sicherheitsrelevante Funktionen zentral gesteuert werden. Dazu gehören u. a. Verwaltung der Applikationen, Erstellung von Sicherheitsprofilen, Durchführung von Sicherheitsupdates, Steuerung der Einwahlmöglichkeiten, Übertragung von Backups, Regelung der Betriebszeit, Sperrung verlorener Geräte aus der Ferne (Schäfer 2008, S. 91).

(2) Festlegung der Schutzmaßnahmen und deren Umsetzung - Gesamtkonzept

Nachdem die mobilen Geräte in den Bestand aufgenommen worden sind und eine Risikoanalyse durchgeführt wurde, müssen anschließend geeignete Schutzmaßnahmen für den Gebrauch mobiler Geräte ergriffen werden. Dies kann in einzelnen Schutzmaßnahmen je Leckage oder in Konzepten, die aus mehren, aufeinander abgestimmten Schutzmaßnahmen bestehen.

Für erstes dient die spätere Aufstellung entlang des o. g. Katalogs möglicher Leckagen. Letztere sollten aber in ein in sich geschlossenes Maßnahmenkonzept eingebunden werden. Dies muss unternehmensweite Sicherheitsvorschriften und -richtlinien, ein Zugangsberechtigungskonzepte/Identity Management und den systematischen Einsatz von Einsatz von Sicherheitssoftware und Sicherung sensibler Daten umfassen.

- *Unternehmensweite Sicherheitsvorschriften und -richtlinien:* In jedem Unternehmen wird das Sicherheitsniveau in der IT vom Sicherheitsbewusstsein der eigenen Mitarbeiter bestimmt (Fox 2003, S. 676). Den Mitarbeitern fehlt es in der IT-Sicherheit jedoch oft an einem ausgeprägten Bewusstsein (KES 2008a). Wie die bisherigen Ausführungen gezeigt haben, gehen Mitarbeiter i. d. R. sorglos mit ihren mobilen Geräten um. Sie schalten Passwörter ab oder verursachen einen Schaden, indem sie ungewollt auf vertrauliche Informationen zugreifen. In den Unternehmen gibt es zudem Mitarbeiter, die ein extrovertiertes Kommunikationsverhalten an den Tag legen. Diese führen geschäftliche Telefonate im Zug oder am Flughafen bewusst durch, um sich dadurch gegenüber den Zuhörern zu profilieren (Eco 2007, S. 83).

  Zwar wird die Gefahr wohl erkannt, dass sensible Informationen vor Dritten geschützt werden müssen, aber das eigene Verhalten folgt dieser Einstellung nur in seltenen Fällen (Annuscheit 2008, Everett 2007, S. 17). Die Richtlinien sollten den Mitarbeitern nicht nur verbal mitgeteilt, sondern möglichst schriftlich ausgehändigt werden (Heikkila 2007, S. 23, KES 2008b).

  Neben allgemeinen Verhaltensrichtlinien in der IT-Sicherheit können auch spezielle Richtlinien für gewisse Wechseldatenträger entwickelt werden (KES 2008b). Für mobile Geräte nutzen derzeit nur ca. 60% der deutschen Unternehmen spezifische Richtlinien (Duscha 2009, S. 28, KES 2008a). Sofern Richtlinien bestehen, führt deren alleinige Existenz nicht gleich zu einem besseren Schutz der Vertraulichkeit.

  Die Richtlinien müssen vielmehr verstanden und „gelebt" werden (Everett 2007, S. 17, Pritchard 2006, S. 30). Denn ein wirksamster Schutz für Unternehmen ist ein aufgeklärter Mitarbeiter (BSI 2008, S. 131). Unternehmen können diese internen Richtlinien auf unterschiedliche Weise vermitteln. Eine sinnvolle Maßnahme besteht dabei in einer „Awareness-Kampagne", die zuerst die Aufmerksamkeit der Mitarbeiter auf die Probleme lenkt, Wissen über Gefahren und Schutz vermittelt, die Bereitschaft der Mitarbeiter zu einer dauerhaften Beachtung der Schutzregeln anhält und ggf. diese Sensibilisierung im und über das Unternehmen hinaus weiter kommuniziert (hierzu im Detail Meyer 2010, ähnlich auch Fox 2003, S. 678, Hellisch 2009, S. 25, PWC 2009, S. 52).

- *Zugangsberechtigungskonzepte/Identity Management:* Das zweite wichtige Maßnahmenkonzept stellen Berechtigungskonzepte für die entsprechenden Zielgruppen dar (Identity Management). Hiermit wird technisch festgelegt, welche Mitarbeiter auf welche Geräte und Daten zugreifen dürfen (Wagner 2007, S. 26). Mit Hilfe dieser Berechtigungskonzepte können Unternehmen sicher nachvollziehen, welche Mitarbeiter auf welche Daten einen Zugriff haben (Annuscheit 2008). Berechtigungskonzepte lassen sich z. B. für die Benutzergruppen „Anwender", „Führungskräfte" und „Betreiber/IT-Abteilung" (Foth 2008) differenzieren. Die technische Umsetzung der Berechtigungskonzepte kann dabei durch digitale Zertifikate erfolgen (Schill 2007, S. 24).

  Anschließend müssen mit den festgelegten Zugriffsrechten die jeweiligen Zugangspunkte im Firmennetzwerk geregelt werden (Kölmel 2007, S. 23, Salchow 2006, S. 41). Unabhängig davon dürfen diese aber gleichzeitig nicht die Nutzerfreundlichkeit beeinträchtigen. Behindern Sicherheitsfunktionen die Arbeit mit den mobilen Geräten, werden Mitarbeiter diese in aller Regel deaktivieren (Büllingen 2009 et al., S. 614, Garcia-Marshall 2007, S. 41, Koch et al. 2007, S. 10). Somit besteht in der mobilen Kommunikation stets ein Trade-off zwischen „mobiler Sicherheit" und „Nutzerfreundlichkeit".

  Unternehmen können diesem Problem begegnen, indem sie hierfür bei den eigenen Mitarbeitern durch Richtlinien und Schulung Akzeptanz schaffen. Die Mitarbeiter müssen über Sicherheitsrisiken aufgeklärt sein und die Konsequenzen für sich und das Unternehmen erkennen (Botha et al. 2009, S. 135). Des Weiteren lässt sich die Nutzerfreundlichkeit durch biometrische Verfahren verbessern. So können sich z. B. Mitarbeiter ohne umständliche Passwörter schnell und unkompliziert an mobilen Geräten durch einen Fingerabdruck authentifizieren (KES 2008b).

- *Einsatz von Sicherheitssoftware und Sicherung sensibler Daten:* In der mobilen Kommunikation kann die Vertraulichkeit sensibler Informationen durch den Einsatz von Software gewahrt werden. Dazu lassen sich potentielle Verschlüsselungen auf verschiedenen Ebenen durchführen. Hierzu gehören: Full-Disk-Encryption, File-Encryption, Database-Encryption, Application-Encryption, Interface-Encryption (Büllingen et al. 2009, S. 614, Dodt 2007, S. 40, Prieskorn 2007, S. 38). Neben der reinen Verschlüsselung müssen vertrauliche Informationen zusätzlich durch eine Antivirensoftware und eine Firewall geschützt werden.

Um vertrauliche Informationen vor Unbefugten zu schützen, müssen diese Applikationen für einen bestmöglichen Schutz richtig konfiguriert sein und dürfen nicht vom Anwender deaktiviert werden (Bentel 2006, S. 28, Geldermann 2006, S. 4, Meyer 2007, S. 2). Ein sorgfältiger Schutz vertraulicher Informationen erfordert des Weiteren eine sichere Authentifizierung gemäß zuvor entwickelter Berechtigungskonzepte (Büllingen 2009 et al., S. 614). Die Zugriffsberechtigungen der mobilen Geräte an das Firmennetzwerk können Unternehmen mit Hilfe einer „Data Leakage Prevention" regeln. Hierbei handelt es sich entweder um eine reine Softwarelösung oder um eine entsprechende Kombination der Software mit den mobilen Geräten (Kinzeln 2009).

Mittels „Data Leakage Prevention" kann die Vertraulichkeit von Daten gewährleistet werden, indem eine Weitergabe von Informationen an unerwünschte Empfänger verhindert wird (Wiele 2009). Mobile Geräte oder Wechseldatenträger eignen sich aber nicht gleichermaßen gut, um darauf sensible Daten vor Missbrauch zu schützen. Um dies abzuwägen, kann eine Kosten-Nutzen-Analyse herangezogen werden (Geldermann 2006, S. 5). Denn unterschiedliche Geräte mit wechselnder Software können den Verwaltungsaufwand schnell höher werden lassen, als den eigentlichen Nutzen (Potter 2007, S. 19).

Eine weit reichende Schutzmaßnahme innerhalb dieses Konzeptes ist die umfassende und kontinuierliche Datensicherung der mobilen Geräte. Damit können verlorene, gestohlene oder manipulierte Daten & Geräte nach einem Schadensfall wiederhergestellt werden.

(2) Festlegung der Schutzmaßnahmen und deren Umsetzung - Einzelmaßnahmen und ihre Zuordnung zu den Leckagen

Jenseits dieser Maßnahmenkonzepte, die eine oder mehrere Einzelmaßnahmen in sich vereinigen, wird man im Unternehmen nicht umhin können, auch je Leckage Einzelmaßnahmen zum Schutz der Vertraulichkeit der Informationen zu ergreifen.

Um eine geeignete Maßnahme der einzelnen Leckage zuzuordnen, wird hier eine Aufstellung angeboten, die Leckagen und Maßnahmen miteinander verbindet. Die folgenden Tabellen greifen auf den oben erarbeiteten, strukturierten Katalog der Leckagen zurück (Tabellen VI.3a – VI.3c) und ordnen ihnen adäquate Maßnahmen zu.

Grund-form	Leckage	geeignete Maßnahmen
Auslesen	Auslesen von Daten aus verlorenen oder liegen gebliebenen Handys, Sticks etc.	Richtlinien/Sensibilisierung der Mitarbeiter, mechanischer Verschluss des Gerätes (Handy-Etuis), Verbot der Mischnutzung privat/beruflich
	Auslesen durch Hacker über Bluetooth-Einwahl	permanentes Abschalten des Bluetooth, Ersatz durch Kabelverbindung, nur temporäre Nutzung
Mithören /-lesen	Mithören/-schneiden von Telefonaten im öffentlichen Raum	Richtlinien/Sensibilisierung der Mitarbeiter, Verhaltensänderung der Mitarbeiter (leises Sprechen, Telefonate nur in sicheren Räumen), schallgeschützte „Telefonzellen" im öffentlichen Raum
	Mithören/-schneiden von Telefonaten im nichtöffentlichen Raum (Büro vs. privat)	Richtlinien/Sensibilisierung der Mitarbeiter, Verhaltensänderung der Mitarbeiter (leises Sprechen, Schließen der Bürotür), Gäste dürfen sich nur in bestimmten Räumen des Betriebes aufhalten
	Mitlesen von SMS	Verschlüsselung, abgesicherter Datenverkehr, Verbot der SMS-Kommunikation
Umleiten	Abfangen von umgeleiteten SMS ohne Weiterleiten	Verschlüsselung, abgesicherter Datenverkehr, Verbot der SMS-Kommunikation
	Abfangen von fehlgeleiteten Fax-Sendungen	Doppeleingabe der Faxadresse, Faxsendung nur aus Adressspeicher, Verschlüsselung

Tab. VI.3a: Leckagen und Lösungen – Teil 1: Telekommunikation

Grund-form	Leckage	geeignete Maßnahmen
Auslesen	Auslesen durch Hackereinwahl	Network Perimeter Security, Firewall
	Auslesen über Trojaner/ Viren etc.	Network Perimeter Security, Firewall, Virensoftware
	Auslesen von verlorenen/gestohlenen oder liegen gebliebenen Laptops, Smartphones, Sticks etc.	Richtlinien/Sensibilisierung der Mitarbeiter, Zugangssperren/Passwörter, Verschlüsselung der Daten, mechanischer Verschluss, Verbot der Mischnutzung privat/beruflich
Mitlesen /-hören	Aufzeichnen des Datenflusses aus ungesicherten WLAN -, UMTS-, GPRS-/ Bluetooth-Verbindungen	Abgesicherter und getunnelter Datenverkehr, Verschlüsselung
	„Abhören"/Mitschneiden VoIP-Kommunikation	Abgesicherter und getunnelter Datenverkehr
	Mitlesen von Emails	Verschlüsselung, abgesicherter Datenverkehr, Mail Protect Solutions
	Mitlesen von FTP-Datensendungen	Verschlüsselung, abgesicherter Datenverkehr, Verbot der FTP-Kommunikation
	„Shoulder Surfing"	Richtlinien/Sensibilisierung der Mitarbeiter, Verhaltensänderung bei der Nutzung des Gerätes (z. B. Ausrichtung Bildschirm), Sichtschutzfolien auf dem Bildschirm, Bildschirmschoner
Umleiten	Phishing	Richtlinien/Sensibilisierung der Mitarbeiter, Verbot der Beantwortung von Anfragen per Internet, Zugang nur zu freigegebenen Seiten, Mail Protect Solutions um Email Anfragen/Spam zu blocken
	Auslesen von umgeleiteten Emails	Mail Protect Solutions um Email Anfragen zu blocken, Verhinderung der Umleitung von Emails von nicht erwünschten Anwendern, Verschlüsselung, abgesicherter Datenverkehr
	Auslesen von umgeleiteten FTP-Sendungen	Verschlüsselung, abgesicherter Datenverkehr, Verbot der FTP-Kommunikation

Tab. VI.3b: Leckagen und Lösungen – Teil 2: Internetkommunikation

Grundform	Leckage	geeignete Maßnahmen
Mithören	Mithören von Gesprächen im öffentlichen Raum (z. B. Flugzeug, Zug, Café, Outdoor-Präsentation)	Richtlinien/Sensibilisierung der Mitarbeiter, Verhaltensänderung der Mitarbeiter (leises Sprechen, Telefonate nur in sicheren Räumen), schallgeschützte „Gesprächszellen" im öffentlichen Raum, Auswahl der Präsentationsstandortes nach der Vertraulichkeit
	Mithören von Gesprächen im nichtöffentlichen Raum (Büro vs. privat)	Richtlinien/Sensibilisierung der Mitarbeiter, Verhaltensänderung der Mitarbeiter (leises Sprechen, Schließen der Bürotür), Gäste dürfen sich nur in bestimmten Räumen des Betriebes aufhalten
Mitlesen	Mitlesen im öffentlichen Raum, (z. B. Flugzeug, Zug, Café, Outdoor-Präsentation)	Richtlinien/Sensibilisierung der Mitarbeiter, Verhaltensänderung bei der Nutzung der Informationsmaterialien und Mappen
	Mitlesen von geöffneten, aber dennoch weitergeleiteten oder fehlgeleiteter Postsendungen	Wahl des Postdienstleisters, Richtlinien für die Versendung vertraulicher Unterlagen, Vertraulichkeitsvereinbarungen
	Mitlesen im nichtöffentlichen Raum (z. B. Büro vs. privat)	Richtlinien/Sensibilisierung der Mitarbeiter, vertrauliche Unterlagen dürfen nicht offen im Büro liegen
Auslesen /Kopie	Auslesen von liegen gebliebenen nichtelektron. Unterlagen im öffentlichen Raum (Windstoß, Flugzeug, Zug, Café)	Richtlinien/Sensibilisierung der Mitarbeiter, mechanisch verschlossene Kuverts, sonstiger mechanischer Verschluss
	Auslesen von liegen gebliebenen nichtelektronischen Unterlagen im nichtöffentlichen Raum (Büro vs. privat)	Richtlinien/Sensibilisierung der Mitarbeiter, vertrauliche Unterlagen dürfen nicht offen im Büro liegen/mechanischer Verschluss, Verbot der Nutzung der Unterlagen außerhalb der Büros
Umleiten	Abfangen von um- oder fehlgeleiteten Postsendungen (ohne Weiterleitung)	Wahl des Postdienstleisters, Richtlinien für die Versendung, Vertraulichkeitsvereinbarungen

Tab. VI.3c: Leckagen und Lösungen –
Teil 3: Persönliche & postalische Kommunikation

(3) Kontrolle

Alle oben genannten Schritte genügen nicht, wenn der Erfolg der Maßnahmen nicht dauerhaft und kontinuierlich überprüft wird. Auch genügt es nicht, wenn Unternehmen ihre Mitarbeiter alle paar Jahre zum Thema Sicherheit in der mobilen Kommunikation schulen. Sämtliche Maßnahmen müssen kontinuierlich wiederholt, gepflegt oder erneuert und die Einhaltung der Richtlinien kontrolliert werden. Des Weiteren müssen neue mobile Geräte mit technischem Schutz ausgestattet und neue Mitarbeiter in die Richtlinien eingearbeitet werden. Am Ende des Planungs- und Umsetzungsprozesses steht die Kontrolle und Evaluation der ergriffenen Maßnahmen und ihres dauerhaften Erfolges. Dazu sind vier Fragen zu stellen:

1. Werden die Maßnahmen inkl. der Verhaltensvorgaben dauerhaft eingehalten und gepflegt? Ergebnisalternativen: ja, nein, teilweise.
2. Wurde das gewünschte Maß an Vertraulichkeit erreicht? – Die Frage nach dem Erfolg des Instrumenteneinsatzes. Ergebnisalternativen: ja, nein, teilweise.
3. Ist es dennoch zu Leckagen und zu Schäden gekommen sowie welcher Schaden ist entstanden?
4. Welche Maßnahmen sind zu ergreifen, um mangelnde Umsetzung der Maßnahmen (im Verhalten der Mitarbeiter, in der Technik) zu verbessern und zukünftig Leckagen zu schließen?

Um diese Fragen beantworten zu können, bedarf es jenseits der oben ausgeführten Vorschriften/Richtlinien festgelegter Meldevorgänge, die bei eingetretenem Informations- und Geräteverlust anzustoßen sind. Mit der Kontrolle und der Rückkopplung an den Anfang des Planungs- und Umsetzungsprozesses schließt sich der Kreis des Managementprozesses.

Zur Anwendbarkeit des Managementprozesses in der Praxis – der „Vorabcheck"

Um in der Praxis akzeptiert und adaptiert zu werden, muss das soeben vorgestellte Konzept, der Prozess intuitiv nachvollziehbar und leicht anzuwenden sein. Er bringt – wie jedes andere Managementkonzept auch – organisatorischen und damit Arbeitsaufwand mit sich, der möglichst gering ausfallen und den Nutzen seiner Anwendung zeigen muss. Die oben erwähnten Untersuchungen hatten gezeigt, dass gerade kleine Unternehmen einen solchen Aufwand scheuen, u. U. sogar für unangemessen halten.

Daher stellt sich die Frage, für welche Unternehmen der obige Prozess geeignet erscheint und für welche nicht. Zwar kann diese Frage hier nicht abschließend beantwortet werden, allerdings lassen sich einige Indikatoren für die Entscheidung aufführen, die als „Vorabcheck" (s. o.) eine Orientierung für die Anwendbarkeit geben:

- *Die Branche, der Sektor:* Die Erhebungen zuvor hatten gezeigt, dass z. B. im Handwerk der Bedarf für systematischen Schutz geringer ist, als z. B. bei Freiberuflern oder Dienstleistern. Grund hierfür ist die Vertraulichkeit der mobil geführten und ausgetauschten Information und die Bedeutung dieser Informationen für das Unternehmen, die Geschäfte und die Kunden. Freiberufler verwenden per se mehr brisante Informationen in der mobilen Kommunikation, als es im Handwerk der Fall ist.

- *Grundlegender Anteil vertraulicher Informationen im Unternehmen:* Das Kriterium zuvor geht mit der Zahl und dem Umfang vertraulicher Sachverhalte und Informationen einher. Ein Unternehmen, dass im üblichen Geschäftsverkehr ohnehin keine geheimen Informationen verwendet (z. B. Handel mit Standardprodukten zu Festpreisen), steht dem Unternehmen gegenüber, dessen Geschäfte einen hohen Schutz von Kunden und Geschäftspartnern verlangt (z. B. wissensbasierte Dienstleister).

- *Quantitativer Anteil mobiler Kommunikation:* Es ist offensichtlich, dass die Bedrohung mit dem Anteil mobiler Kommunikation an der Gesamtkommunikation in den Geschäftsprozessen steigt (Zahl und Leistungsumfang/Komplexität der mobilen Geräte, Umfang des mobilen Informationsaustausches). Unternehmen mit einem umfangreichen Außendienst und Reiseaufkommen sind z. B. eher geeignet, den Managementprozess anzuwenden, als Betriebe, die keinen Außendienst besitzen.

- *Umgangsformen in der Branche:* Es mag Branchen geben, in denen der gezielte Versuch, an vertrauliche Informationen des Wettbewerbers, des Lieferanten oder Kunden häufiger vorkommt, als in anderen Branchen, wie auch die Zuverlässigkeit der Mitarbeiter zwischen den Branchen schwanken mag. So haben Studien zur Wirtschaftskriminalität gezeigt, dass Banken und Bauunternehmen tendenziell eher indiskrete Mitarbeiter besitzen, als z. B. in der Wirtschaftsprüfung oder im Handel.

- *Weitere besondere Bedingungen:* Darüber hinaus können einige Bedingungen genannt werden, unter denen der systematische Schutz vertraulicher Informationen zusätzliche Bedeutung erlangt: So z. B. in international tätigen Unternehmen, in Netzwerk-Unternehmen, F&E-orientierten Unternehmen und in großen, in der Öffentlichkeit stehenden Unternehmen wie auch in „systemrelevanten" Unternehmen wie Banken.

VI.6 Ausblick

Unternehmen müssen nicht nur aus Eigeninteresse, sondern auch aus gesetzlichen Vorschriften und dem Schutze der Mitarbeiter, Kunden und Geschäftspartner heraus vertrauliche Informationen vor dem Zugriff Dritter schützen. Denn derartige Informationen finden nur zu oft großes Interesse bei Wettbewerbern, Staat, Öffentlichkeit und auch manchen Mitarbeitern. Auf der anderen Seite werden – nicht zuletzt durch moderne elektronische Kommunikationstechnologien – zunehmend Informationen über die Unternehmensgrenzen hinweg transportiert, sind für Mitarbeiter wie Geschäftspartner mobil verfügbar und werden auch mobil miteinander ausgetauscht. Handy und Internet sind nahezu überall erreichbar und werden auch so genutzt. Und damit steigt auch die Gefahr, dass diese von Dritten genutzt werden, zufällig oder sogar gezielt. Gelegenheiten, dass diese Informationen verloren gehen können, gibt es reichlich – die Leckagen der mobilen Kommunikation: z. B. Mithören von Telefonaten am Handy und persönlichen Gesprächen in Reisezügen oder Wartebereichen von Flughäfen, im Café liegen gelassene Unterlagen, abgefangene Informationen in WLAN-Netzen, fehlgeleitete SMS und Faxsendungen und auch der Verlust von klassischen Briefsendungen. Hieraus ergibt sich für die Unternehmen ein steigender Bedarf zum Schutze der Vertraulichkeit in der mobilen Kommunikation, sei es mit technischen Mitteln (z. B. Verschlüsselungen) oder durch Sensibilisierung und Änderung des Verhaltens der Mitarbeiter. Während der Schutz des Computers bei der Internetnutzung im Privaten wie im Beruflichen gängige Praxis ist, ist scheinbar die Sensibilisierung für den Schutz mobiler Kommunikation gerade in kleinen und mittleren Unternehmen noch wenig vorgedrungen – trotz spektakulärer, öffentlich gewordener Diskretionsverstöße. Auch scheinen die Gefahren und Leckagen nur zum Teil bekannt und bewusst, Schutzmaßnahmen werden noch zu wenig ergriffen.

Daher wurde hier ein Managementkonzept bzw. -prozess zum systematischen Schutz der Vertraulichkeit in der mobilen Kommunikation vorgestellt - beginnend mit einem Blick auf Vertraulichkeit und mobile Kommunikation und die sich daraus ergebenden Gefahren, den Leckagen. Ziel war es, Leckagen der mobilen Kommunikation zu identifizieren und Maßnahmen zum Schutz der Vertraulichkeit vorzuschlagen.

Jenseits der Erkenntnisse aus der Herleitung dieses Konzeptes und des Prozesses wird eine Konsequenz deutlich: Der Schutz der Vertraulichkeit –

nicht nur in der mobilen Kommunikation – kann nicht nur durch Technik allein erreicht werden. Vielmehr sind Sensibilisierung und Änderung im Verhalten der Menschen der effektivste Weg zum Schutz der Vertraulichkeit. Das betrifft nicht nur den Menschen als Geschäftsmann bzw. -frau sondern auch in seinem privaten Lebensumfeld. Das hier vorgestellte Managementkonzept und auch die konkreten Vorschläge zum Schutze der Vertraulichkeit in der mobilen Kommunikation stellen eine (konstruktive) Gegenposition zu den nahezu täglichen Berichten über Verstöße gegen Vertraulichkeit dar – geben Hilfe zum Schützen. Gleichwohl sind beides nur ein Nukleus und eine Anregung für eine weitergehende Diskussion über den Schutz der Vertraulichkeit in allen anderen Lebensbereichen, um dem wichtigen Thema Vertraulichkeit zu mehr Bewusstsein in der Gesellschaft zu verhelfen. Denn jeder, auch der Private muss Vertraulichkeit „managen", sei es mit den Angaben zu seiner Person in Verträgen, im Internet und sozialen Netzwerken generell.

VI.7 Literatur zum Kapitel Vertraulichkeit in der mobilen Kommunikation

- Annuscheit, R. (2008): Compliance-Probleme mit Verschlüsselung lösen, elektronisch veröffentlicht unter: http://www.compliancemagazin.de/compliancefachbeitraege/hintergrund/credant040908.html, (abgerufen am 24.03.2010).
- Beck, K. (2007): Kommunikationswissenschaft, UVK, Konstanz, 2007.
- Bentel, E. (2006): Mobile Kommunikation – aber sicher, in: Karlsruher Wirtschaftsspiegel 2006/2007, S. 28.
- Bereszewski, M., Schäfer, D. (2009): Mehr Sicherheit in der mobilen Kommunikation, elektronisch veröffentlicht unter: http://www.informationweek.de/infrastruktur/telekommunikation/artikel-21712-2.html, (abgerufen am 22.03.2010).
- Bertram, R. (2000): Mit Sicherheit Schutz vor dem bekannten Feind, in: Schumacher, M., Steinmetz, R. (Hrsg.) Sicherheit in Netzen- und Medienströmen – Tagungsband des GI-Workshops "Sicherheit in Mediendaten", Berlin, 19. September 2000.
- BfV (2008): Spionage aus dem Osten alarmiert Geheimdienst, elektronisch veröffentlicht unter: http://www.spiegel.de/ wirtschaft/unternehmen/ 0,1518,669019,00.html, (abgerufen am 23.03.2010).

- BITKOM (2010): Studie „Internet-Sicherheit – Verbrauchermeinungen zur Datensicherheit im Web“, elektronisch veröffentlicht unter www.bitkom.org, (abgerufen am 04.08.2010).
- Blickpunkt: KMU (2007): Quo vadis, Telekommunikation? Elektronisch veröffentlicht unter: http://www.blickpunktkmu.ch/index. php?go_art=729&go_cap=61&go_cinf=1, (abgerufen am 04.08.2010).
- BMF (2001): Grundsätze zum Datenzugriff und zur Prüfbarkeit digitaler Unterlagen (GDPdU), elektronisch veröffentlicht unter: http://www. bundesfinanzministerium.de/DE/Wirtschaft__und__Verwaltung/Steuern/Veroeffentlichungen__zu__Steuerar-ten/Abgabenodung/Datenzugriff__GDP dU/ 002,templateId=raw,property= publicationFile.pdf, (abgerufen am 03.05.2010).
- Botha, R. A., Furnell, S. M., Clarke, N. L. (2009): From desktop to mobile: Examining the security experience, in: Computers & Security, Volume 28, Issues 3-4, May-June 2009, Pages 130-137.
- Brinkschulte, C. (2007): Handy-Risiken sicher im Griff, in: <kes> Zeitschrift für Kommunikations- und EDV-Sicherheit, Sonderausgabe Juli 2007, S. 44-45.
- BSI - Bundesamt für Sicherheit in der Informationstechnik (2010): Basisschutz leicht gemacht, elektronisch veröffentlicht unter: http//:www.bsifuerbuerger.de, (abgerufen am 04.08.2010).
- BSI (2006): Mobile Endgeräte und mobile Applikationen: Sicherheitsgefährdungen und Schutzmaßnahmen, Bundesamt für Sicherheit in der Informationstechnik 2006, Bonn.
- BSI (2008): Öffentliche Mobilfunknetze und ihre Sicherheitsaspekte, Bundesamt für Sicherheit in der Informationstechnik 2008, Bonn.
- BSI (2009a): Drahtlose Kommunikationssysteme und ihre Sicherheitsaspekte, Bundesamt für Sicherheit in der Informationstechnik 2009, Bonn.
- BSI (2009b): IT-Grundschutz-Kataloge, Bundesamt für Sicherheit in der Informationstechnik 2009, Bonn.
- BSI (2009c): BSI-Lagebericht IT-Sicherheit 2009, Bundesamt für Sicherheit in der Informationstechnik 2009, Bonn.
- BSI (2010b): IT-Grundschutz-Profil. Anwendungsbeispiel für den Mittelstand, Bundesamt für Sicherheit in der Informationstechnik 2010, Bonn.

- Büllingen, F. (2006): Mobile Enterprise-Solutions – Stand und Perspektiven mobiler Kommunikationslösungen in kleinen und mittleren Unternehmen, Studie im Auftrag des (BMWi), Bad Honnef.
- Büllingen, F., Hillebrand, A., Oczko M., Ritscher, M. (2009): IT-Sicherheit als kritischer Erfolgsfaktor mobiler Geschäftsanwendungen, in: Datenschutz und Datensicherheit – DuD, Volume 33, Number 10/Oktober 2009, S. 611-615.
- Bundesdatenschutzgesetz (2009), elektronisch veröffentlicht unter: http://www.gesetze-im-internet.de/bundesrecht/bdsg_1990/gesamt.pdf, (abgerufen am 24.03.2010).
- Burkart R. (2002): Kommunikationswissenschaft, Bonn, 2002.
- Burkitt, M. (2010): What's in store for 2010?, in: Infosecurity, Volume 7, Issue 1, January-February 2010, Pages 10-15.
- Buschmann, D. (2007): Mangel an Sicherheitsbewusstsein, in: <kes> Zeitschrift für Kommunikations- und EDV-Sicherheit, Juli 2007, S. 8-9.
- Cellebrite (2010): Mobilfunk-Studie, elektronisch veröffentlicht unter www.cellebrite.com, (abgerufen am 04.08.2010).
- Clearswift, C. (2010): Schutz mit content-basierten Gateway-Lösungen, elektronisch veröffentlicht unter: www.clearswift.de, vom 04.08.2010.
- Cordial, A. (2010): Securing the mobile workforce, in: Infosecurity, Volume 7, Issue 2, March-April 2010, Page 42.
- Corporate Trust (2009): Gefahrenbarometer 2010. Sicherheitsrisiken für den deutschen Mittelstand, elektronisch veröffentlicht unter: http://www.corporate-trust.de/studie/Gefahrenbarometer2010.pdf, (abgerufen am 17.05.2010).
- Credant (2004): Best Practices for Securing the Mobile Enterprise, elektronisch veröffentlicht unter: http://www.credant.com/docs/12-06-07 Best%20Practices%20for%20Securing%20the%20Mobile%20Enterprise %200204.pdf, (abgerufen am 17.03.2010).
- Credant (2009): Even IT Security Professionals can't be bothered with Passwords, finds survey, elektronisch veröffentlicht unter: http://www.credant.com/news-a-events/press-releases/353-it-security-professionals-passwords.html, (abgerufen am 16.03.2010).
- Davis, A. (2006): Information security can enable mobile working, in: Infosecurity Today, Volume 3, Issue 4, July-August 2006, Page 42.

- Deutsche Handwerkszeitung (2007): Datenklau: Mittelstand besonders gefährdet, elektronisch veröffentlicht unter: http://www.deutsche-handwerks-zeitung.de/news/news_1253195.html, (abgerufen am 14.04. 2010).
- Dodt, A. (2007): Verschlüsselung in vier Ebenen, in: <kes> Zeitschrift für Kommunikations- und EDV-Sicherheit, Sonderausgabe Juli 2007, S. 40-41.
- Duelli, H. (2007): Mobile Endgeräte: Nutzung und Schutz, in: <kes> Zeitschrift für Kommunikations- und EDV-Sicherheit, Sonderausgabe Juli 2007, S. 6.
- Duscha, A. (2009): Netz- und Informationssicherheit in Unterneh-men 2009, Ergebnisse einer Online-Befragung von kleinen und mittelständischen Unternehmen in Deutschland, elektronisch veröffentlicht unter: http://www2.ec-kom.de/ec-net/20100208_Studie-Netz-und-Informationssicherheit-2009.pdf, (abgerufen am 29.03.2010).
- ECC (2009): Netz- und Informationssicherheit in Unternehmen 2009, elektronisch veröffentlicht unter www.ecc-handel.de, (abgerufen am 04. 08.2010).
- Eco, U. (2007): Im Krebsgang voran: Heiße Kriege und medialer Populismus, München.
- Everett, C. (2007): Secure at a distance, in: Infosecurity, Volume 4, Issue 3, April 2007, Pages 16-17.
- Federrath, H., Pfitzmann, A. (2002): Technische Grundlagen, in: Alexander Roßnagel (Hrsg.): Handbuch Datenschutzrecht, Die neuen Grundlagen für Wirtschaft und Verwaltung, München, S. 61-84.
- Foth, M. (2008): Mobile Security: Ohne Regeln geht es nicht, elektronisch veröffentlicht unter: http://www.computerwoche.de/netzwerke/mobile-wireless/1862868, (abgerufen am 29.03.2010).
- Fox, D. (2003): Security Awareness. Oder: Die Wiederentdeckung des Menschen in der IT-Sicherheit, in: Datenschutz und Datensicherheit, Nr. 27, S. 676-680.
- Fuchs, H.-J. (2010): Chinesische Industriespionage wirksam be-kämpfen, elektronisch veröffentlicht unter: http://www.maschinenmarkt. vogel.de/themenkanaele/managementundit/recht/ articles/ 257708, (abgerufen am 10.05.2010).

- Garcia-Marshall, D. (2007): Verschlüsselung für E-Mails auf Smartphones, in: <kes> Zeitschrift für Kommunikations- und EDV-Sicherheit, Sonderausgabe Juli 2007, S. 41.
- Garlick, N. (2005): Securing mobile workers, in: Infosecurity Today, Volume 2, Issue 3, May-June 2005, Page 45.
- Geldermann, M. (2006): Corporate Mobile Security – ein neues Sicherheitskonzept für mobile Endgeräte, elektronisch veröffentlicht unter: http://www.securitymanager.de/magazin/artikel_1158_ corporate_mobile _security_-_ein_neues.html, (abgerufen am 29.03.2010).
- Goode, Al. (2010): Managing mobile security: How are we doing?, in: Network Security, Volume 2010, Issue 2, February 2010, Pages 12-15.
- Handelsblatt (2010a): Daten hinter Schloss und Riegel, elektronisch veröffentlicht unter: http://www.handelsblatt.com/technologie/it-internet/it-sicherheit-daten-hinter-schloss-und-riegel,2545905, (abgerufen am 30. 03.2010).
- Handelsblatt (2010b): Abgehörtes Telefonat bringt Berlusconi in Bedrängnis, elektronisch veröffentlicht unter: http://www.handelsblatt.com/ politik/international/tv-aufsicht-beeinflusst-abgehoertes-telefonat-bringt-berlusconi-in-bedraengnis,2546664, (abgerufen am 15.03.2010).
- Heikkila, F. M. (2007): Encryption: Security Considerations for Port-able Media Devices, elektronisch veröffentlicht unter: http://www.pivotgroup. org/collaterals/Encryption_ Considera-tions_%20Portable _Removable _Media_Devices.pdf, (abgerufen am 29.03.2010).
- Hellisch, M. (2009): Definition von Awareness, Notwendigkeit und Sicherheitskultur, in: Hellisch, Michael, Pokoyski, Dietmar (Hrsg.): Security Awareness. Neue Wege zur erfolgreichen Mitarbeiter-Sensibilisierung, Wiesbaden, S. 9-28.
- Hesse, M., Jungbauer, M., Pohlmann, N. (2007): Trusted Computing. Mit einem höheren Level an Vertrauenswürdigkeit in die mobile Zukunft, in: <kes> Zeitschrift für Kommunikations- und EDV-Sicherheit, Sonderausgabe Juli 2007, S. 18-21.
- InformationWeek (2008): IT-Security 2008, Potny.
- KES (2008a): Transparenz schaffen! Lehren aus der <kes>/Microsoft-Sicherheitsstudie, in: <kes> Zeitschrift für Kommunikations- und EDV-Sicherheit, Nr. 8.

- KES (2008b): Die <kes>/Microsoft Sicherheitsstudie 2008, elektronisch veröffentlicht unter: http://www.it-sa.de/fileadmin/itsa_files/ Handouts/2008/RO_Di_16_30_Luckhardt.pdf, (abgerufen am 28.03.2010).
- Kinzel, G. (2009): Schutz vor Datenlecks: Risiko "mobile Helfer", elektronisch veröffentlicht unter: http://www.securitymanager.de/magazin/ artikel_2262_datenleck_mobile_sicherheit.html, (abgerufen am 30.03. 2010).
- Knight, W. (2004): Mobile working drives switch to federated access rights, in: Infosecurity Today, Volume 1, Issue 5, September-October 2004, Pages 22-25.
- Koch, C., Fellner von Feldegg, O. (2007): Schutz für mobile Clients, in: <kes> Zeitschrift für Kommunikations- und EDV-Sicherheit, Sonderausgabe Juli 2007, S. 10-13.
- Kölmel, F. (2007): Mobile User sicher authentifizieren, in: <kes> Zeitschrift für Kommunikations- und EDV-Sicherheit, Sonderausgabe Juli 2007, S. 22-23.
- KPMG (2010): Wirtschaftskriminalität in Deutschland 2010. Fokus Mittelstand, elektronisch veröffentlich unter: http://www.kpmg.de/docs/ 20091220_Wirtschaftskriminalitaet.pdf, (abgerufen am 18.05.2010).
- Krybus, I. (2008): Mobile Business – Strategie und Erfolgsfaktoren für den Mittelstand, in: Letmathe, Peter , Eigler, Joachim, Welter, Friederike, Kathan, Daniel, Heupel, Thomas (Hrsg.): Management kleiner und mittlerer Unternehmen, Wiesbaden, S. 373-387.
- Liebisch, D. C. (2007): Security durch Zentralisierung, in: <kes> Zeitschrift für Kommunikations- und EDV-Sicherheit, Sonderausgabe Juli 2007, S. 46-47.
- Maletzke, G. (1998): Kommunikationswissenschaft im Überblick. Grundlagen, Probleme, Perspektiven, Opladen, Wiesbaden, 1998.
- McAfee (2009): Mobile Security Report, elektronisch veröffentlicht unter: http://www.mcafee.com/us/local_content/reports/mobile_security_report _2009.pdf, (abgerufen am 30.03.2010).
- Meetbiz Research (2010): 2010 mehr Investitionen in den Schutz vor internem Datenmissbrauch, elektronisch veröffentlicht unter: http:// www.denkfabrik-group.com/market-research/aktuelle-studien/detail/20 10-mehr-investitionen-in-den-schutz-vor-internem-datenmissbrauch, (abgerufen am 13.03.2010).

- Meyer, J.-A. (2010): Transparenzmanagement – Grundgedanken, Konzept und betriebliche Umsetzung, Lohmar 2010.
- Meyer, J. S. (2007): Desktop Security Policy Enforcement – How to secure your corporate mobile devices, elektronisch veröffentlicht unter: http://www.infosecwriters.com/text_resources/pdf/Desktop_Security_JMeyer.pdf, (abgerufen am 23.03.2010).
- Mitroussi, M. (2007): Handy als Malwareschleuse?, in: <kes> Zeit-schrift für Kommunikations- und EDV-Sicherheit, Sonderausgabe Juli 2007, S. 42-43.
- mIT-Sicherheit (2009): Datendiebstahlprogramme für USB: Neuer Trickbetrug. Wie Sie sich vor USB-Raubkopierern auf Präsentations-PCs schützen, in: mIT Sicherheit – administrieren und vorbeugen, Fachzeit-schrift für Netzwerk-, IT- und Internet-Sicherheit, Juni 2009.
- Müller, G. et al. (2007): Sicherheit im Ubiquitous Computing: Schutz durch Gebote? In Mattern, F. (Hrsg.): Die Informatisierung des Alltags Berlin/Heidelberg, S. 127-142.
- Novell (2009): Marktkommentar: Sommer, Sonne, Sorglosigkeit? – Mobiles Arbeit birgt Risiken, elektronisch veröffentlicht unter: http://www. novell.com/de-de/news/sotm/pdf/mk_09_sommer.pdf, (abgerufen am 22. 03.2010).
- Perspektive Mittelstand (2010): Erste vollständige Sicherheitslösung für mobile Endgeräte, elektronisch veröffentlicht unter: http://www. perspektive-mittelstand.de/Erste-vollstaendige-Sicherheitsloesung-fuer-mobile-Endgeraete/pressemitteilung/32305.html, (abgerufen am 04.08.2010).
- PGP (2008): PGP: Verschlüsselungstrends in deutschen Unternehmen, elektronisch veröffentlicht unter: www.pgp.com/de/, vom 04.08.2010.
- Ponemon (2009): Jahresstudie 2008. Kosten von Datenpannen in Deutschland, Ponemon Institute, elektronisch veröffentlicht unter: http:// www.searchsecurity.de/whitepaper/downloads/12937, (abgerufen am 16.03.2010).
- Potter, B. (2007): Mobile security risks: ever evolving, in: Network Security, Volume 2007, Issue 8, August 2007, Pages 19-20.
- Prieskorn, M. (2007): Verschiedene Verschlüsselungs-Verfahren, in: <kes> Zeitschrift für Kommunikations- und EDV-Sicherheit, Sonderausgabe Juli 2007, S. 38-39.

- Pritchard, S. (2006): Managing mobile, in: Infosecurity Today, Vol-ume 3, Issue 3, May-June 2006, Pages 28-30.
- PWC (2009): Wirtschaftskriminalität 2009. Sicherheitslage in deutschen Großunternehmen, elektronisch veröffentlicht unter: http://www.pwc. de/fileserver/RepositoryItem/Studie-Wirtschaftskriminal-09.pdf?itemId= 13277911, (abgerufen am 18.03.2010).
- PWC (2010a): Global state of information security survey, elektronisch veröffentlicht unter: http://www.pwc.com/en_GX/gx/information-security-survey/pdf/pwcsurvey2010_report.pdf, vom 16.03.2010.
- PWC (2010b): Deutsche Unternehmen haben Nachholbedarf in Sachen IT-Sicherheit, elektronisch veröffentlicht unter: http://www.pwc. de/portal/pub/cxml/04_Sj9SPykssy0xPLMnMz0vM0Y_QjzKLd4p3tnDRL8h2VA QAZjvqHg!!?topNavNo-de=49c41154006aee04&siteArea=49c4e89420 994d2e&content=e5a3c8451ae4425, (abgerufen am 14.04.2010).
- Rach, H.-R. (2006): Leitfaden für die Sicherheit stationärer und mobiler persönlicher IuK beim Einsatz in der Landesverwaltung Baden-Württemberg, Stuttgart.
- Ries, U. (2010): Lauschangriff für Jedermann, elektronisch veröffentlicht unter www.spiegel.de (abgerufen am 02. August 2010).
- Salchow, K. (2006): Mobile madness: securing the endpoint, in: Infosecurity Today, Volume 3, Issue 4, July-August 2006, Page 41.
- Schäfer, D. (2008): Nutzen von Mobile Device Management in Unternehmen, in: Manage IT, Ausgabe 5-6, S. 90-91.
- Schill, P. (2007): Mobile Identitätsprüfung, in: <kes> Zeitschrift für Kommunikations- und EDV-Sicherheit, Sonderausgabe Juli 2007, S. 24.
- Siemens, O. (2007): Tipps für den Umgang mit Handys und PDAs, in: <kes> Zeitschrift für Kommunikations- und EDV-Sicherheit, Sonderausgabe Juli 2007, S. 14.
- Stone, R. (2007): The missing link in today's mobile security solu-tions, in: Infosecurity, Volume 4, Issue 2, March 2007, Page 46.
- Symantec (2007): Internet Security Threat Report 2007, Ashborn.
- Symantec (2010): SMB Information Protection Survey –Global June 2010, elektronisch veröffentlicht unter: http://www.symantec.com, (abgerufen am 04.08.2010).
- TechConsult (2003): Mobile Business in Deutschland. Eine Multi-Client-Studie der TechConsult GmbH, elektronisch veröffentlicht unter:

http://www.techconsult.de/download/studien/BERICHTMobileBusinessin Deutschland.pdf, (abgerufen am 13.04.2010).

- TeleTrust Deutschland (2010): Wie sichere ich meine Daten?“, Praxistipps für KMU insbesondere für das Handwerk, elektronisch veröffentlicht unter: https://www.sicher-im-netz.de/wir_ueber_uns/136.aspx, (abgerufen am 04.08.2010).
- Trend Micro (2010): 2010 Corporate End User Study, Cupertino.
- Ubitexx (2008): 5. Smartphone Mobile Business Studie, elektronisch veröffentlicht unter http://ubitexx.de, (abgerufen am 04.08.2010).
- Wagner, Roger (2007): White-List-Verfahren: Jedem das Seine, in: <kes> Zeitschrift für Kommunikations- und EDV-Sicherheit, Sonderausgabe Juli 2007, S. 26-27.
- Wiele, J. (2009): Vom Leck zum Ventil, elektronisch veröffentlicht unter, http://www.lanline.de/articles/vom_leck_zum_ventil:/2009003/31856877_ha_LL.html?thes=, (abgerufen am 04.08.2010).
- Wiele, J. (2009): Data Leakage Prevention in Unternehmen. Vom Leck zum Ventil, elektronisch veröffentlicht unter: http://www. lanline.de/articles/vom_leck_zum_ventil:/2009003/31856877_ha_LL.html? thes=&&page=1, (abgerufen am 13.04.2010).
- Witt, B. C. (2006): IT-Sicherheit kompakt und verständlich: Eine praxisorientierte Einführung, Wiesbaden.
- Workshare (2006): Information Risks in EU Corporations, London.

KLEINE UND MITTLERE UNTERNEHMEN

Herausgegeben von Prof. Dr. Jörn-Axel Meyer, Berlin

Band 18
Frank A. Halter
Familienunternehmen im Nachfolgeprozess – Die Emotionen des Unternehmers
Lohmar – Köln 2009 • 328 S. • € 62,- (D) • ISBN 978-3-89936-806-2

Band 19
Jörn-Axel Meyer
Mitarbeiterbeteiligung in KMU – State of the Art, Meinungen und Bewertung
Lohmar – Köln 2009 • 124 S. • € 42,- (D) • ISBN 978-3-89936-815-4

Band 20
Jörn-Axel Meyer, Alexander Tirpitz und Christian Koepe
IT-Verhalten und -Defizite in KMU – Eine Analyse von Typen der IT-Nutzung und -Bedarfe in der Verlagsbranche
Lohmar – Köln 2010 • 152 S. • € 43,- (D) • ISBN 978-3-89936-897-0

Band 21
Mario Caius Amschlinger
Internationalisierung im Mittelstand – Eine empirische Analyse kulturabhängiger Erfolgsfaktoren von Direktinvestitionen deutscher kleiner und mittlerer Unternehmen in Rumänien
Lohmar – Köln 2011 • 356 S. • € 64,- (D) • ISBN 978-3-8441-0056-3

Band 22
Sebastian Stütz
Kleine und mittlere Industrieunternehmen in der ökonomischen Theorie
Lohmar – Köln 2011 • 532 S. • € 75,- (D) • ISBN 978-3-8441-0065-5

Band 23
Jörn-Axel Meyer
Berliner Forschungsbeiträge zu kleinen und mittleren Unternehmen – Ausgewählte Beiträge
Lohmar – Köln 2013 • 236 S. • € 56,- (D) • ISBN 978-3-8441-0250-5

JOSEF EUL VERLAG